クラウドがあなたの仕事を即効率化する

Toodledo「超」タスク管理術

トゥードゥルドゥー

KITA SHINYA　SASAKI SHOUGO
北 真也／佐々木 正悟

C&R研究所

はじめに

世の大多数の方にとって「タスク管理」は馴染みがないものかもしれません。それほど遠くない昔、私自身「タスク管理」というキーワードがあることすら知りませんでしたし、勉強会やブログ仲間という同じ趣味趣向を持つ方々を除けば、タスク管理が話題にあがることもありません。時折、私の活動を知っている友人から貰うコメントは次のような感じです。

「やることをいちいち管理するのがめんどくさい」
「管理するほどやることがない」

彼らの言わんとするところは理解できるので、こういう時には熱心にGTD(Getting Things Doneの略、CHAPTER-04で解説）の効能について説くのではなく、「やることは、自分がストレスにならず、人に迷惑が掛からない程度に管理できていればよいよ」という一見気の抜けたような回答を行うことにしています。

そもそも、それなりの量の仕事をこなしている人であれば、自然と何らかの手段でタスク管理を行っているはずなのです。クライアントから依頼された仕事、上司から振られた作業、友人との約束、家族行事の段取りなど、忘れてはいけない数々のやるべきことを見事にこなしているわけですから。一部は手帳に書かれていたり、一部は会社のグループウェアに書かれていたり、一部は頭の中にあったりという状態であったとしても、うまく回せていて、そこにストレスを感じないのであれば、それで充分なのです。

＊　＊　＊

ここでタスク管理にまつわる1つのエピソードを紹介したいと思います。東京某所で働くある青年のお話です。

青年は入社2年目、そこそこ仕事も覚えてきて、一部の業務については自分で人と物の手配、事前の段取り、現場での調整まで行うようになっていました。ある時、上司から「その仕事はこれまで通り継続しつつ、提案業務もやりなさい」と指示されたことで、青年はほとほと困ってしまいました。

それまでは、ある1つの業務について意識を向けておけばよく、業務の大半がルーチン化されていたので、手順を覚えてしまえば次に何をすべきかはすぐに思い出すことができました。しかしながら、そこに今までやったことがない提案業務なるものが入ってきたことで、1つの仕事のことばかり考えていられなくなり、そもそも「提案業務って何をやったらよいんだろう」という状態に陥ってしまったのです。

この頃の青年にとって、これまでの業務の先々の予定とタスクの見通しを立てておき、その間隙を縫う形で提案業務の非定型な調査・分析・発想という作業を割り振りつつ、ある程度定型化できる提案書作成の作業を滞りなく提案日までに行うための仕組み作りが急務となっていました。さらに悪いことに青年は職場でもっとも若年だったために雑務雑用の類が突発的に割り込んでくることも珍しくありませんでした。

青年がその頃に愛用していたフランクリン・プランナーという手帳は、日々のやることを管理するのにはもってこいのフォーマットでしたが、先々の予定を見通すには向いていませんでした。そこで目を付けたのがデジタルでのタスク管理で、Outlookを皮切りにRemember the Milk、Toodledoへと使用ツールも遷移していきました。その後、GTDと出会った後は、ツールはToodledo、タスク管理手法はGTDという形で今に至ります。

その後、青年はさらに複雑化する業務をこなしながら、プライベートではブログを書いたり、勉強会を開催したり、本を出版したりという活動を行うようになり、結婚という人生の一大イベントを迎えることになります。その裏にはToodledo>Dによるタスク管理の仕組みがあり、それなしには乗り切れなかっただろうと青年は考えています。

＊　＊　＊

「やることは、自分がストレスにならず、人に迷惑が掛からない程度に管理できていればよいよ」という友人への回答は、これはこれで正解だと思っています。何も好き好んで複雑怪奇なタスク管理など行う必要はないのです。

やることが多くなってきたので抜け漏れを防ぎたい、先々の見通しが立たないと不安、ある役割ごとにやるべきことを管理したい、今やることだけに集中したい……。

そういったニーズに応じてタスク管理の仕組みを徐々に成長させていけばよいのです。Toodledoは非情に柔軟性に優れたツールですから、自分のニーズが変化したとしても形を変えて対応することができます。

本書のテーマであるToodledoは、その「タスク管理」を効率的に行うことができるクラウドサービスです。無料で利用することができ、PCやスマートフォンからいつでもどこでも「今やらなければならないこと」を確認することができたり、1日の作業時間を見積もったり、大切なタスクにはリマインダーを設定することができたりします。

本書には、共著者の佐々木さんや北がこれまでToodledoというツールと共に創り上げて来たタスク管理に関する考え方をふんだんに盛り込みました。というのも、ただツールとしての機能や使い方を説明するよりも、このツールを使ってどのようにタスクと向き合っていくかについても伝えた方が、本書をお読み頂いた方のニーズに応じたタスク管理の仕組みの構築に役立てると考えたからです。

ただ、佐々木さんや北のタスク管理はこれまでの試行錯誤の上にできているため、時には複雑に見えることもあるかもしれません。ですので、本書の内容をすべて真似るのではなく、自分のニーズに合わせて必要な箇所を必要なレベルで取り込んでもらえればと考えています。

かつて私はToodledo>Dによるタスク管理の仕組みによって苦境を乗り越え、さらには数々のやりたかったことを実現することさえできました。人それぞれニーズは違えど、タスク管理が私たちの人生に役立つことを強く確信しています。

Toodledoと本書の内容が皆様の人生にとって役立つものとなれば幸甚です。

2012年8月

北　真也

目次

CHAPTER

クラウド時代のタスク管理術とは

CHAPTER 02 Toodledoで行う基本のタスク管理

目次

CHAPTER 03 Toodledoを徹底的に活用する

CHAPTER 04

ToodledoでGTDを実践する

APPENDIX

Toodledoの初期設定

CHAPTER 1
クラウド時代のタスク管理術とは

タスク管理とは

タスク管理とは行動に関する思考の整理をすること

本書のテーマは「タスク管理」です。まず「タスク管理」とは何かを確認しておきましょう。

ホーム・パーティを計画しているとします。お客さんにチーズ・ケーキと唐揚げを出す予定です。何度も同じことをやっているなら別ですが、ホーム・パーティが初めてだとすると、料理を用意するだけでも結構大変です。唐揚げを揚げている最中に、生クリームが足りないことに気が付いたりしたらパニックになるでしょう。

だから普通の人は、まず大ざっぱな計画表を立てます。「買い出しに行く」「出す料理を考える」「料理を作り始める」などです。それから料理のレシピなどをチェックするでしょう。

タスク管理はホーム・パーティというプロジェクトをつつがなく成功させるため

タスク管理とは

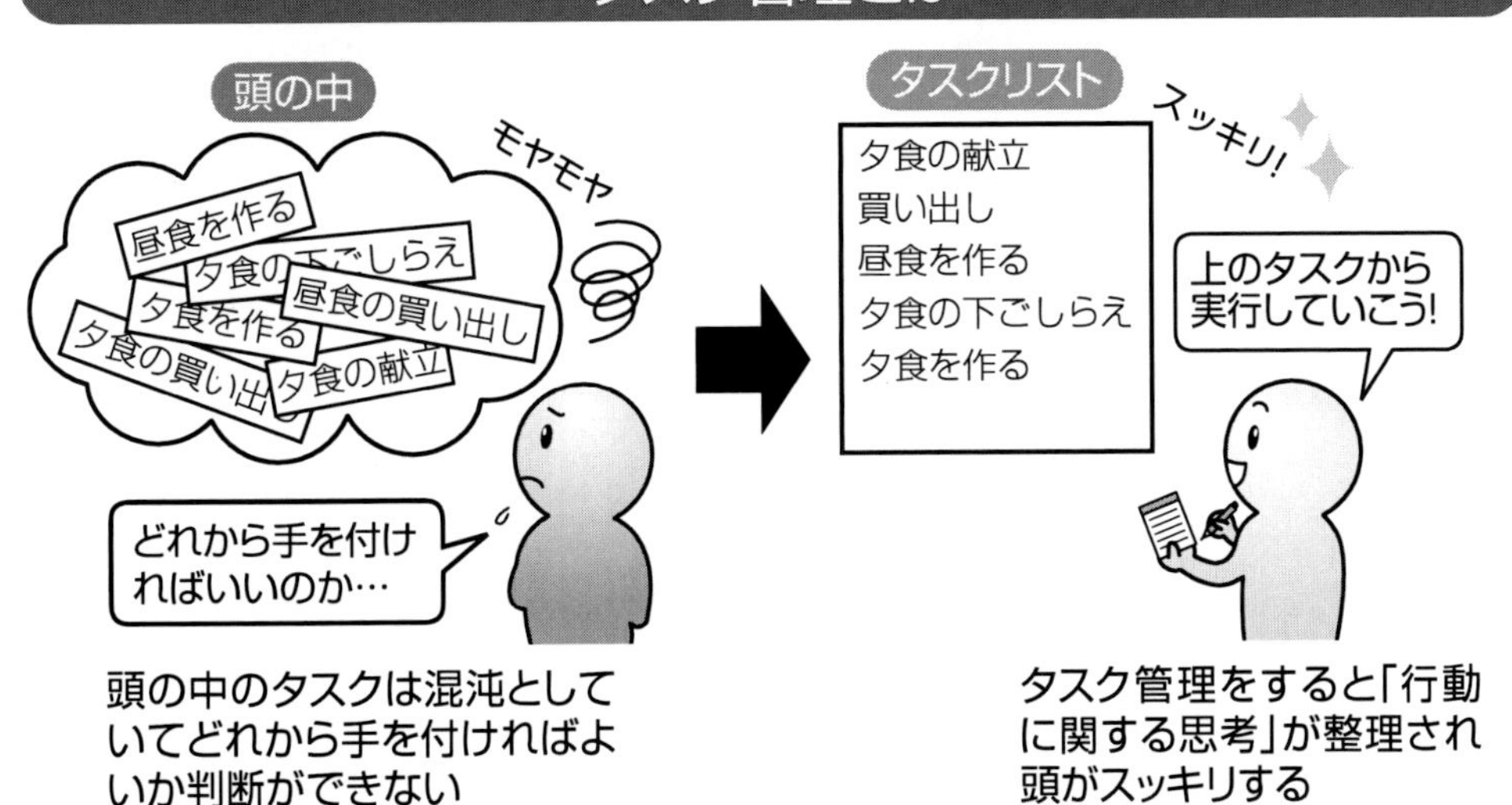

頭の中のタスクは混沌としていてどれから手を付ければよいか判断ができない

タスク管理をすると「行動に関する思考」が整理され頭がスッキリする

タスク管理を行うメリットとは

ストレスなしに作業ができる

やるべきことがリストになっていると「次になにをやろうか」という悩みから解放される

無駄な作業を無くせる

頭の中ではどうしても二度手間なことをやりがちだがリストにすると整理できる

目標に沿った行動ができる

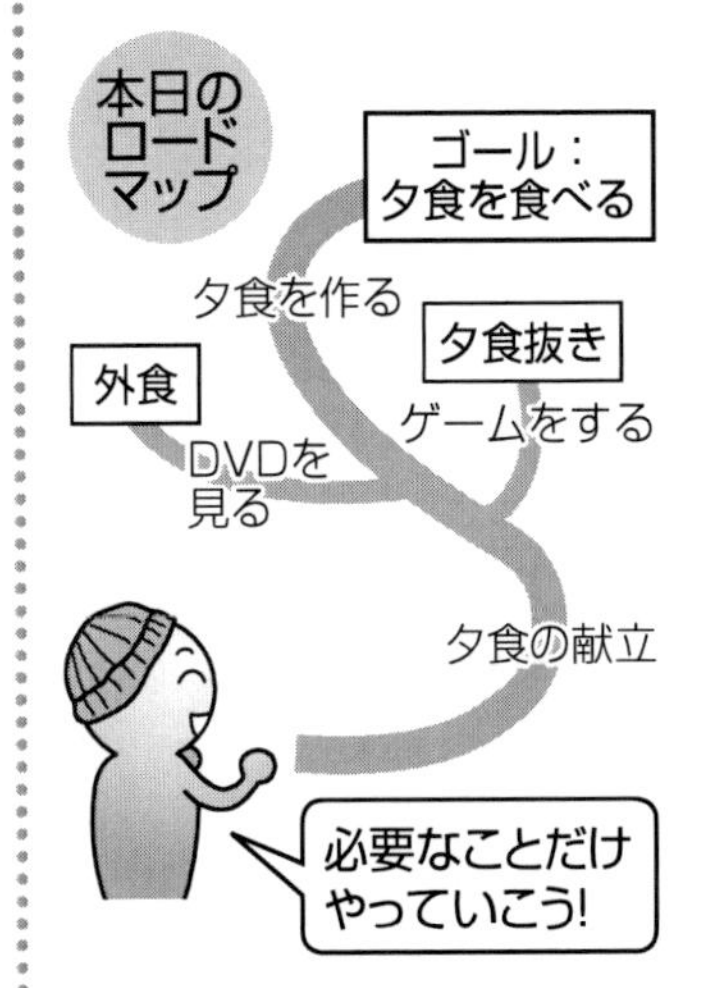

タスクを整理することにより、目標に沿った行動かどうかを判断できる

に必要な、計画リストを作ることから始まります。このリストの詳細の項目が「タスク」となるわけです。

以上の例でわかるとおり、タスク管理とは「行動に関する思考を整理すること」です。思考の整理全体を網羅するものではなく、管理するだけで仕事が進むものでもありません。

たとえば気にかかっていることをすべて書き出すという仕事術のすすめに従ってその通りにやってみると、頭がスッキリするという経験を持つ人は多いでしょう。なぜ頭がスッキリするかといえば、行動に関する思考が整理されるからです。やらねばならないこと、やっておいた方がいいこと、単純にやりたいこと。それらが頭にたくさんつまって整理されていないと、気持ちがモヤモヤしてくるのですが、それが一時的に整理されるのでスッキリするのです。

でもただ書き出しただけで何もせずにいては、物事が前には進みません。またいずれ行動に関する気になることが頭の中を占め始め、元のモヤモヤに戻ってしまうでしょう。

行動しながらでなければわからないことがある

行動に関する思考の整理に充分な意味を持たせるには、思考の整理をすると同時に管理をし、行動をしながら必要な修正を加える必要があるのです。行動ばかりで思考整理をしないでいると、どうしてもモレや無駄や先送りが生じてモヤモヤがつのりますし、思考整理だけをしても行動しなければわからないことがあるものです。

簡単な例を挙げましょう。２０１２年の5月8日(火)の朝、私の「行動に関する思考」には次のような内容が含まれていました。

朝起きてから娘の世話をしながら朝食の準備をし、その前にプラスチックのゴミを捨てないと。10時からはスカイプでミーティングがあって、その直後にテニスに行くけど、その前の十数分で雑用を済ませよう。A出版社の編集さんにメールを出さないといけないから、それは10時のスカイプのあとにするか。でもスカイプが長引くとメールを出せなくなるな。今日は19時から大事なミーティングがある。あそこに行くまでに1時間はかかるから全部の仕事は18時までには済ませないと。19時のミーティングの場所も最終確認しないと。その前あたりに仕事のクロージングに入る必要がある。テニスから戻ってきて昼食をとったら、もう3時くらいになるかもしれない。3時に仕事を始めて、会場の場所を調べて、もしかしたら出せてないメール出して、それから本の原稿を書けるだろうか?

かなり混沌としているでしょう。でも、これすら書き出しているからだいぶ整然としています。実際の頭の中ではもっと混沌としているのです。これを次のように整理して表現するのが「タスク管理ツール」というものなのです。頭の【A】とか【C】などのアルファベットはだいたいの時間帯を示しています。

- 【C】朝食+娘の世話@05/08(火)(repeats)
- 【C】プラゴミ@05/08(火)(repeats)
- 【C】10時スカイプ@05/08(火)(repeats)
- 【C】テニス準備@05/08(火)(repeats)
- 【C】テニス@05/08(火)(repeats)

- 【D】帰宅とシャワー@05/08（火）(repeats)
- 【E】昼食@05/08（火）(repeats)
- 【E】メールへの質問に答えておく@05/08（火）(repeats)
- 【A】日記対応@05/08（火）(repeats)
- 【D】アナログメモゼロ@05/08（火）(repeats)
- 【C】メールインボックスゼロ@05/08（火）(repeats)
- 【C】43フォルダ処理@05/08（火）(repeats)
- 【F】夕方ダイアリー（1days）
- 【F】★Todo：MBA Evernote同期（1days）

これよりも複雑な表現をしてくれるツールもあれば、シンプルな表現をするツールもありますが、頭の中の思考よりはよほど整然としていることは常に同じです。

ときにToodledoのような多機能で複雑なツールを使うのは自己満足に過ぎなくて、もっとシンプルなやり方で充分だという人がいますが、それは見当違いというものです。一般に人間の行動はそれなりに複雑なものですから、きちんと整理して表現するならば、ツールの表現もある程度は複雑になるはずなのです。とことんシンプルに表現する「メール」「原稿」「メモ整理」といったツールは、思考の多くの部分を省略しているに過ぎず、そういったツールを使った方が仕事がはかどるという保証は何もないのです。

だからタスク管理が必要

とくに複雑な行動をとることが必要な状況においてはタスク管理が大きな力を発揮します。複雑な行動をとる必要のあるときとは、たとえば次のような場合です。

- 大きな目標を達成したい
- 意味のある行動に絞り込みたい
- 安心して仕事に没頭したい
- 好ましくない行動を修正したい
- 大事な決定を抱えている

たとえば、大きな目標を持っているときは、30分やそこらの時間では達成は不可能です。長期にわたっていろいろなことを有機的にまとめて行動をとる必要があるはずです。その間に関係ないこともたくさんします。そういうときの行動は全体として複雑になるので、頭だけで整理しきれるものではないのです。頭だけでやっていると、そのうち目標に沿った行動をとっているのか、関係ないことをしているのか、むしろ目標から遠ざかっているのかがわからなくなるでしょう。

また、大きな目標を達成したいときには無駄なことをあまりしたくないものです。しかし、人は行動を起こしながら計画のことを考えていると、どうしても二度手間なことをやってしまいがちです。

行動をブラッシュアップしてすばやく目標を達成するには、どうしても行動を起こす前に思考を整理し、また行動を起こしては計画を修正するという作業が必要になります。そのときの思考整理に使うツールは、なるべく思考内容を忠実に反映できるレベルのツールである必要があります。

Toodledoは紛れもなくそれができるツールであり、必要な機能を適切に使いこなせば、ユーザーの行動を新しいレベルに導いてくれるでしょう。

SECTION 02

クラウド時代のタスク管理ツールに求められる要件

「全体を眺めたいVS今やることだけを見たい」問題

タスクとは私たちが普段の仕事や生活の中で「やるべきこと」を意味し、タスクを管理するツールとは、すなわち「やるべきことを管理するツール」です。タスク管理という言葉には次の2つの側面があります。

1つは「忘れないために管理する」という側面です。この段階において、タスク管理を行うツールに求められる要件は「やることがすべて書き出され俯瞰できる」ことです。俯瞰するためには、ある一定の秩序を持ってすべてのタスクが見られる状態である必要があり、そのタスクが今日やるものであれ、一週間後にやるものであれ、一年後にやるものであれ、すべて見えている必要があります。

人の脳は物事を正確に確実に覚えておき、必要なときにその情報を確実に取り出せるようにはできていません。タスク管理ツールに書き出すことの意義は、タスクのことをすっかり忘れてしまった脳に適切なタイミングで「思い出させる」ところにあります。

もう1つは「実行と完了を管理する」という側面です。当たり前の話ですが、タスクは実行されなければ、まったく意味がありません。また、そのタスクが実行中なのか、完了しているのかが明確に判別できる必要があります。

しかしながら、いざ実行する段に至っては、すべてのタスクが見えている状態は、今やるべきタスクが埋もれてしまうため、逆に効率が悪くなってしまいます。タスクを実行するときには、その日が締め切りのタスクだけを表示したリストであったり、スター(☆印)を付けたタスクだけを表示するリストなど、「今やるべきこと」だけにフォーカスできる環境を作る必要があるのです。

すでにお気づきのことと思いますが、忘れないために管理する側面に求められる「やることがすべて書き出され俯瞰できる」状態と、実行と完了を管理する側面に求められる「今やるべきことが明確になっている」状態は二律背反をしています。つまり、この2つの状態を実現するためには、2つのリストを作成する必要があるということです。

紙でタスクを管理する場合、2つのリストをそれぞれ個別に作成する必要があります。対して、デジタルツールであれば、「やることがすべて書き出され俯瞰できる」状態のリストを作成することで、フィルタリングなどの機能を用いて「今やるべきことが明確になっている」状態のリストを容易に作り出すことができます。

また、紙のリストは定期的に見返すことでしかタスクを思い出す術はありませんが、デジタルツールはあらかじめ設定しておいたタイミングでタスクの実行を促すリマインダーを走らせることができます。

いつでもどこでも、その時々に適切なタスクを見ることができる

もう1つ、タスク管理ツールに求められる重要な要件が、「いつでもどこでも見ることができる」ことです。家にいるとき、会社にいるとき、外にいるときなど、あらゆる場面で自分が今やるべきタスクリストが見える必要があります。

かつてこの要件を満たしていたツールはポケットサイズの手帳だけでしたが、今日ではクラウドサービスとスマートフォンの組み合わせによる、高機能で使いやすいタスク管理ツールが提供されています。

Toodledoをはじめとして、Remember The MilkやNozbeなどはクラウドサービスとして提供されているタスク管理ツールです。これらのタスク管理ツールでは、ブラウザ経由でインターネット上のサービスを利用する形態のほか、スマートフォンのさまざまなアプリから利用することができます。スマートフォンのアプリはパソコンの画面と比べて一覧性にこそ差は出るものの、機能的にはほぼ同等のことができるだけでなく、直接、パソコンとスマートフォンを接続しなくてもインターネット経由で簡単にデータを同期させることができます。

実際の作業においても、自宅では自宅のパソコン、外に出たときにはスマートフォン、会社にいるときには会社のパソコンという具合に、シームレスに継続することができるだけでなく、その時々に必要なタスクだけを表示することも可能です。たとえば、コンテクストに「家」や「外出中」という情報を設定しておけば、家に居るときには家でやるタスクを、外出中のときは外出中にやるべきタスクだけを表示することも簡単にできてしまいます。

ここまで書いてきたタスク管理ツールに求めることをまとめると次のようになります。

- 自分がやるべきことをすべて書き出すことができる
- 適切なタイミングで思い出させてくれる
- 今やるべきタスクに絞り込んで表示できる
- いつでもどこでもタスクが見られる

Toodledoの特徴

Toodledoの概要

Toodledoはタスク管理を行うためのクラウドツールです。基本機能は無料で利用することができ、一部の機能を利用するためには有料会員になる必要があります。基本的な操作はPCやスマートフォンのウェブブラウザを通じて行うことができますが、iPhoneには専用のアプリが用意されており、Androidでもサードパティ製のアプリが公開されていたりします。

なお、Toodledoのアカウントの取得や基本的な設定については、APPENDIXを参照して下さい。

Toodledoは当たり前のことがほぼ当たり前にできる

私達がToodledoをオススメする理由は、Evernoteが愛用される理由と同じです。

タスク管理する上でやりたいと思うことのほぼすべてができるからです。

デジタルノートならできて当たり前のこと。Evernoteならそれができます。タスク管理ツールならやれて当たり前のこと。Toodledoならそれがやれます。当たり前にできそうなことが、当たり前にやれるツールというのは、実はめったにありません。

当たり前のことをほぼ当たり前にできるツールとして、私に思い付くのはToodledoでなければRemember The MilkとNozbeです。ブラウザで動かすツールとしては、今のところこの3つくらいしか思い当たりません。

Toodledoは一見取っつきにくそうですが、使い始めればそれほどひどいものではありません。Toodledoの取っつきにくさの大半は、日本語化されていないことにあります。この問題は、日本人ユーザーの数が充分になれば、解消されるでしょう。

豊富な機能が用意されている

1階層の「ToDoリスト」にはできないことの筆頭が、プロジェクト管理です。Toodledoも最大3階層しか作れないので、プロジェクト管理ツールとして不十分です。しかし、これだけでも大半のプロジェクトを扱うことが可能です。

プロジェクトを扱うために必要なのは、タスクの階層化だけではありません。開始日と締め切り日などの日時情報も必要です。これらはToodledoに用意されています。また「コンテクスト」、つまり「どこで」「誰が」やるという情報も扱えると便利です。この要素もそろっています。複数のコンテクストを用いたい場合には、タグを追加することも可能です。

これらの機能のすべてを常に使う必要があるわけではありませんが、使う必要があったとき、その機能が「ない」では困るのです。たとえば来月まとまった時間が必要になるのはわかっているのに、「開始日時の設定機能がない」では困るのです。

世の中には数え切れないほどの職種があって、職種ごとの仕事環境もさまざまです。「小難しい機能が豊富にあっても使い物にならない。本質的な機能だけが厳選されていればいい」という表現はもっともらしいですが、人の想像力は恐ろしく限定されていて、「その人の」「今の」状況にあったものしか想定されていません。

これはツールの制作者にとっても例外ではないらしく、理解に苦しむ機能上の制限にたびたび遭遇します。そこでツールにできることの壁にぶつかり、実際に活動していく上で著しい苦闘を強いられると、ツールを変えるしかなくなります。

しかし、ツールを変えたくはないのです。とくにタスク管理ツールなどというものを変えると、タスクを全部引っ越ししないと業務に差し支えます。また操作方法も覚えなければなりません。これも実際の仕事に支障を来します。

そう考えてみると、最初から次の要件を満たすツールが望ましいのです。

- 必要充分な機能が用意されている
- どの機能を使う上でも、あまりに極端な工夫をせずに済む

Toodledoは、現在この条件を満たす数少ないツールです。

リストを整然と表示させる機能が重視されている

機能の豊富さに加えて、タスク管理ツールに求めるべき要件が、実はリストの表示形式にあることを、つい最近自覚しました。以前から愛用していたTaskchuteも、やはりエクセルベースで、Toodledoと似た表示形式でタスクを示してくれます。

タスクというのは、リストとして示されただけでは決して完了しません。リスト

を見て、作業を完了させなければなりません。したがって、リストは次に挙げるくらいの条件は満たしておいて欲しいのです。

- できればスクロールしなくても必要な情報を入手できる
- 手順として多すぎても少なすぎてもいけない
- 取りかかる順番には合理性が必要
- 日時と状況に応じて適切なセットだけが表示される
- セットにかかるであろう時間が予測できる
- あるタスクを完了させる必要性について、確認が必要ならば即座に参照できる

もちろん、このようなリストをどのくらい手軽に作れるかという要因も大事です。Toodledoはこの点を確かに満たしています。でなければリストを作るのも、適切にフィルタリングさせるのも、どちらもすぐいやになってしまいます。

現状、Toodledoでできないようなことを他のツールでやろうと思ってもなかなか容易ではありません。とくにブラウザで管理するツールでは難しいです。

Toodledoでできること

タスクに付加できる情報

Toodledoを始めとした各種タスク管理ツールを用いれば、やることにさまざまな情報を付加して管理することができます。

たとえば、私（北）はタスクに対して以下の情報を付与して管理しています。

- Folder（フォルダ）：タスクを分類するための入れ物。GTDでいうプロジェクト。
- Context（コンテクスト）：タスクが必要となる状況。時間帯や場所などを設定。
- Goal（ゴール）：タスクがどういった「目標」にくくり付くのかを設定。
- Start Date：タスクに着手する日時を設定。
- Due Date：タスクの締め切り日を設定。
- Repeat：繰り返し項目の設定。

Toodledoでできること

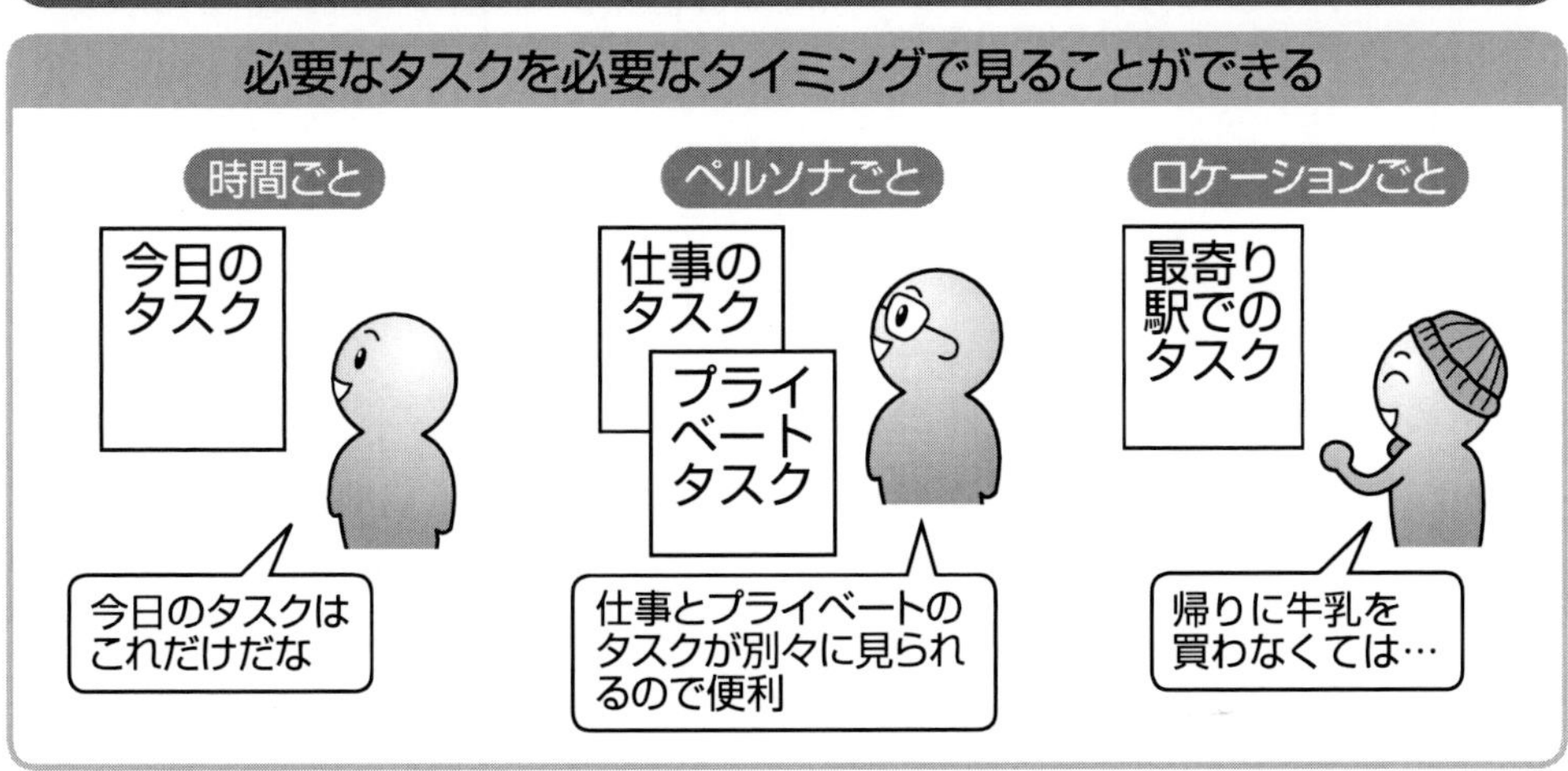

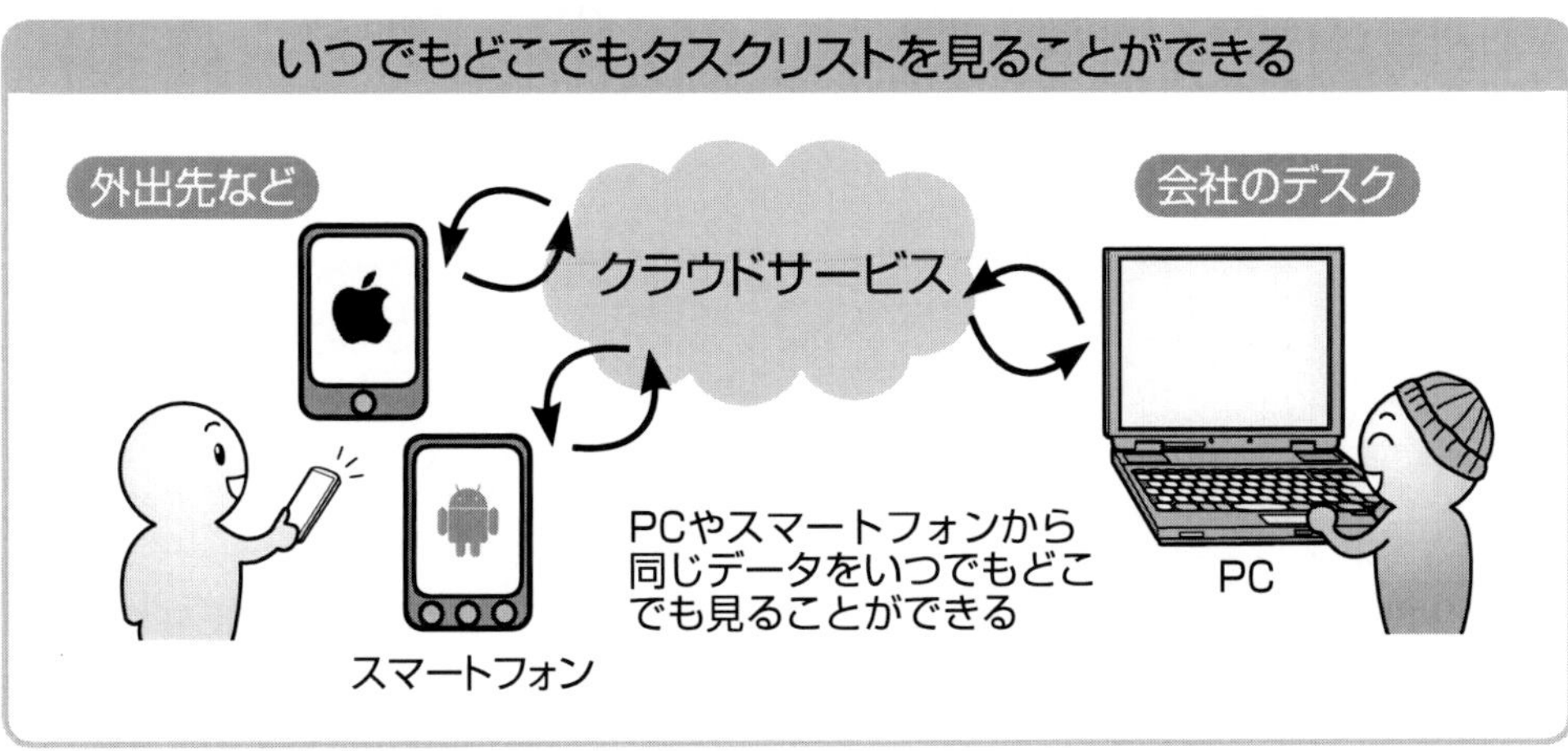

● Length：見積時間の設定。
● Tag（タグ）：そのタスクを説明するキーワードを設定。

これらの情報を管理しておくことで、セクション2で紹介した「必要なときに必要なタスクだけを画面表示する」ことが可能となります。これらの情報を用いて画面表示の切り替えを担当するのが次の3つの機能です。

● ビュー：大きく分類項目ごとに表示を切り替える
● フィルタ：表の中で詳細にタスクの表示を切り替える
● サーチ：複数の条件で絞り込まれた表を作成する

これらの機能の詳細は、今後詳しく取り上げていくので、まずは「必要なときに必要なタスクだけを画面表示する」機能として、これら3つがあるということを確認して

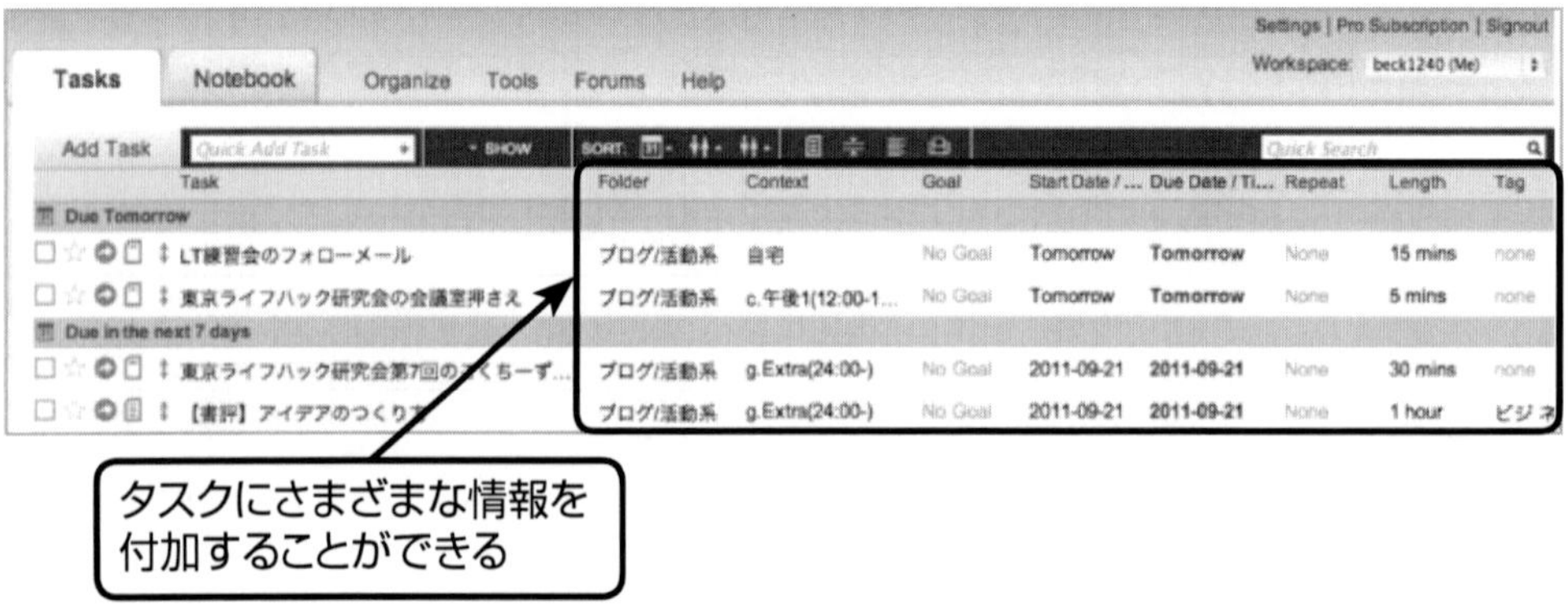

タスクにさまざまな情報を
付加することができる

もらえればと思います。

メイン画面の解説

次に、Toodledoのメイン画面について簡単に説明します。下図はPCのブラウザでToodledoのメイン画面を表示させたものです。

主にタスクを管理するのが画面中央の表形式の部分で、タスクごとにタスク名や付加情報の変更・完了・削除などを行うことができます。

タスクの追加は、そのす

Toodledoの画面構成

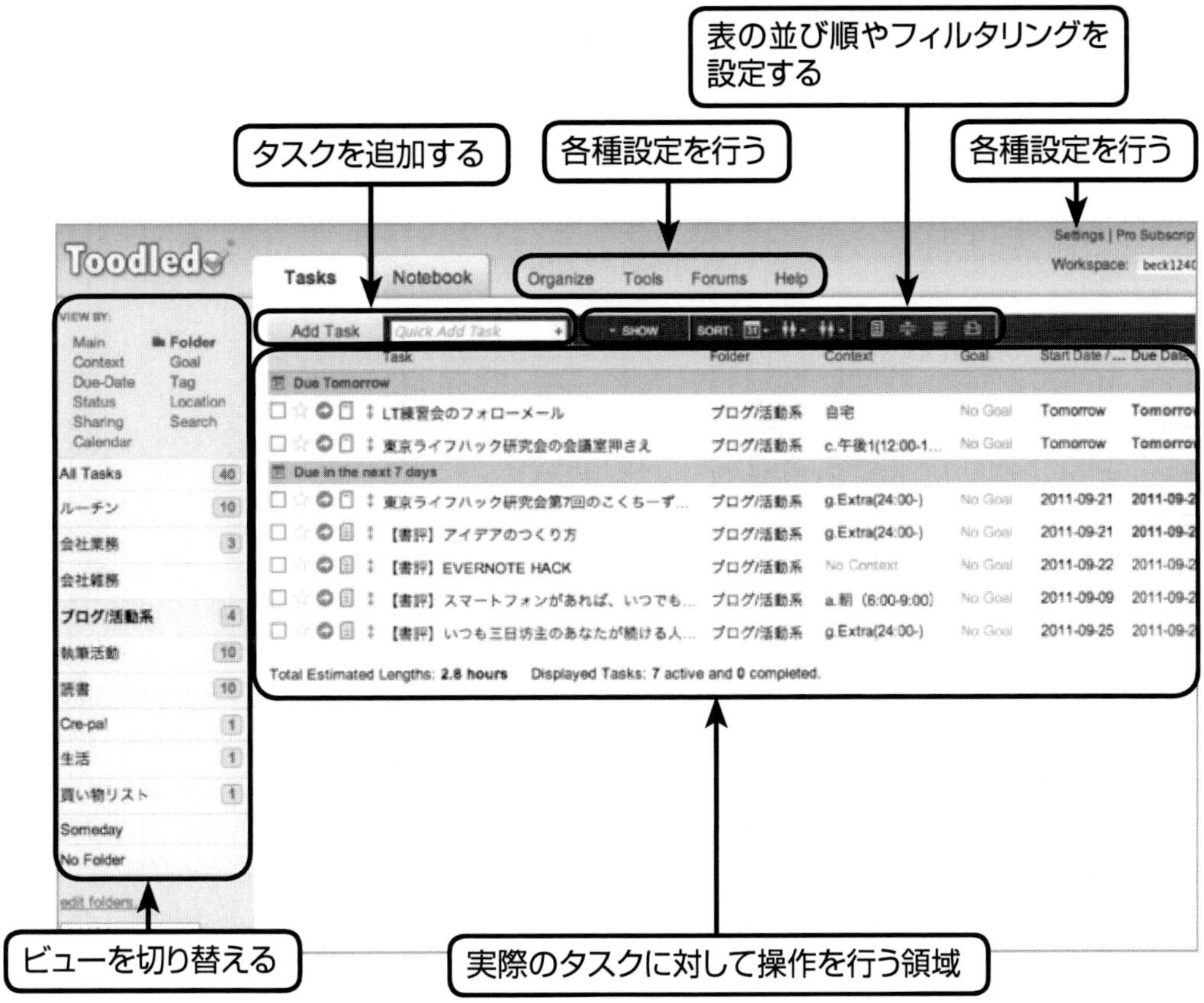

表の並び順やフィルタリングを設定する
タスクを追加する
各種設定を行う
各種設定を行う
ビューを切り替える
実際のタスクに対して操作を行う領域

ぐ上にある［Add Task］ボタンで行うことができ、そのすぐ右手に並んでいるボタンをクリックすることにより、表に表示するタスクのフィルタリングやソート処理を行うことができます。

「ビューを切り替える」操作は、画面左手の領域で行います。リスト表示されたビューの条件を選択すると、条件にあったタスクが右側のタスクリストに表示されます。

まずは大きく、画面左手でビューを切り替え、中央の表でタスクを管理し、AddTaskからタスクを追加する……ととらえておけば、複雑に見えるToodledoの画面も少しはわかりやすくなるはずです。

いつでもどこでもタスク管理ができる

Toodledoのシステムはクラウド上に存在するため、ネットワークに接続できる環境であればどこからでも使うことができます。先ほどはパソコンなどから使用するウェブインタフェースを見てみましたが、iPhoneやAndroidなどのスマートフォンのアプリからもToodledoを使うことができます。ただし、現在のところToodledo

の純正アプリはiPhone版のみとなっており、Androidではサードパーティ製のツールを使うことになります。

また、これらのスマホアプリ版を用いると、「Location」で特定の場所を設定しておいたタスクが、その場所に近づいたときに通知される便利な機能などもあります。これらの便利機能についても後ほど紹介していくことにします。

◉サードパーティ製の「Pocket Informant」

適切なタイミングでタスクのことを思い出させてくれる

Toodledoには任意のタイミングでそのタスクの実行を促す「リマインダー」を設定することができます。たとえば、10時から会議資料を作ろうと思っていたのであれば、9：50に「資料を作る」というリマインダーを飛ばすように設定するとよいでしょう。

また、リマインダーのようにプッシュで通知をくれる機能ではありませんが「コンテクスト」も同様に実行タイミングを明確化する用途で利用可能です。私はコンテクストを3時間ごとの時間帯に設定しているため、昼の2時の時点に取り組むべきタスクには「c.午後1（12：00 ― 15：00）」のコンテクストを割り当てています（65ページの図参照）。

Toodledoはデータベース

パワフルで容易にタスク処理ができるToodledo

本章の最後にお伝えしておきたいのは、Toodledoはタスクリストを作るツールではなく、タスクをデータとして扱う、いわばデータベースソフトであることです。

このようにいうと恐ろしく難しそうだと思う人もいるでしょうが、そうではなくて簡単なのです。なぜなら、データベースだということは、高機能だということになるからです。高機能だから使いにくいのではなく、高機能だから、有り余ったパワーで容易にタスクを処理できるのだ、と考えてください。

アドレスリストと個人情報データベースの違い

人がリストを作り、ついにはデータベースシステムを構築し始める理由は単純です。管理しなければならない数が多くなりすぎるからです。

たとえば友達の数も、子供のころはリストなど用いずとも、頭で覚えておけたでしょう。私のような人好きしない男であれば、友達は1人だったということもあり得ます。でも電話番号だとか住所だとか、いろいろな情報を利用するようになって、しかも「義理」などで知人の人数が増えてくると、「アドレス帳」のようなリストが必要になります。

そこから先をどうするかは人それぞれですが、保険外交員という職業について、管理したい人の数が２００名を超えるようであれば、単純なリストで管理するよりデータベースを作った方が現実的です。

タスクもまったく同じです。やることを頭で覚えておけるなら、リストなど不要です。しかし仕事でやることが増えてくると、少なくともやることリストが必要になります。これが「ToDoリスト」です。

そしてタスクの数が２００を超えるようになれば、ToDoリストでは扱いにくくなります。そこでToodledoが必要になるというわけです。

タスクというデータが持っている属性情報

扱うデータが人なら、住所、氏名、電話番号、性別、職業、生年月日などの属性情報が登場します。いったん入力してしまえば、氏名順に並べ替えたり、異性だけを抽出して妄想に浸ったりできるでしょう。

扱うデータがタスクの場合の属性情報は次のようなものがあります。

- タスクの重要性
- タスクがなんのプロジェクトに属しているか
- タスクはどのコンテクストで処理されるとよいか
- タスクの開始日
- タスクの締め切り日
- タスクにかかりそうな時間
- タスクはリピートするか

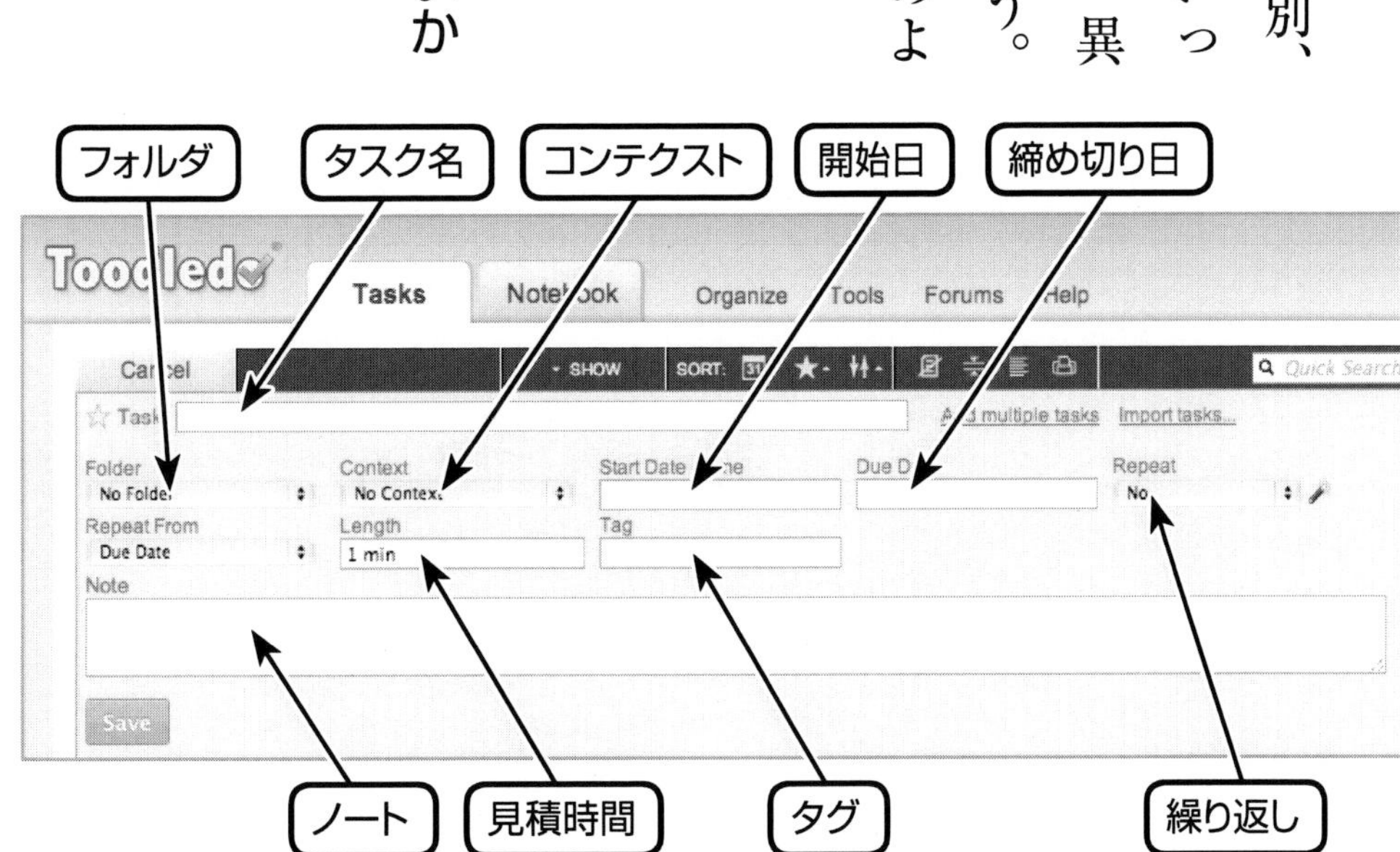

タスクごとにこれらの必要な情報を入力しておけば、開始日順に並べ替えたり、締め切り日順に並べ替えたり、重要度の高いタスクだけをピックアップしたりできるのです。

このような操作が自由にできるほど、タスク管理ツールは「自由度が高い」といわれます。操作の方法と構造が理解できていれば、非常に使う価値の高いツールになるのです。

データベース操作の実際

下図はデータベースで「条件にマッチするタスクを抽出する」操作画面です。私のタスクは250ありますが、その中から次の説明する条件にマッチするものだけをピックアップするようにToodledoに指示をしているわけです。

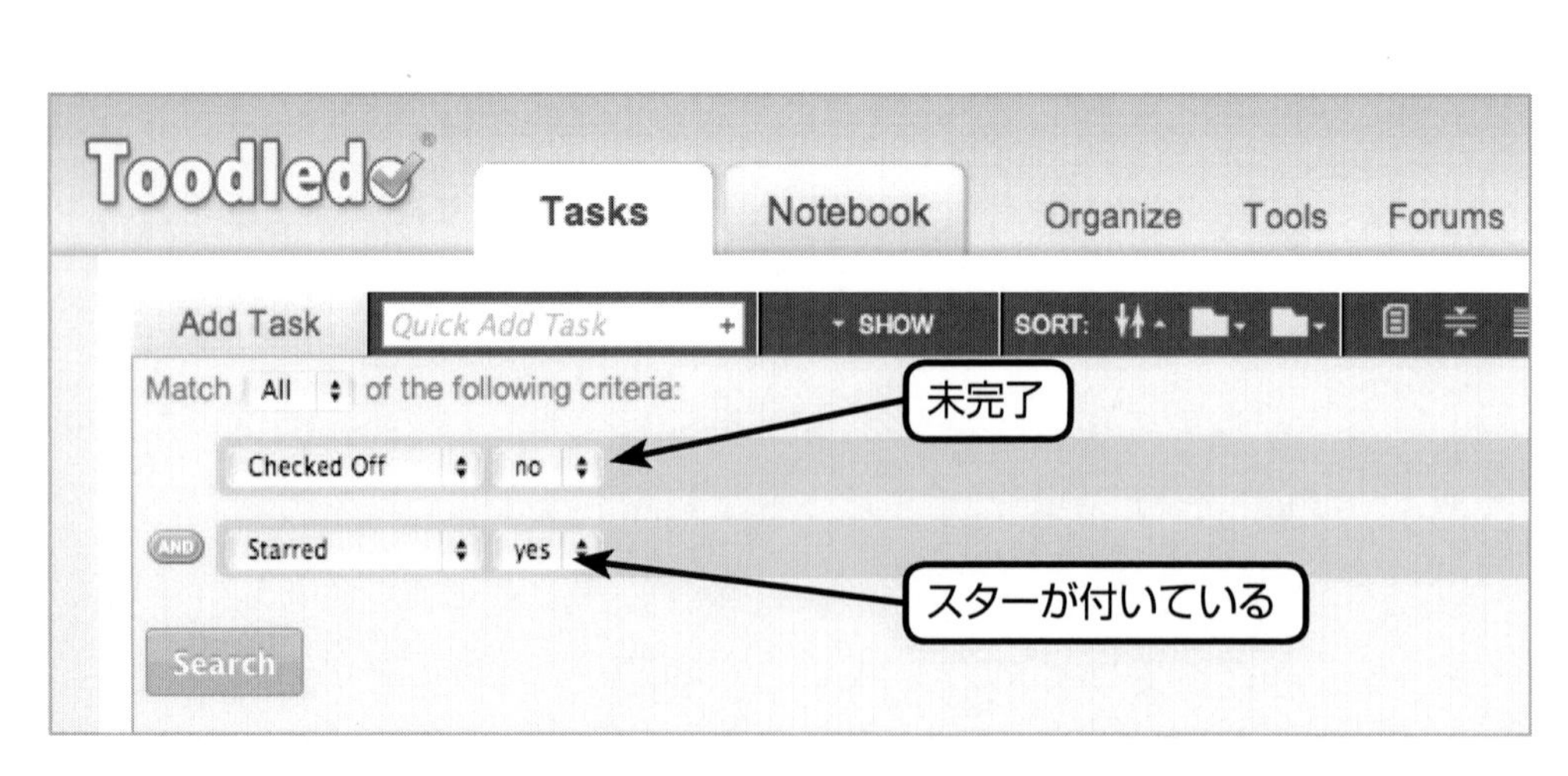

● 未完了
● スター(☆)が付いている

私はタスクの中で開始時刻の決まっているもの、すなわち「予定」にだけスターを付けています。ですから「スターの付いたタスクをピックアップ」ということは、すなわち「予定だけを表示するように」と命令しているわけです。

Toodledoではこの検索条件を保存することもできます。保存して「予定」などと名付けておくこともできます。つまり以後は「予定」をクリックすれば自動的に「予定になっているタスクだけを表示」させられるわけです。

「日曜日」とか「月曜日」とあるのも「保存さ

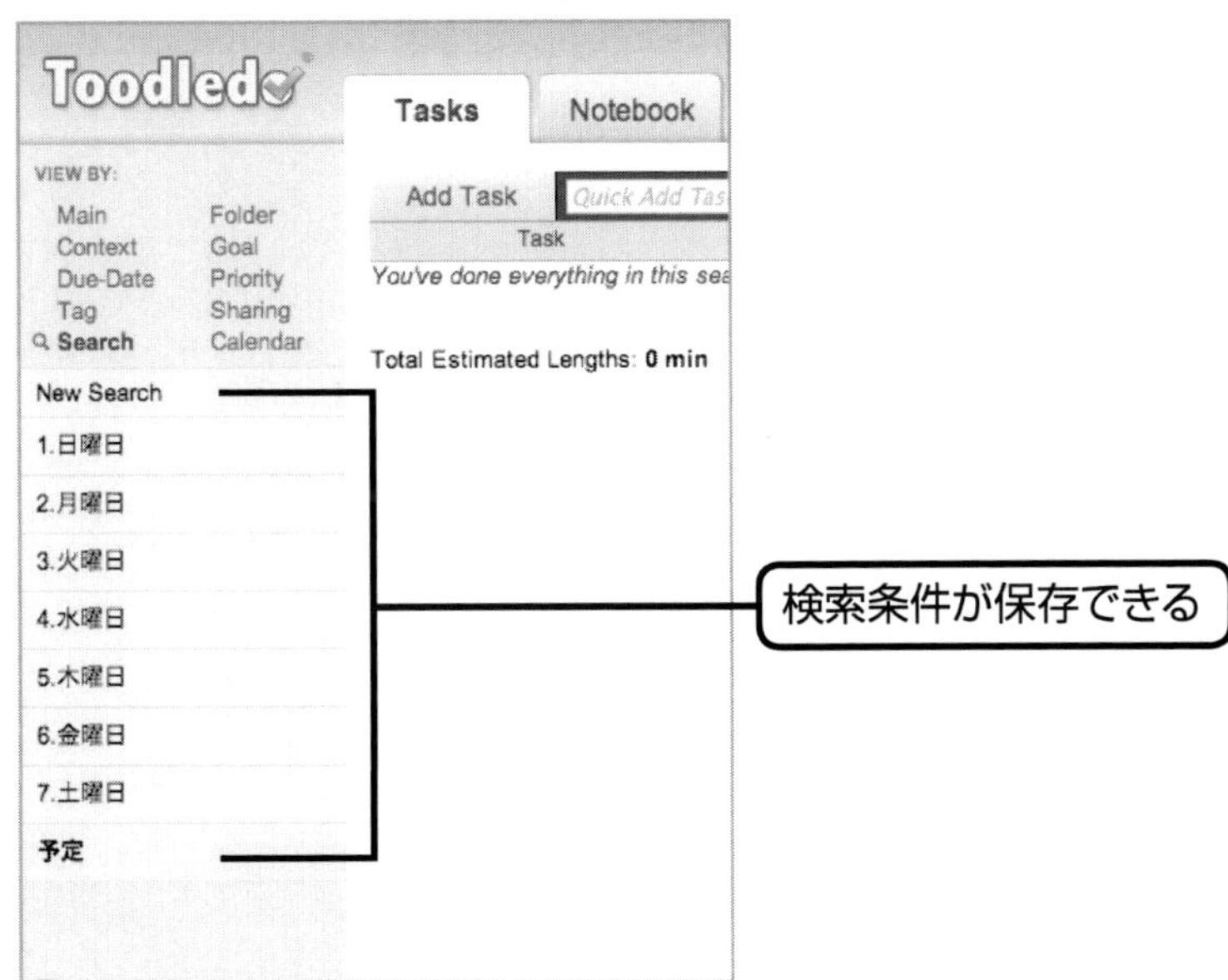

れた検索条件」です。クリックすれば「毎週日曜日にやること」だけをピックアップできます。

「Toodledoではこのように、どんどん検索条件をとっておくことによって、条件に合うタスクリストをいくらでも作成していくことができます（96ページ参照）。

◉「予定のタスク」の検索結果の例

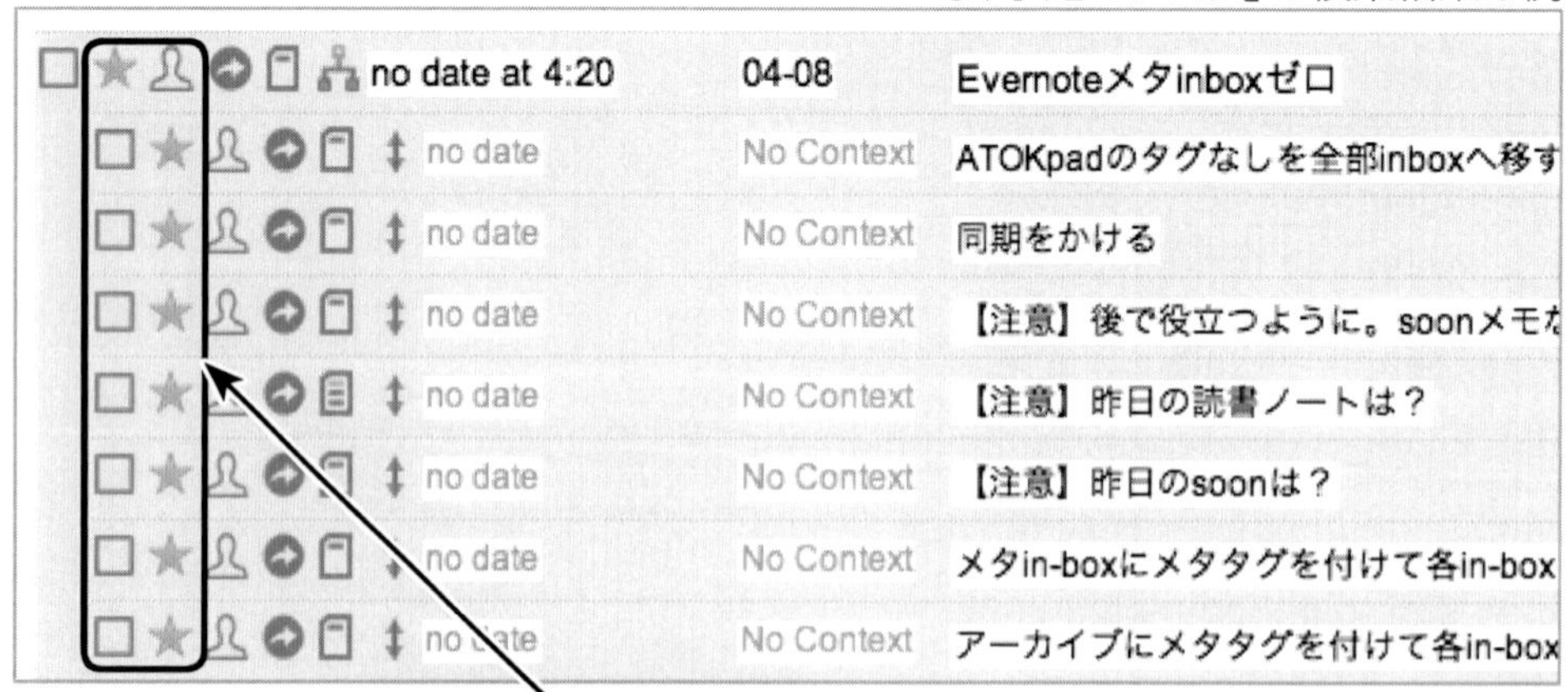

CHAPTER 2

Toodledoで行う基本のタスク管理

SECTION 06

表をカスタマイズして自分好みの環境を作り上げる

表示するタスクの情報をカスタマイズする

Toodledoの魅力の1つに「タスクを表示する表のカスタマイズが柔軟にできる」点が挙げられます。表のカスタマイズを行うことで、タスクに付加する情報を柔軟に変更できるほか、画面上に情報をどのように表示するかを変更することができます。

表のカスタマイズは、「Setting」画面の「Tasks」カテゴリにある「Display Preference」「Fields/Functions Used」「Row Style」の3つの設定項目から行います。ここではこれらの設定項目について見ていきましょう。

「DisplayPreference」の設定

「Display Preference」はタスクを画面上にどう表示するかを設定する項目で、タスク名以外の要素をすべて隠す「Multi-line」か、タスク名以外の属性情報についても

「Tasks」カテゴリの設定を表示する

表のカスタマイズは、「Setting」画面の「Tasks」カテゴリの設定項目から行います。設定項目は下記の手順で呼び出します。

1 「Setting」画面の呼び出し

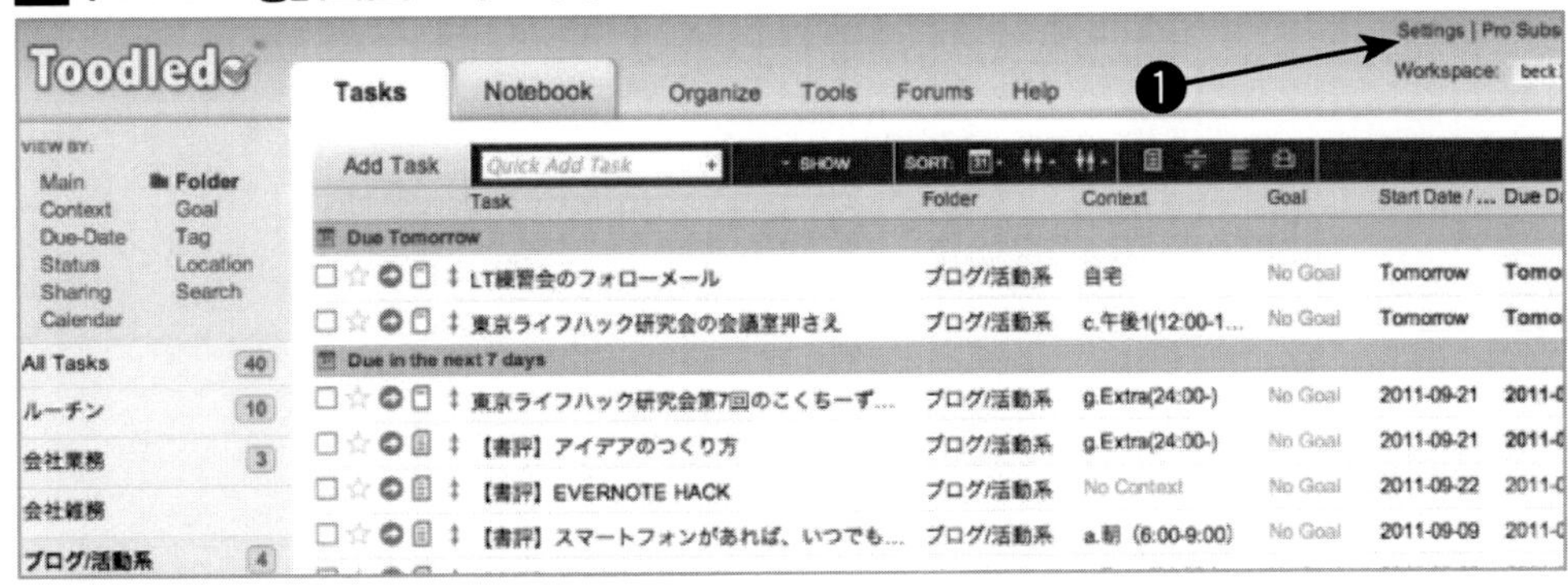

❶ 画面右上の「Settings」をクリックします。

2 Settings画面から各項目の呼び出し

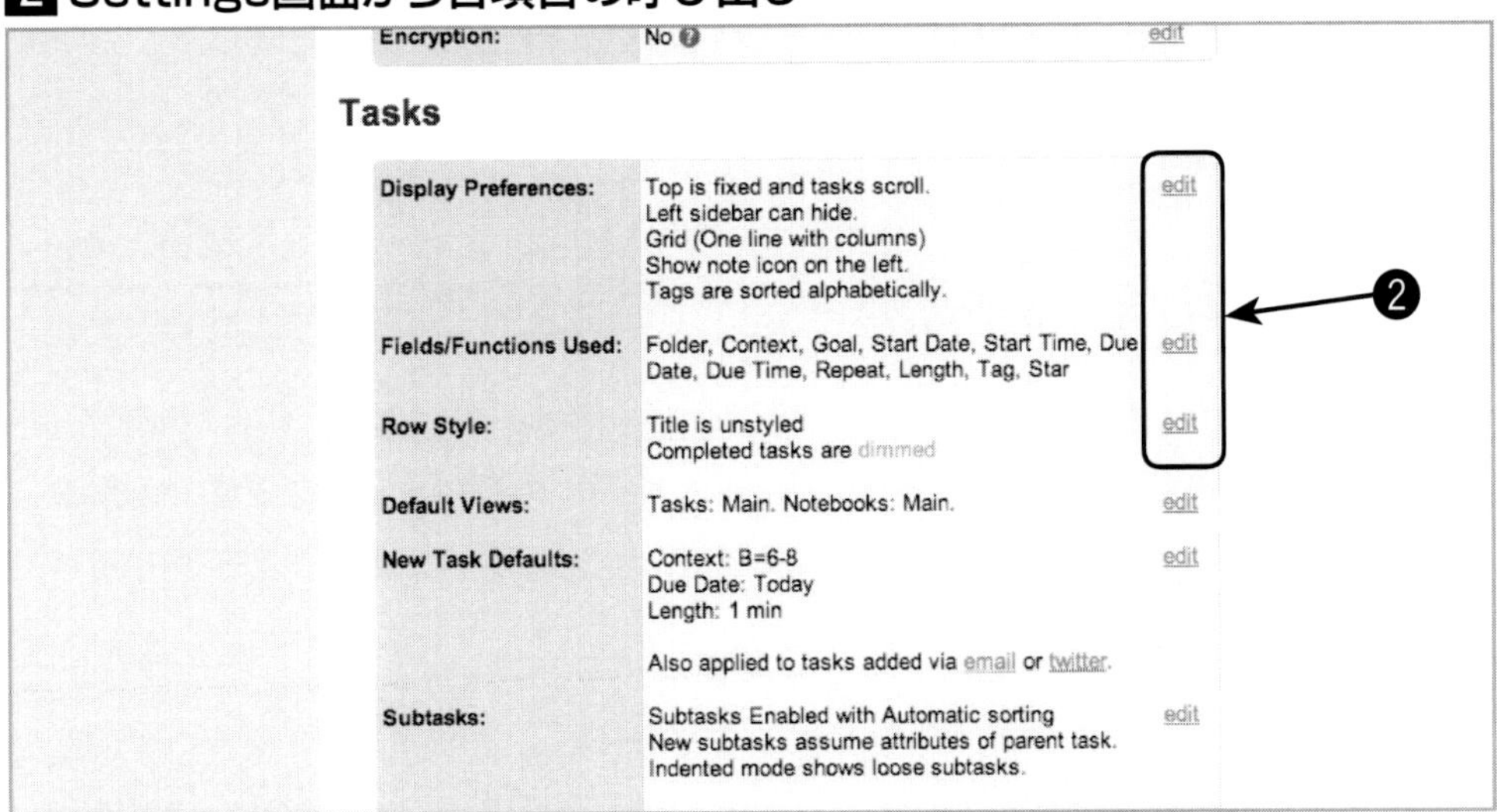

❷ 設定する項目の「edit」をクリックすると、それぞれの画面が表示されます。

◉「DisplayPreference」の設定画面

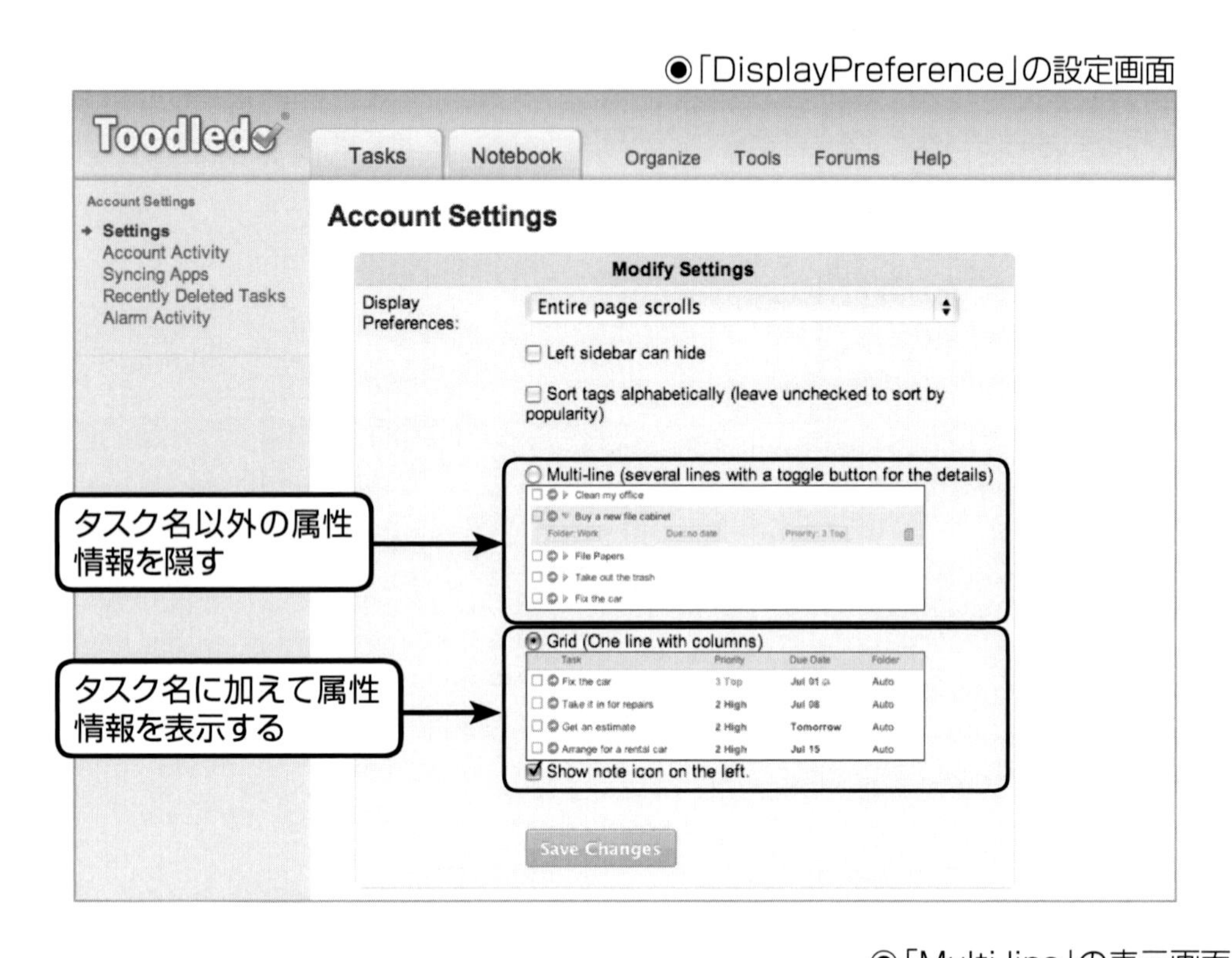

◉「Multi-line」の表示画面

Settings | Pro Subscription | Signout
Workspace: beck1240 (Me)
Tasks　Notebook　Organize　Tools　Forums　Help
Add Task
b.午前(9:00-12:00)
ランニング/トレーニング　b.午前(9:00-12:00)
情報処理技術者試験の勉強　b.午前(9:00-12:00)
日次計画－手帳に今日の予定を書き込む　b.午前(9:00-12:00)
e.夜1(18:00-21:00)
英語の勉強　e.夜1(18:00-21:00)
f.夜2(21:00-24:00)

◉「Grid」の表示画面

常にすべて表示する「Grid」のどちらかを設定することができます。

Gridの方がタスク及び属性情報が俯瞰しやすいのですが、人によっては情報量が多すぎて見づらいと感じるかもしれません。シンプルにタスク名さえわかればよい場合には「Multi-line」の表示の方が見やすいでしょう。タスク名の横にある▼マークをクリックすることでその他の属性情報を確認することができます。

「Fields/Functions Used」の設定

Fields/Functions Usedは、どの属性情報／機能を使用するかを設定する項目です。

◉「Fields/Functions Used」の設定画面

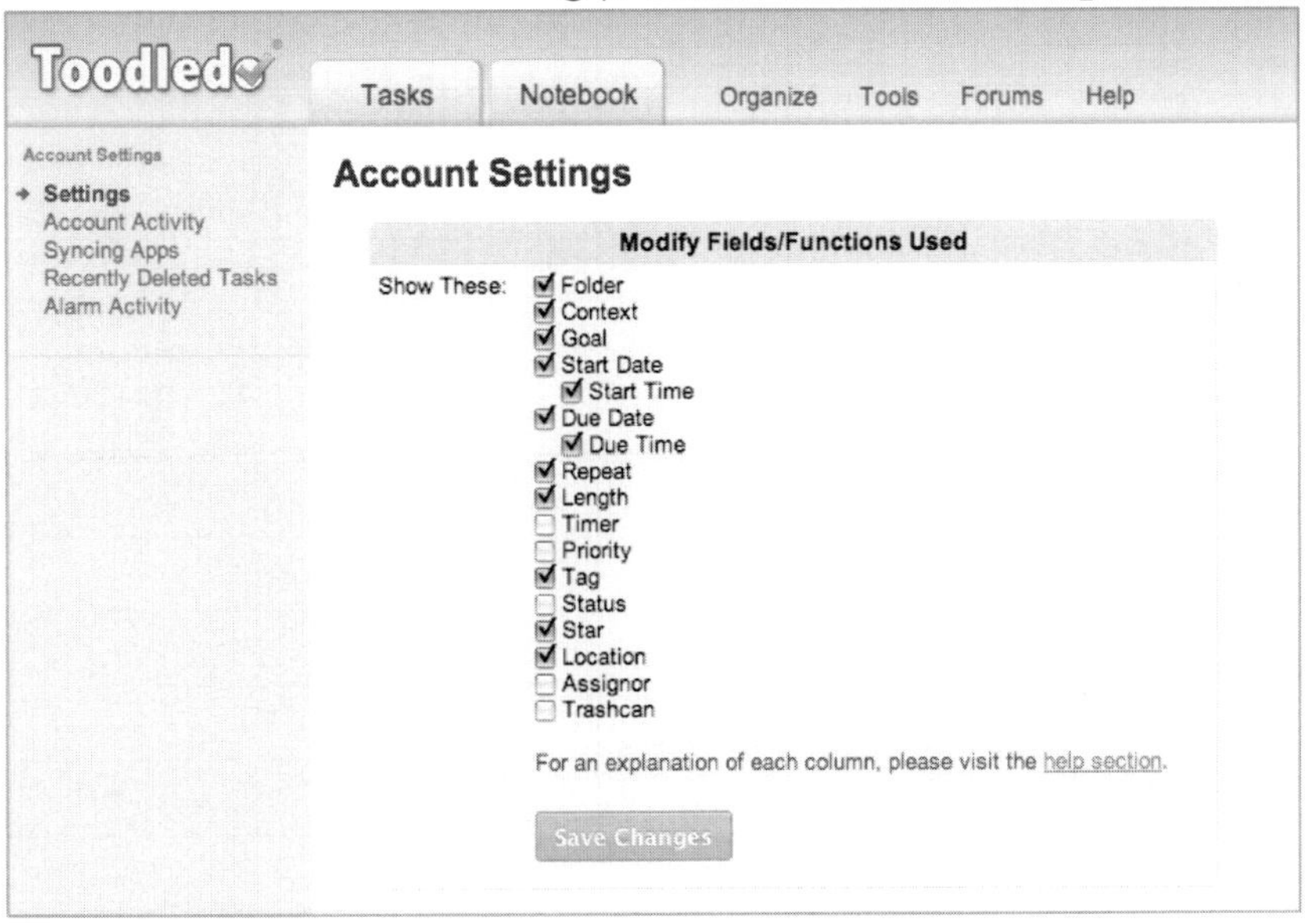

Folder/Context

コンテクスト（Context）を用いてどのようにタスク管理をするかは、このあと詳しく説明しますが、フォルダ（Folder）とコンテクストを組み合わせることで「必要なときに必要な分だけ」のタスク表示が可能となるので、使用することをオススメします。

Goal

ゴール（Goal）は中長期の目標とタスクを結びつけたいときに使用する項目です。

項目名	意味
Folder	タスクを分類するフォルダ
Context	タスク実行時の状況
Goal	目標とタスクをくくり付ける
Start Date	タスクの着手日時
Due Date	タスクの締め切り日時
Repeat	繰り返しの頻度（毎日など）
Length	タスクの見積時間
Timer	タスクの実行時間を計測
Priority	タスクの優先度
Tag	タスクの分類などで使用
Status	タスクの状態を管理
Star	重要なタスクに付ける印
Location	場所（座標を設定）
Assignor	タスク共有時に他の人をアサイン
Trashcan	削除用のゴミ箱アイコンを表示

Start Date/Due Date

Start Dateはタスクの着手日時、Due Dateは締め切り日時です。Start Dateが指定できるタスク管理ツールは珍しいのですが、この項目を設定しておくことでフィルタリング機能を使って「将来のタスク（着手日が来ていないタスク）」を非表示にすることができるため、こちらも設定することをオススメします。

Status

ステータス（Status）ではNextActionやWaitingなど、タスクの状態を管理することができます。作業の着手であったり誰かにタスクを依頼している状態を管理したいのであれば、Statusを使用する設定にすることをオススメします。

Timer

タイマー（Timer）は時間をリアルタイムに計測でき

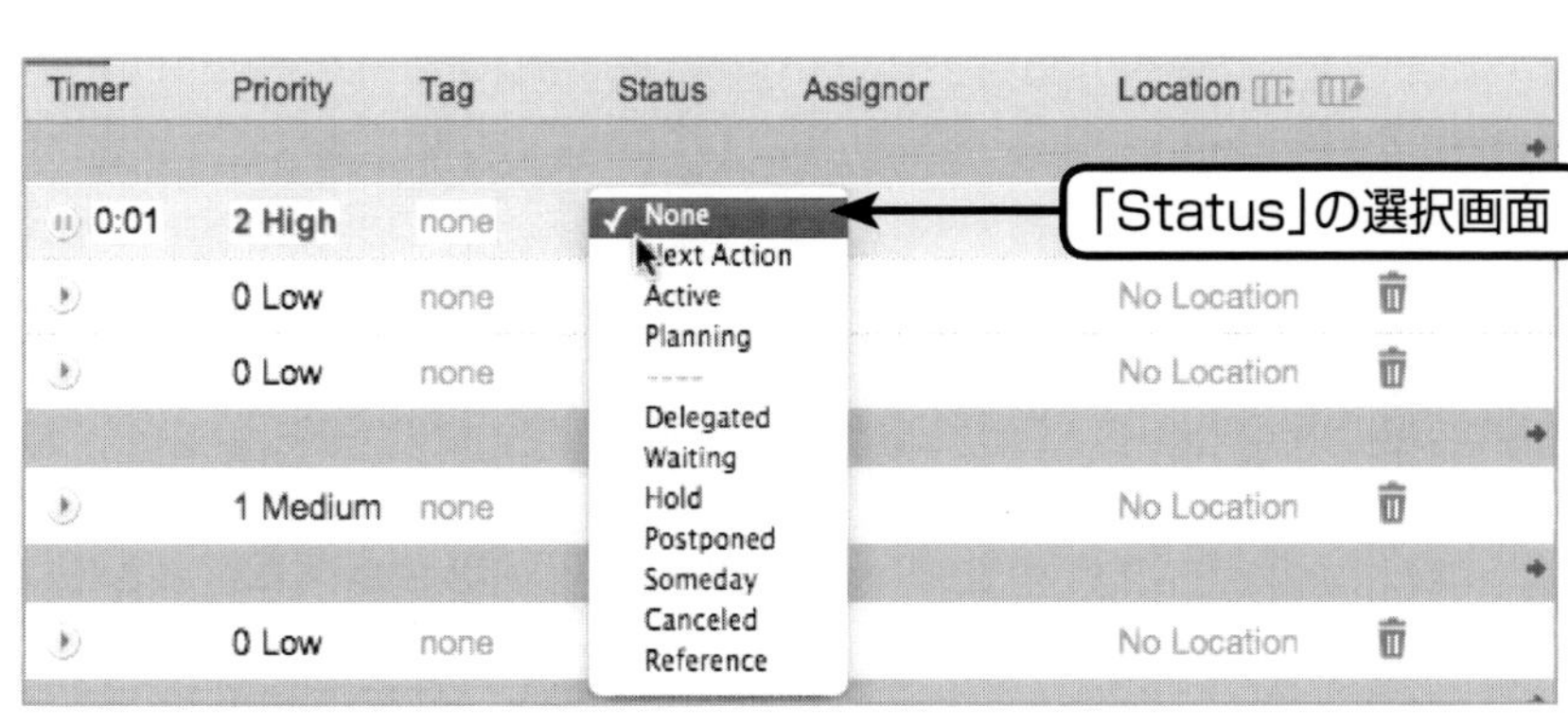

ます。また、手入力で実績時間を登録することも可能です（172ページ参照）。

「Row Style」の設定

Row Styleでは、タスクの締め切りに応じて、タスクの表示色などを変更することができます。今日が締め切りであれば茶色、締め切りを過ぎたら赤色の文字色＋太字で表示させる設定ができるほか、完了タスクの表示を薄字か打ち消し線かに設定することができます。

柔軟な表のカスタマイズがToodledoの魅力

Toodledoというタスク管理ツールがとくに優れているのは、ここで紹介した属性情報の設定や表のカスタマイズが柔軟にできるところです。他のタス

●「Row Style」の設定画面

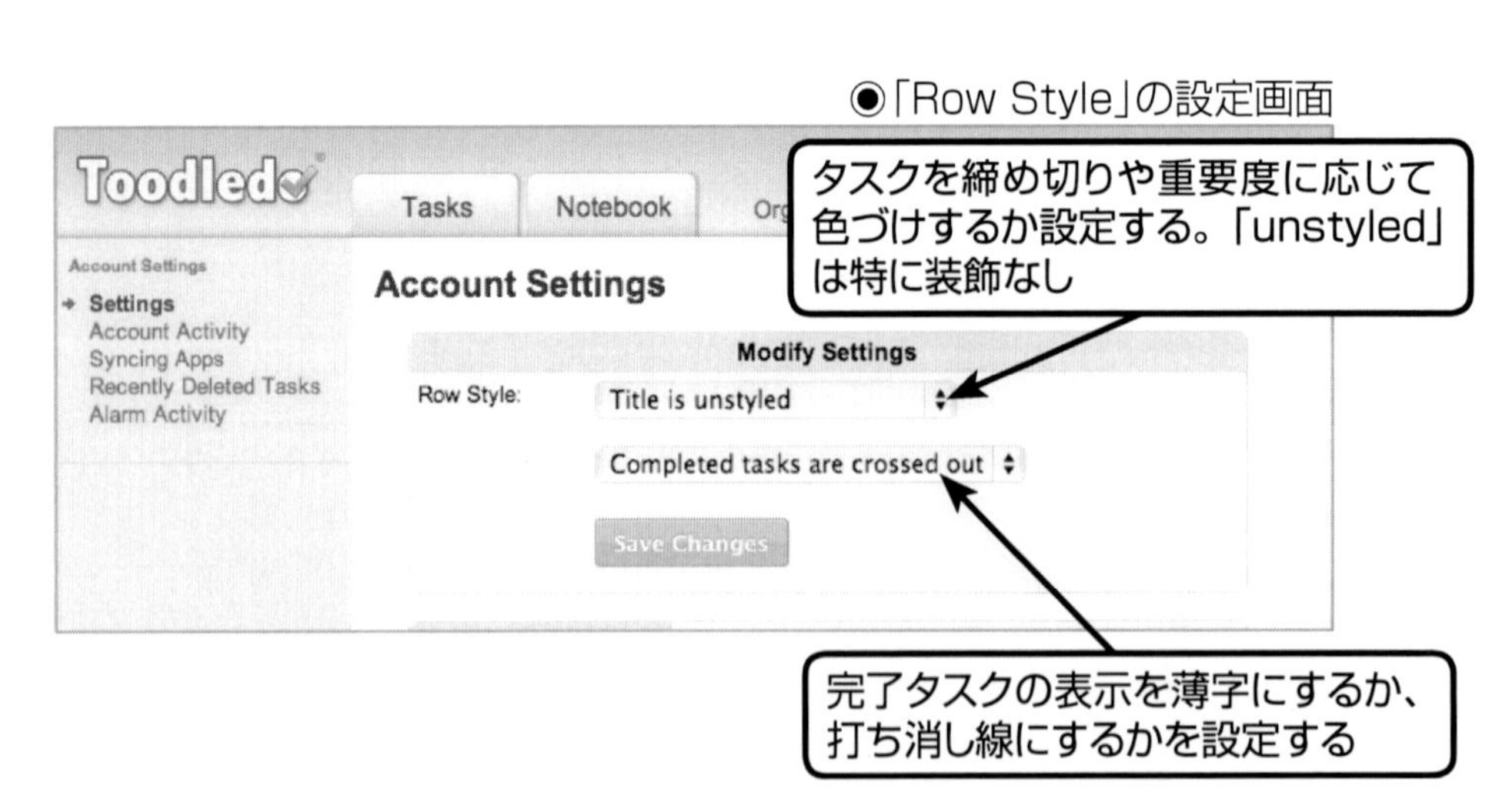

ク管理ツールにも優れたところはありますが、さまざまな属性情報を組み合わせて自由自在にビューを切り替えるような使い方をする場合には、Toodledoの方が使いやすいと考えています。

最初は使いづらそうなToodledoも自分好みにカスタマイズしていくことで、いずれは自分好みの最高に使いやすいタスク管理ツールへと変貌を遂げます。

みなさんもぜひToodledoを自分好みにカスタマイズして、世界一使いやすい自分専用のタスク管理ツールを作り上げてください。

SECTION 07 デジタルならではの入力方式をフル活用する

多様な入力方式をマスターする

タスク管理ツールで最初にしなければならないのはタスクの入力です。タスク入力の方法に関しても、Toodledoはやはり多機能です。いろいろな入力方法に対応しています。

紙などアナログなタスク管理方法に対するToodledoの大きなアドバンテージの1つが、多種多様な入力方式にあります。

タスク入力の画面の概要

左ページの図は基本的なタスクの入力画面です。残念ながらこれを見ただけでいやになってしまう人もいそうです。「多機能」はこの辺が諸刃なのです。慣れてしまえばどうということはないのですが、慣れないと画面を見ただけでむしろ不便そうに見えてしまうでしょう。ましてメニューは英語です。

しかし、全部の項目を入力する必要はないのですから、この辺で嫌気がさしてしまってはもったいないといえます。

タスク管理ツールを使うときには、「入力した項目といつ・どのように再会したいか?」を念頭に置くことが必要です。

したがって、「開始日」や「締め切り日」などの「日付属性」をどう持たせるかは必ず考えた方がいいですし、どちらかは利用した方がいいでしょう。

スターの活用

次にスター(☆印)の利用を考えます。なんだかんだといって、スターを1個付けておけばあとで

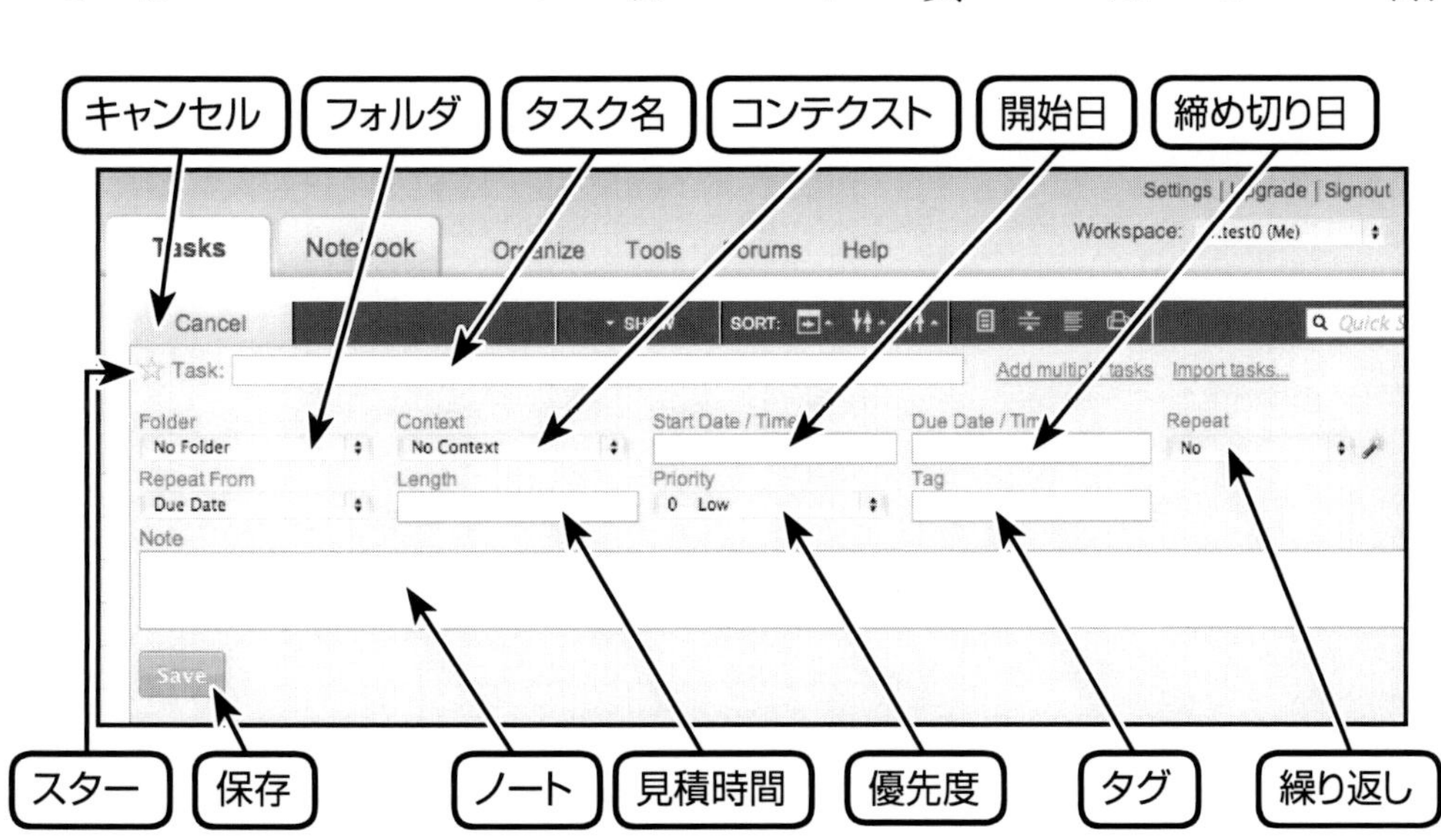

探し出せるというのは便利なものです。タスク名の検索ができるので、それを使えばタスクはたいてい探せますが、スターが付いているタスクを抽出する方が手軽です。

他にもフォルダやコンテクスト、さらにはタグなどの属性があります。最初から欲張って全部を使い尽くさなくていいので、気楽に行きましょう。あればあとで使いたいときに使える。それが多機能であることの良さなのです。

クイック入力の活用

クイック入力は大事です。とくにToodledoのような多機能ツールを使う際には大事です。クイック入力とは、タスク名だけを入力する方式です。

他のフォルダ、コンテクスト、締め切り日などの属性は、事前に設定しておいた通りに入力されます。この「事前の設定」をする手順は左ページの通りです。私（佐々木）は初期設

◉クイック入力

クイック入力の事前の設定

クィック入力のための「事前の設定」をする手順は次の通りです。

1 設定画面の呼び出し

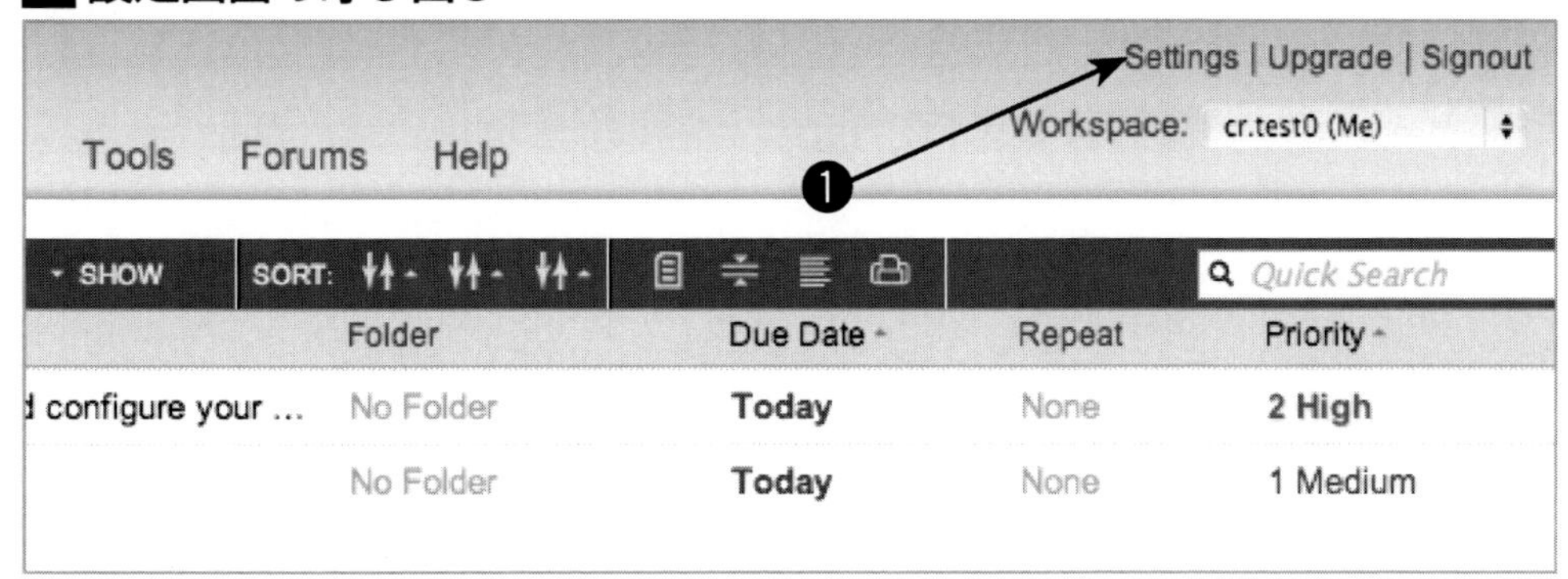

❶ Toodledoの画面で「Settings」をクリックします。

2 クィック入力設定画面の呼び出し

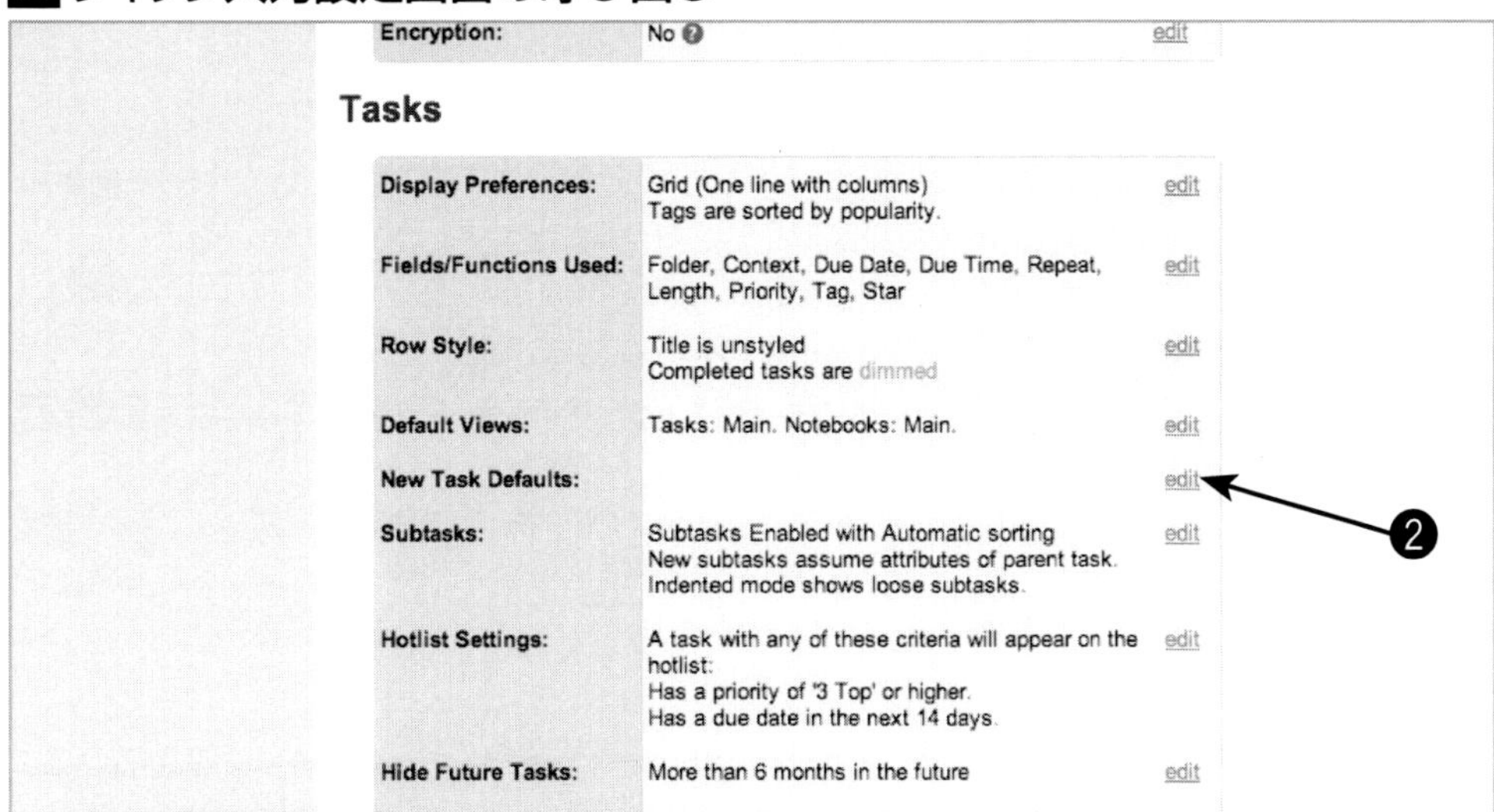

❷ 表示される画面のTasksの中に「New Task Defaults」の「edit」をクリックします。表示された画面で初期のタスクの値を決めることができます。

3 クイック入力設定画面の呼び出し

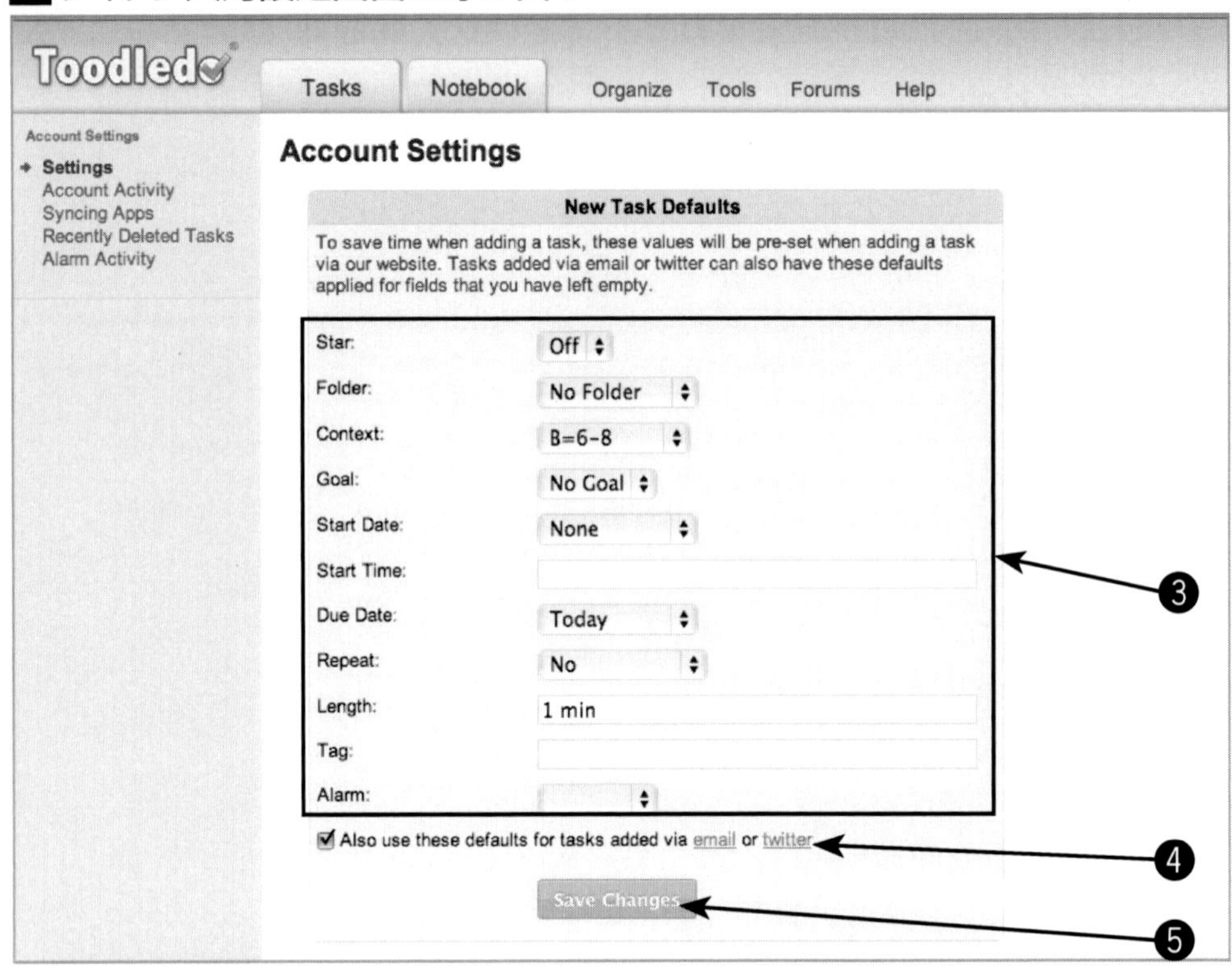

❸ タスクの初期設定の値を設定します（左ページ参照）。
❹ ONにすると、メールやTwitter経由で入力されるタスクにも、上記の設定が適用されます。
❺「Save Changes」をクリックすると、設定が保存されます。

定値を次のように決めています。

- スター ：なし
- フォルダ ：なし
- コンテクスト：B=6-8
- 開始日時 ：なし
- 締め切り日 ：今日
- 繰り返し ：なし
- 見積時間 ：1分
- タグ ：なし
- アラーム ：なし

複数一括入力の活用

慣れてくると非常に便利で使い込むことになる機能が複数一括入力です。次ページの図の通り「Add multiple tasks」から一括でタスクを入力することができます。

複数のタスクを一括で入力する

複数のタスクを一括で入力するには、次のように操作します。

1 一括入力画面の呼び出し

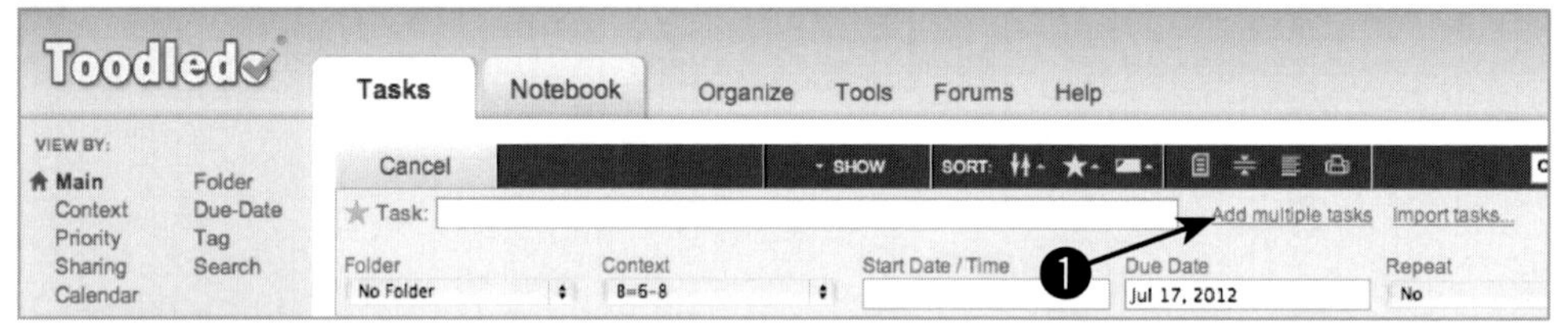

❶ 通常のタスクの入力画面を表示して、「Add multiple tasks」をクリックします。

2 一括でのタスクの入力

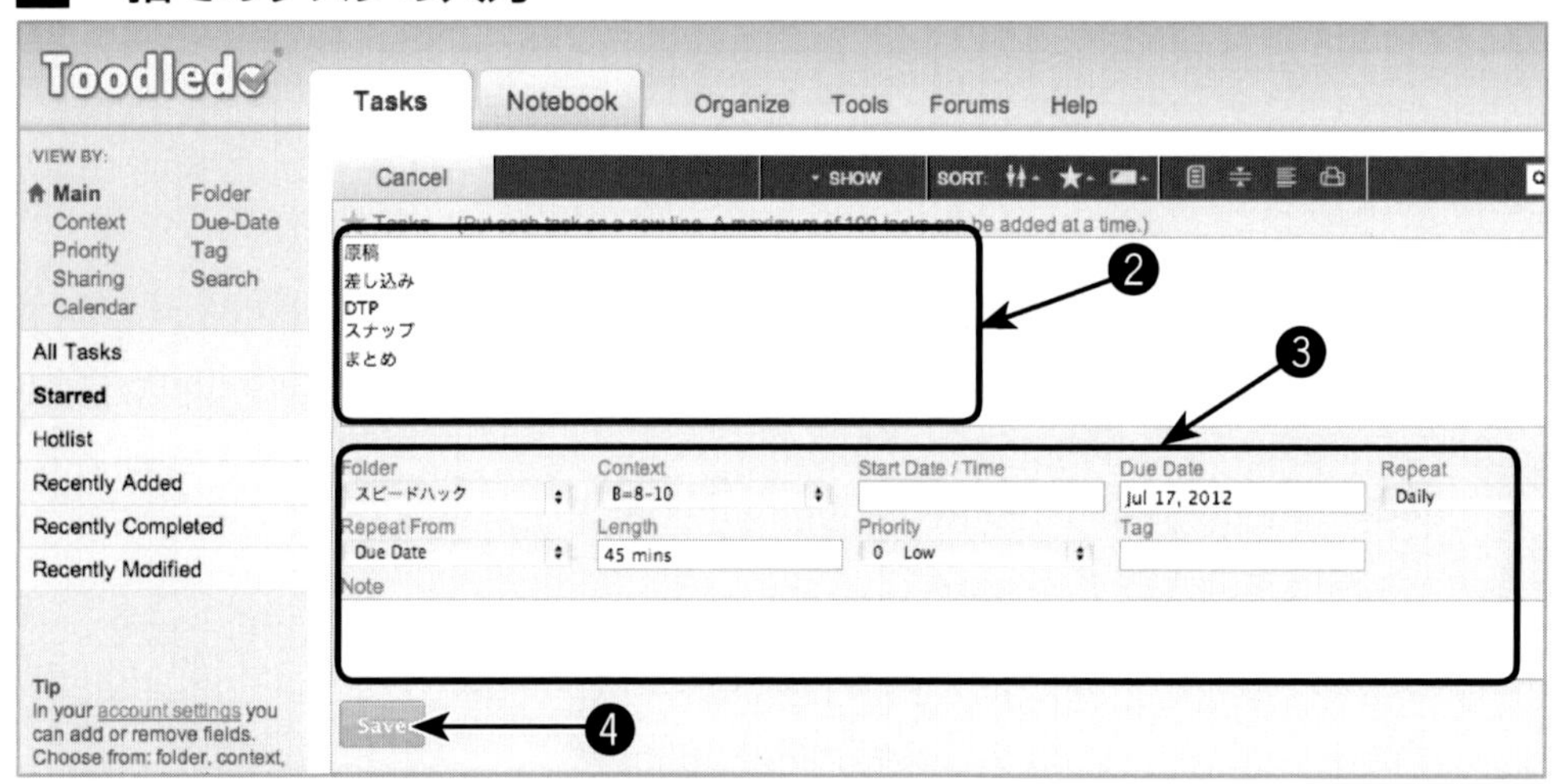

❷ 一括で入力したいタスクの名称を入力します。
❸ 必要に応じてタスクの付加情報を変更します。
❹ 「Save」をクリックします。

一括で入力するのはタスク名であって、名前以外の項目はすべて同じになります。したがって、他の項目はすべて同じでかまわないようなタスクをまとめて入力したいときに使います。

タスクの複製

厳密には複製と入力は別ですが、タスクを複製して追加したいと思うことは多いものです。これは省入力といってもいいでしょう。これをよく使うのは、1日のうちに2回以上同じタスクをやりたいと、すでにタスク入力してしまってから思った場合などです。

たとえば「メールチェック」というタスクを用意したものの、朝のうちにメールチェックが終わらなさそうなので、もう一度夕方にメールのチェックがしたいと思った場合などに重宝します(次ページ参照)。

◉一括入力されたタスク

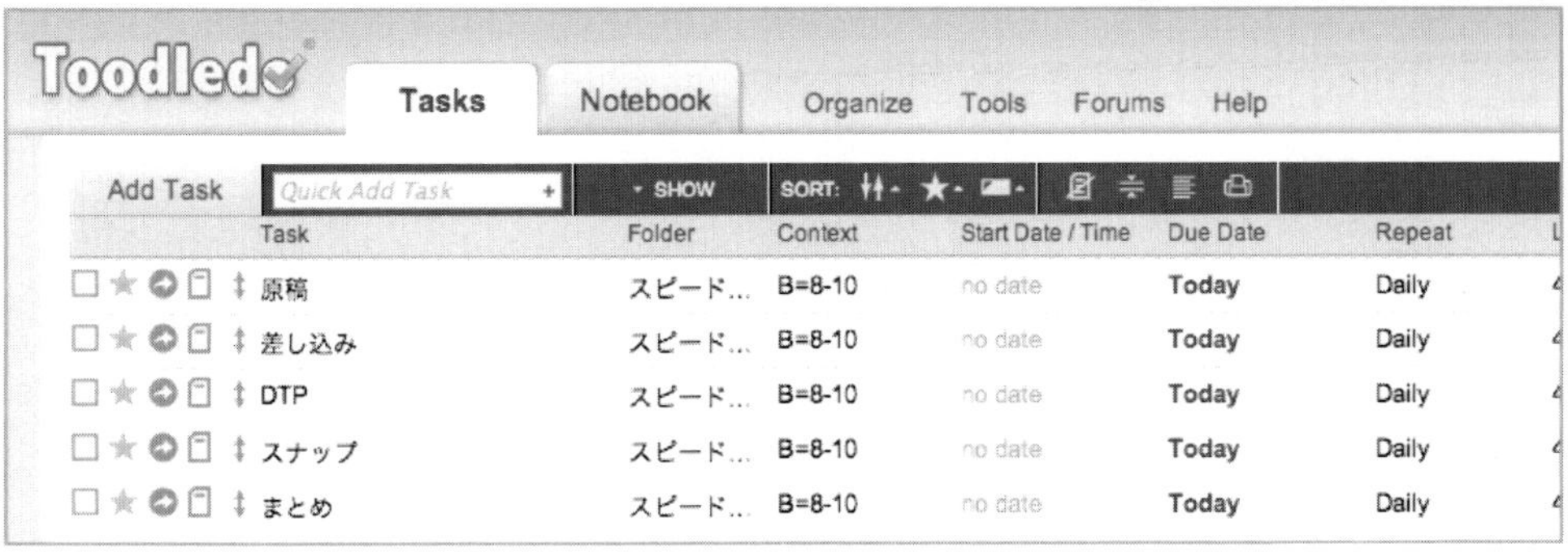

Toodledo　Tasks　Notebook　Organize　Tools　Forums　Help

Add Task　Quick Add Task　SHOW　SORT:

Task	Folder	Context	Start Date / Time	Due Date	Repeat
原稿	スピード…	B=8-10	no date	Today	Daily
差し込み	スピード…	B=8-10	no date	Today	Daily
DTP	スピード…	B=8-10	no date	Today	Daily
スナップ	スピード…	B=8-10	no date	Today	Daily
まとめ	スピード…	B=8-10	no date	Today	Daily

タスクを複製する

入力済のタスクを複製するには、次のように操作します。

1 一括入力画面の呼び出し

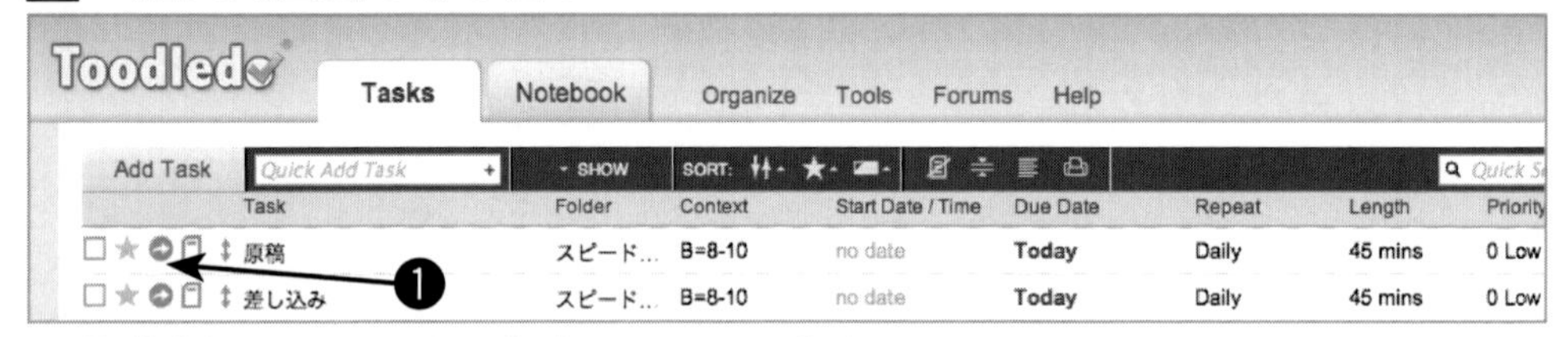

❶ 複製したいタスクの矢印のアイコンをクリックします。

2 複製メニューの選択

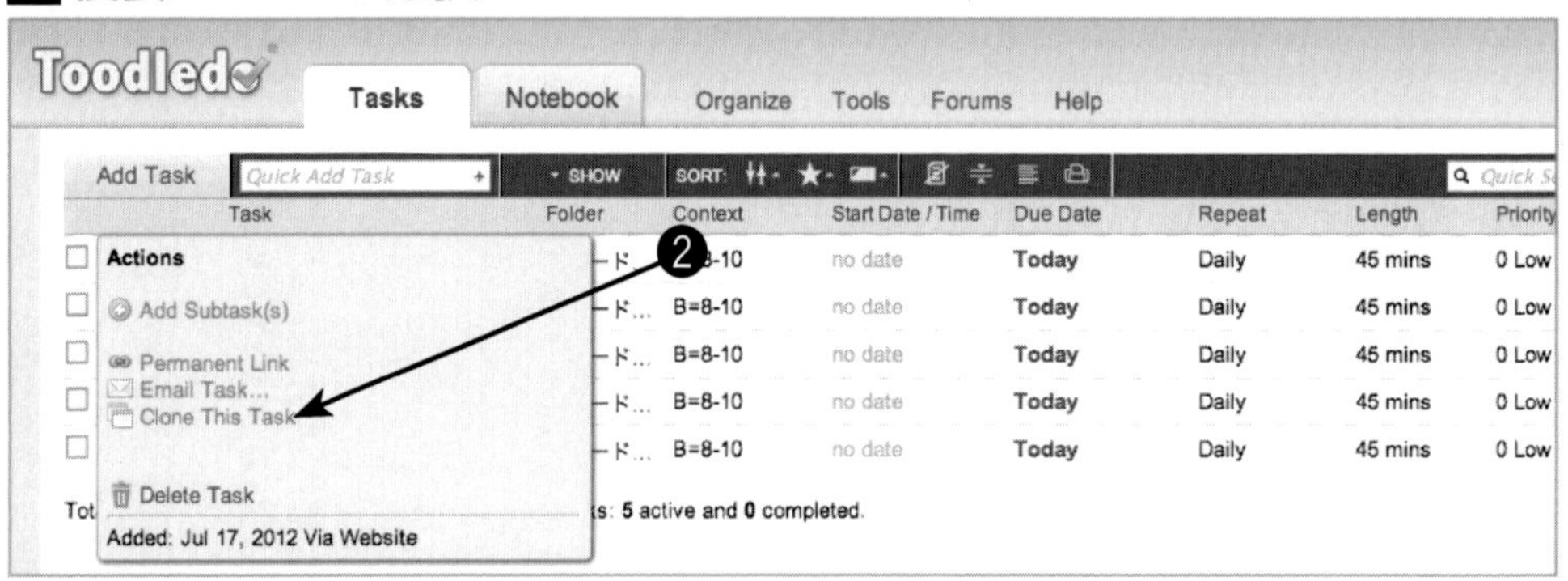

❷ 表示されるメニューから「Clone This Task」を選択します。

3 タスクの複製の完了

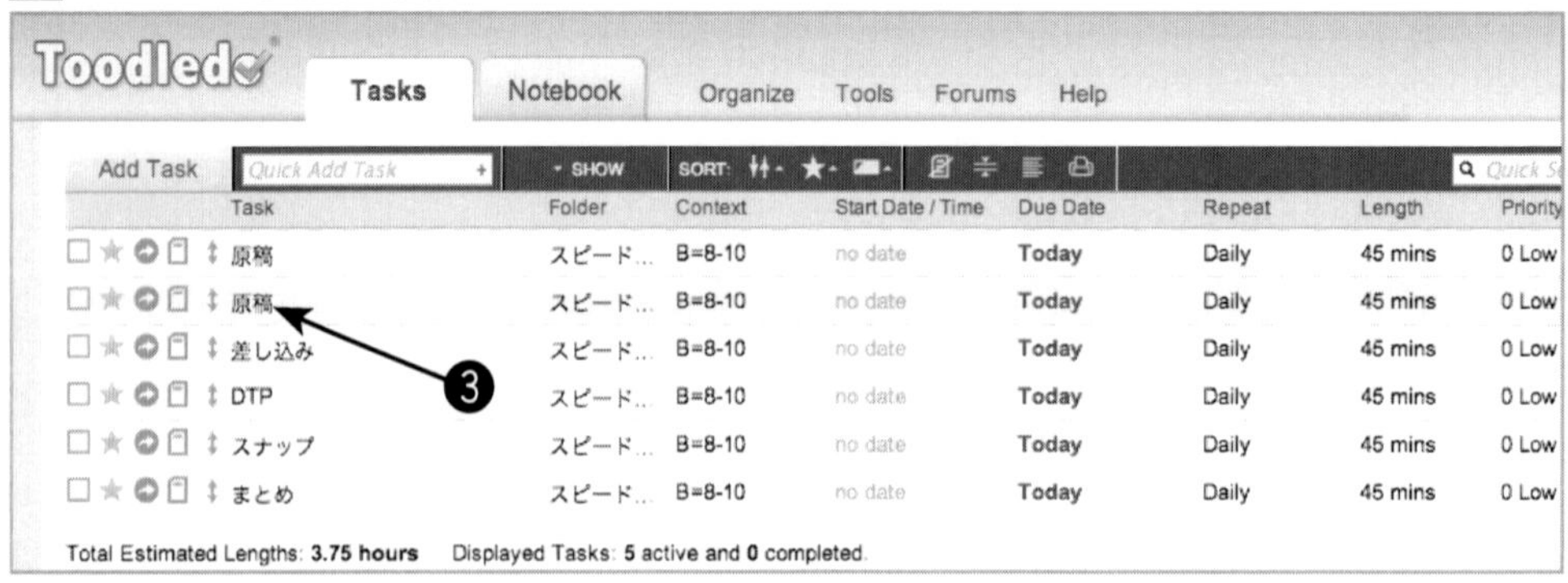

❸ タスクが複製されます。

まずタスクをToodledoに入れて整理する

タスクの入力は基本的な事柄で、手間をかけずにどんどん追加していくことがとても大事です。タスク管理ツールをうまく使えない人は、ツールに行動を預けてしまうことがなかなかできません。おそらく不安なのでしょう。結局一部のタスクはツールにあるものの、別のタスクは頭の中にとどまっていて、それを思い出して実行したりするのです。それではタスク管理ツールの威力が半減してしまいます。

「やるべきことをことごとく入力してもタスクを実行できるかどうか不安だ」という人もいますが、それは頭に抱えていても同じです。頭で覚えておけばやれるが、Toodledoに入れるとできなくなるなどということはあり得ません。

むしろToodledoにすべていったん入力し、それからタスクの処理日を割り振ったり、整理したり、スターを付けたりして調整していくべきでしょう。

入力 → 整理

というパターンを確立してしまえば、それだけでずいぶん精神的に楽になれます。

SECTION 08

タスクをフォルダとコンテクストで立体的に管理する

フォルダとコンテクストについて

柔軟なタスクの表のカスタマイズを可能にしているのが、フォルダとコンテクストと呼ばれるものです。フォルダとコンテクストは個々のタスクに設定することができます。

フォルダとは

フォルダ(Folder)は、タスクを分類して管理するための入れ物です。Toodledoのフォルダはアーカイブすることが可能なので、あとに取り上げるGTD(Getting Things Done)でいうところのプロジェクト単位で作成してもよいでしょう。私(北)の場合、フォルダを「仕事」や「家庭」「サークル活動」という自分が担っている役割(ペルソナ)ごとに設定しています。

コンテクストとは

コンテクスト(Context)という言葉を直訳すると「文脈」になります。タスク管理ツールの管理情報に「文脈」という言葉はイメージしづらいと思いますが、ここでは「(タスクを実行する)状況」という意味でとらえてもらえればと思います。

たとえば、時間(朝・昼・晩、午前・午後など)、場所(会社、家)、状態(移動中、家を出る前に、家に帰ってきたら、電話がかかってきたらなど)など、そのタスクを実行するのは自分がどのような状況にあるときかを考えてコンテクストを設定するとよいで

◉コンテクストの設定例

@ Contexts
- a.朝（6:00-9:00)
- b.午前(9:00-12:00)
- c.午後1(12:00-15:00)
- d.午後2(15:00-18:00)
- e.夜1(18:00-21:00)
- f.夜2(21:00-24:00)
- g.Extra(24:00-)
- オフィス
- 外出先
- 移動中
- 自宅

◉フォルダの設定例

Folders
- ルーチン
- 会社業務
- 会社雑務
- ブログ/活動系
- 執筆活動
- 読書
- Cre-pa!
- 生活
- 買い物リスト
- Someday

しょう。私（北）の場合、コンテクストには「時間」と「場所」を設定しています。

フォルダとコンテクストの設定方法

フォルダとコンテクストの設定は、共に「Organize」から選択するメニューから行います（操作方法は285ページを参照）。

フォルダの設定

フォルダの場合は、フォルダの追加・削除・共有の設定ができるほか、アーカイブすることが可能です。アーカイブしたフォルダは「Show Archived Folders」をクリックすることで確認できるほか、「Archive」のチェックを外

●フォルダの設定画面

フォルダの設定は「Organize」をクリックして表示されるメニューから行うことができる

すことでフォルダを再び使うことができるようになります。

コンテクストの設定

コンテクストの設定画面では、追加・削除・共有の設定ができます。

タスクを立体的に管理する

前述のように、私はフォルダに対して自分が担っている「役割」を設定しています。GTDであれば「プロジェクト」という単位で括られることでしょう。タスクリストのメンテナンスを行う際には、こういった一定のフォーカスで絞りをかけた状態でやる方が効率がよいのです。

たとえば、仕事のタスクを管理するとき

◉コンテクストの設定画面

Toodledo
Tasks
Notebook
Organize
Tools
Folders
Contexts
Goals
Locations
Files
Manage Contexts
Contexts help you organize tasks by whe… …at you a… match your current context, so you can q… …ose task… commonly used contexts include: work, h… …ne, church, etc.
If you are using our collaboration tools, th… …ox will prevent tasks with that context from being shared.
New Context
Add Context
Contexts
a.朝（6:00-9:00） Private
b.午前(9:00-12:00) Private
c.午後1(12:00-15:00) Private
d.午後2(15:00-18:00) Private
e.夜1(18:00-21:00) Private
f.夜2(21:00-24:00) Private
g.Extra(24:00-) Private
オフィス Private
外出先 Private

コンテクストの設定も「Organize」をクリックして表示されるメニューから行うことができる

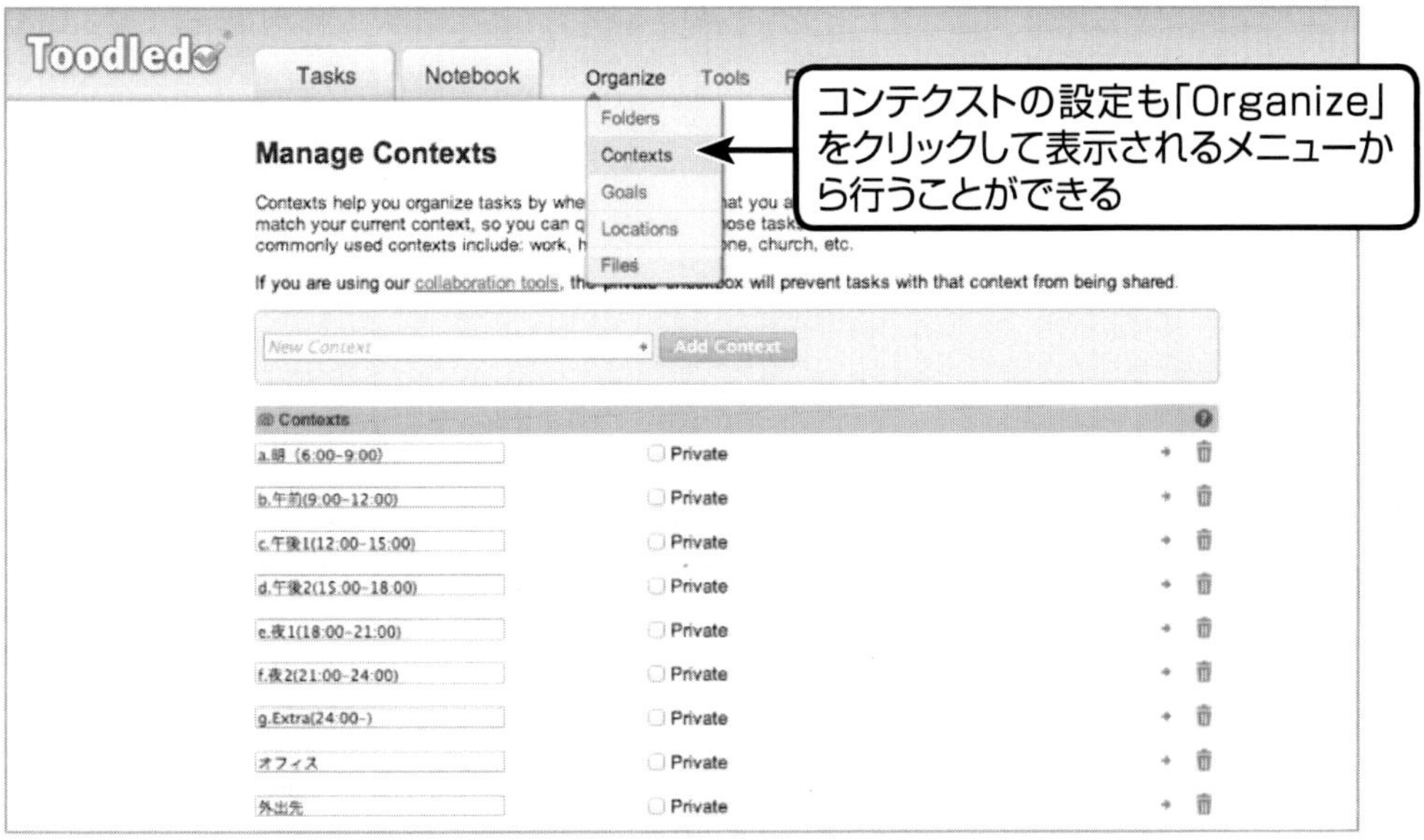

には、勉強会のタスクとの兼ね合いを考える必要はほとんどありません。逆に仕事とプライベートのタスクの関連性が強いなどの事由がある場合は、「仕事」と「プライベート」のフォルダだけを表示するなど、フォーカスを自由に変更することが可能です。

　ただし、タスクリストが分割されすぎると、タスク実行の際にあちこちのリストを見る必要が出てくるなどの弊害がでてくることもあります。私の場合でいえば「仕事」と「プライベート」と「執筆活動」などの役割を1日の間に何度も切り替えることが珍しくはなく、そのたびにリストを切り替えるのはいささか面倒です。

　この問題を回避するために、私はフォルダごとのビューでタスクをメンテナンスする際に「次にや

ること」に対してスターを付けるようにし、タスクを実行するときに「Main/Stared」ビューに切り替えます。「Main/Stared」ビューを使うとスターが付いているタスクだけを表示することができます。

このときにはタスクはフォルダ横断で表示されるため、タスクリストをいちいち切り替える手間が不要となります。GTDをご存じの方であればレビューをして「NextActionリスト」を作成するという表現の方がわかりやすいでしょう。

「Main/Stared」ビューでタスクをコンテクストでソートすると、下図のように「時間帯ごと」にタスクが区切られて表示されます。「length」にタスクの見積時間を入れておけば、時間帯ご

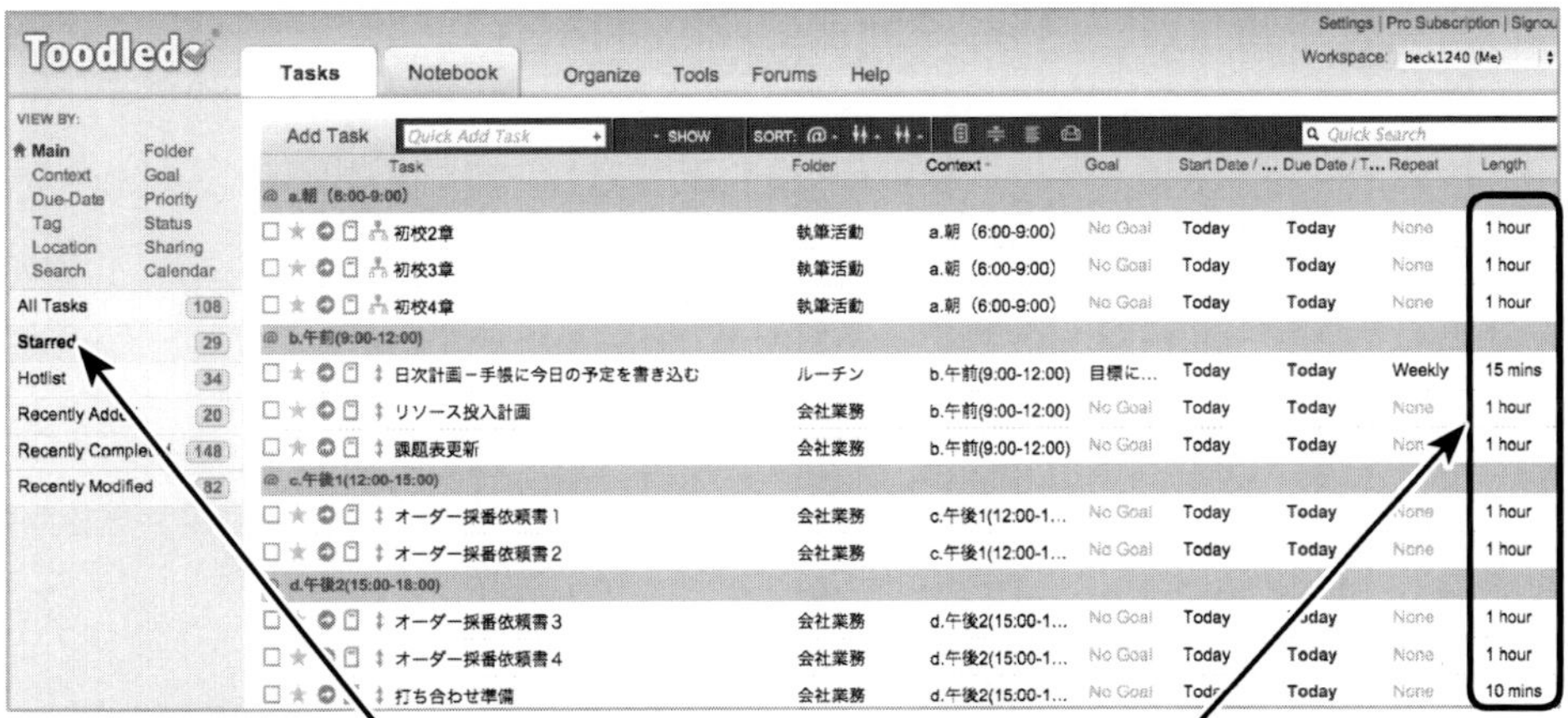

スターが付いているタスク(次にやること)だけを表示することでNext Actionリストが得られる

時間帯ごとの実行タスクに無理がないかを確認

とにタスクを詰め込みすぎていないかなどのチェックも容易に行うことができるのです。

フォルダとコンテクストがToodledoの使い勝手向上のキーポイント

フォルダとコンテクストの考え方や設定を、私の使い方を例に紹介しました。

- **どういった単位でフォルダを区切ればタスク管理がやりやすいか?**
- **コンテクストを使って、いかに不要なタスクを消し込みタスク実行時のノイズを減らすか?**

この2つの問いかけを常に行うことで、自分自身のToodledoにおけるタスク管理の形が徐々に明らかになっていきます。Toodledoでのタスク管理がまだしっくりこないと感じているのであれば、ぜひフォルダとコンテクストについてじっくり考える時間を設けてください。

SECTION 03

ビューとソートを使いこなして効率的にタスク管理の効率を上げる

ビューの使いこなしがToodledo活用の第一歩

ここからは入力されたタスクを場面ごとに最適な形で表示させるための機能について解説をしていきます。セクション4では、次の3点が「必要なときに必要なタスクだけを画面表示する」ための機能であると紹介しました。

- ビュー：大きく分類項目ごとに表示を切り替える
- フィルタ：表の中で詳細にタスクの表示を切り替える
- サーチ：複数の条件で絞り込まれた表を作成する

この中でもっとも基本的、かつよく使う機能が「ビュー」です。極論をいえば、フィルタやサーチの使い方がよくわからなくても、ビューを使いこなすだけで充分にタ

ビューを切り替える

ここでは、ビューを切り替える例として「Main」ビューから「Due Date」ビューに切り換える方法を解説します。

1 「Due Date」ビューでタスクを表示

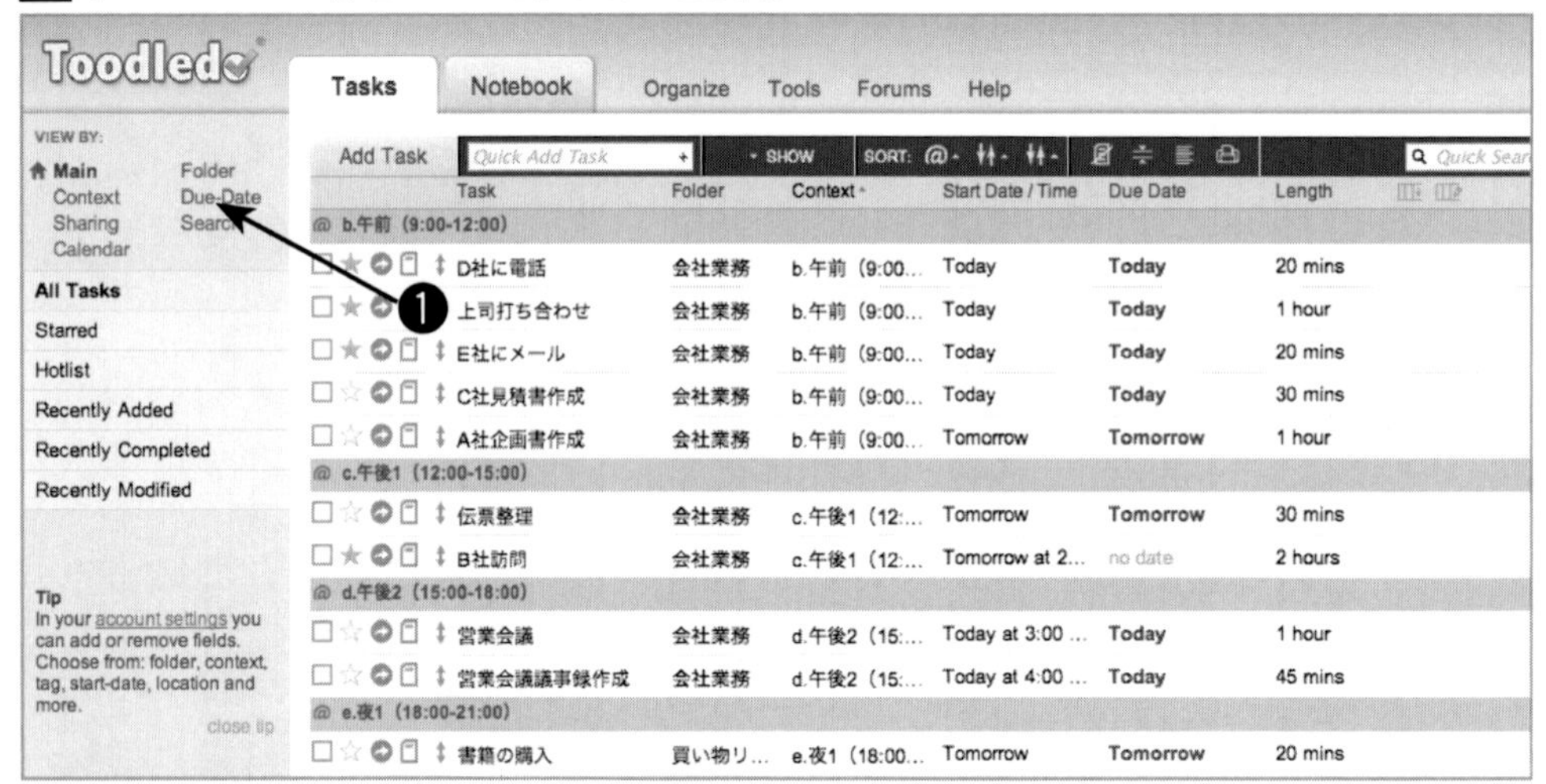

❶「Due Date」ビューを選択します。

2 今日が締め切り日のタスクの抽出

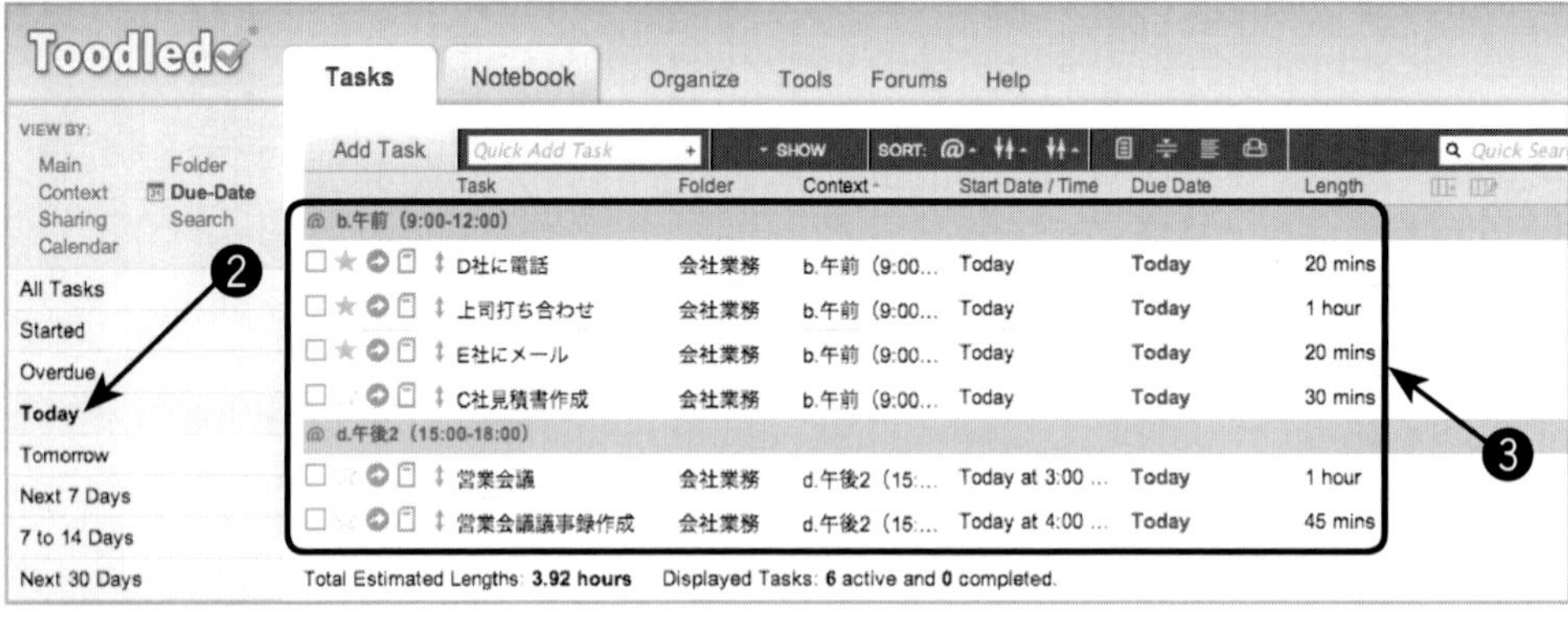

❷「Today」選択します。
❸ 今日締め切りの未完了タスクが表示されます。

スク管理を回すことができてしまいます。

自分にとって最適なタスクの管理のやり方がわからない人や、Toodledoを使うに当たってどこから手を付けてよいのかがわからない人は、まずは「ビュー」を使いこなせるようになるところから始めるとよいでしょう。

ビューの種類

Toodledoではあらゆるユーザーのニーズに応えられるように事細かなビューが用意されています。すべてのビューを使いこなす必要はありませんが、場面ごとにどのビューを利用するかを決めておくことで、よりスムーズにタスク管理を行えるようになります。

「Main」ビュー

「Main」ビューはフォルダやコンテクストという分類項目によらず、タスクの重要性や最近加えられた操作をキーに画面表示を切り替えるビューです。

前述のように、私は「次にやること(今日やること)」にスターを付けて、タスク実

◉「Main/Stared」ビュー

Toodledo
Tasks Notebook Organize Tools Forums Help
VIEW BY:
Main Folder
Context Goal
Due-Date Priority
Tag Sharing
Search Calendar
All Tasks 108
Starred 28
Hotlist 36
Recently Added 19
Recently Completed 84
Recently Modified 89
Add Task Quick Add Task SHOW SORT:

Task	Folder	Contex
Due Today		
日次レビュー－タスク／スケジュール	ルーチン	g.Extr
日次レビュー－メモ/Evernote	ルーチン	g.Extr
執筆－9 ビューとフィルタリングを使いこなして…	執筆活動	c.午後
執筆－17 モバイルアプリを使ってタスクリスト…	執筆活動	c.午後
wimax解約	プライベート	g.Extr
執筆－18 タスクの粒度を設定する	執筆活動	c.午後
執筆－21 StartDateを使ってフィルタリングを操…	執筆活動	c.午後
執筆－24 サブタスクを活用する	執筆活動	c.午後
執筆－27 リマインダーの使い方	執筆活動	c.午後
反省会の日程調整	ブログ/活動系	g.Extr
執筆－30 LOCATION機能の使い方	執筆活動	d.午後

◉「Folder」ビュー

行時には「Main/Stared」ビューを見るようにしています。

- Starred：スターを付けたタスクのみを表示するリスト
- Hotlist：直近の重要タスクを表示するリスト（重要度は優先度、締め切り日、Starで判断）
- Recently Added：最近追加したタスクを表示するリスト
- Recently Completed：最近完了したタスクを表示するリスト
- Recently Modified：最近変更を加えたタスクを表示するリスト

「Folder」ビュー

「Folder」ビューは、フォルダごとにタスクを表示するビューです。私はタスクの洗い出しや整理という作業を行う際に「Folder」ビューを利用します。

◉「Context」ビュー

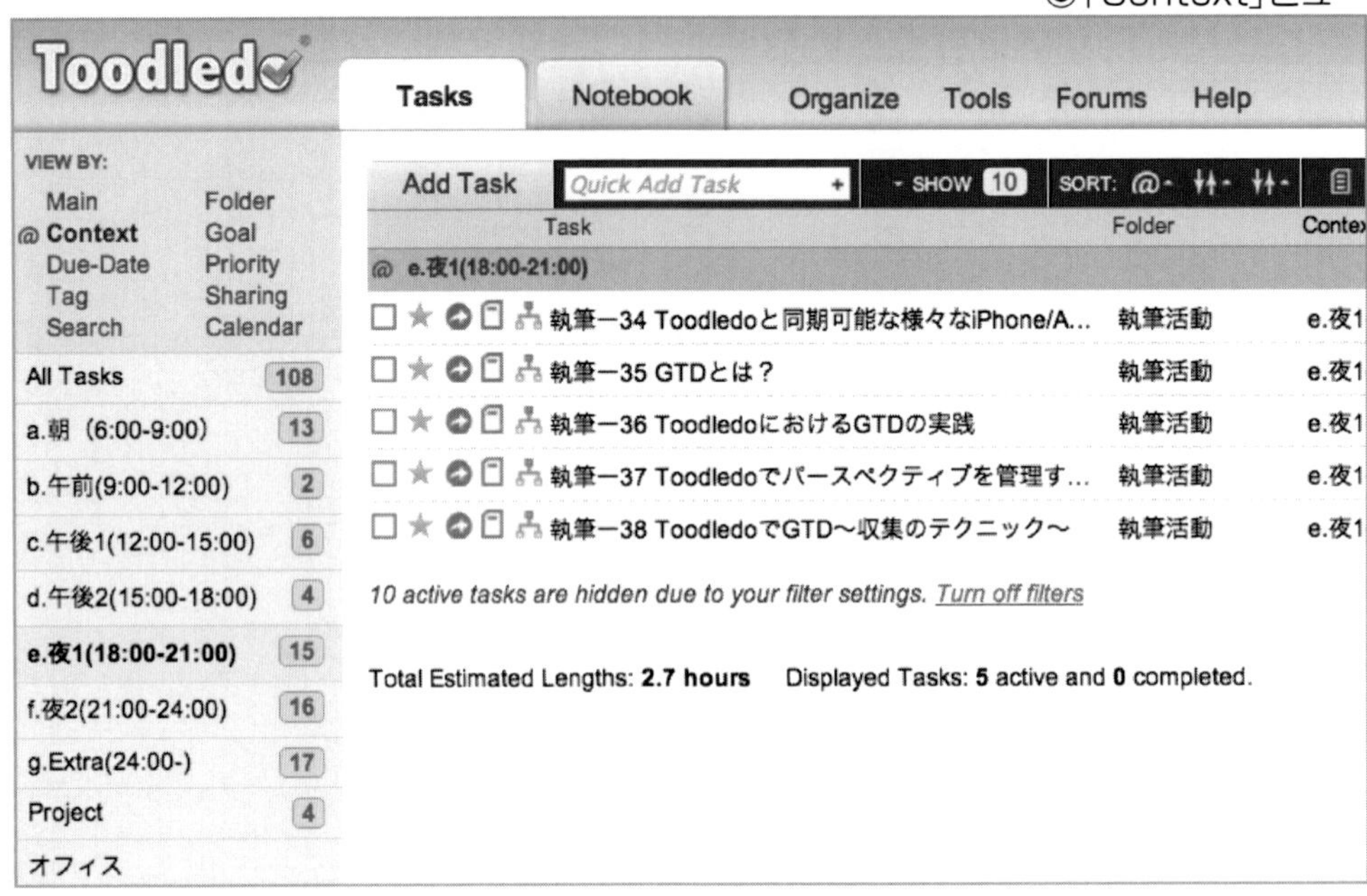

◉「Goal」ビュー

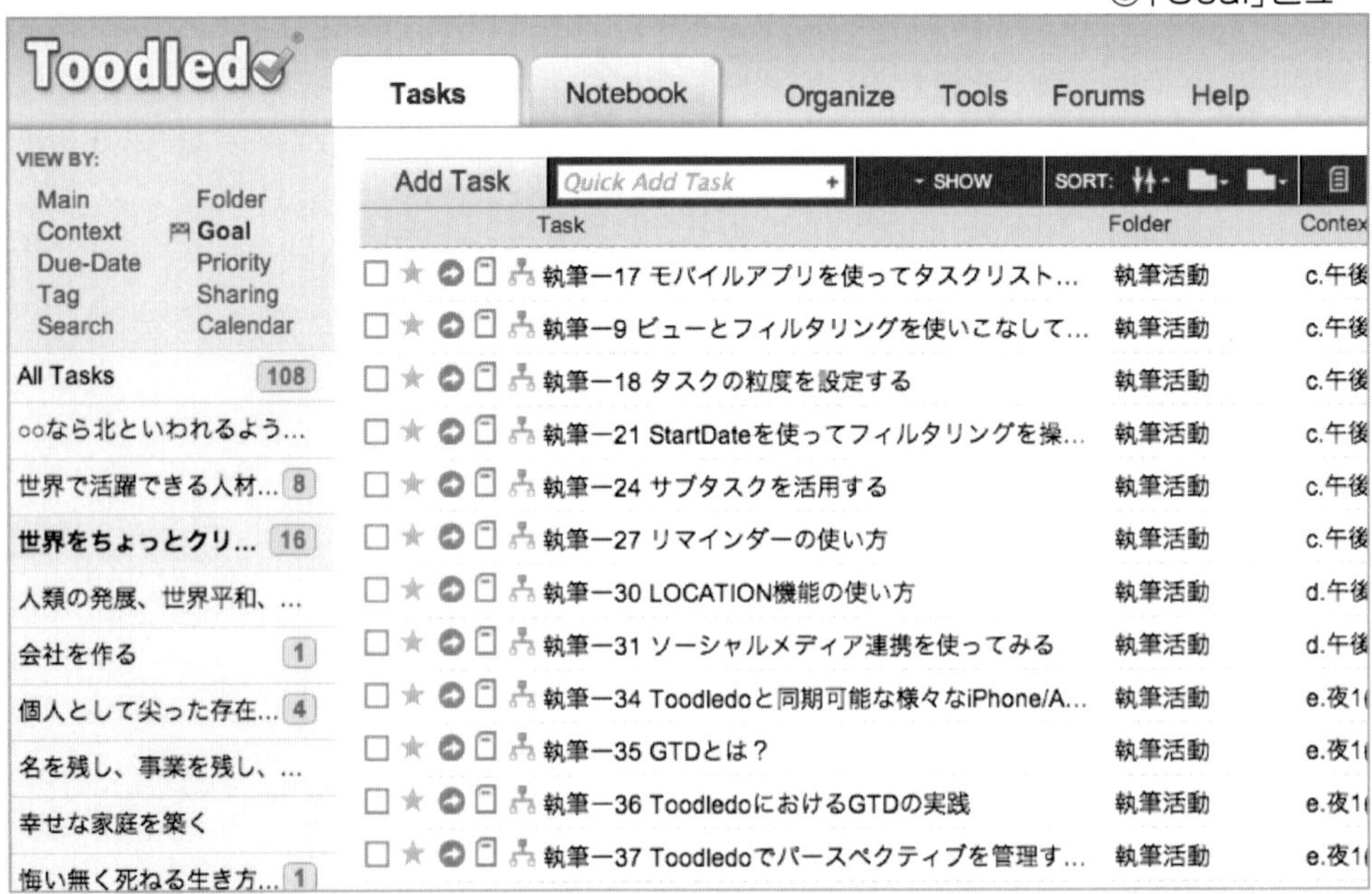

「Context」ビュー

「Context」ビューは、コンテクストごとにタスクを表示するビューです。たとえば、友人の山田さんに1000円を返すというタスクがあったとすると、「山田さん」というコンテクストを「1000円を返す」というタスクに付与しておき、山田さんに会ったときに「Context」ビューで「山田さん」を見れば、確実に「1000円を返す」というタスクを思い出すことができます。

「Goal」ビュー

「Goal」ビューはゴール（タスクにくくり付けた目標）ごとにタスクを表示するビューです。Goalの設定方法や使い方は174ページで詳しく取り上げます。

「Due-Date」ビュー

「Due-Date」ビューはタスクの締め切り日をキーとして画面表示を切り替えるビューです。未完了タスクなどを整備する際に利用します。

◉「Due-Date」ビュー

Toodledo
Tasks
Notebook
Organize
Tools
Forums
Help
VIEW BY:
Main
Folder
Context
Goal
Due-Date
Priority
Tag
Sharing
Search
Calendar
All Tasks 108
Started 37
Overdue
Today 33
Tomorrow 13
Next 7 Days 81
7 to 14 Days 4
Next 30 Days 86
No Due-Date 22
Add Task
Quick Add Task
SHOW
SORT:
Task
Folder
ルーチン
日次レビュ−−タスク／スケジュール ルーチン
日次レビュ−−メモ/Evernote ルーチン
10kmランニング/トレーニング ルーチン
英語の勉強(duo+研修宿題) ルーチン
ブログ/活動系
東京ライフハック研究会vol.8 ブログ/活動系
反省会の日程調整 ブログ/活動系
Eye-Fiでシェアな記事 ブログ/活動系
執筆活動
執筆−17 モバイルアプリを使ってタスクリスト… 執筆活動
執筆−9 ビューとフィルタリングを使いこなして… 執筆活動
執筆−18 タスクの粒度を設定する 執筆活動

◉「Priority」ビュー

- Overdue：締め切り日を過ぎている未完了タスクを表示するリスト
- Today：今日締め切りの未完了タスクを表示するリスト
- Tomrrow：明日締め切りの未完了タスクを表示するリスト
- Next 7 Days：今日～7日後までが締め切りの未完了タスクを表示するリスト
- 7 to 14 Days：7日後～14日後までが締め切りの未完了タスクを表示するリスト
- Next 30 Days：今日～30日後までが締め切りの未完了タスクを表示するリスト
- No Due-Date：締め切り日が設定されていないタスクを表示するリスト

「Priority」ビュー

「Priority」ビューはタスクに割り当てられた優先順位を指定します。「3 Top」「2 High」「1 Medium」「0 low」「-1 Negative」の5段階で画面表示を切り替えます。

「Tag」ビュー

「Tag」ビューはタスクに割り当てられたタグごとにタスクを表示するビューです。複数のフォルダに分かれたタスクをあるキーワードで横断的に表示させたい場

◉「Tag」ビュー

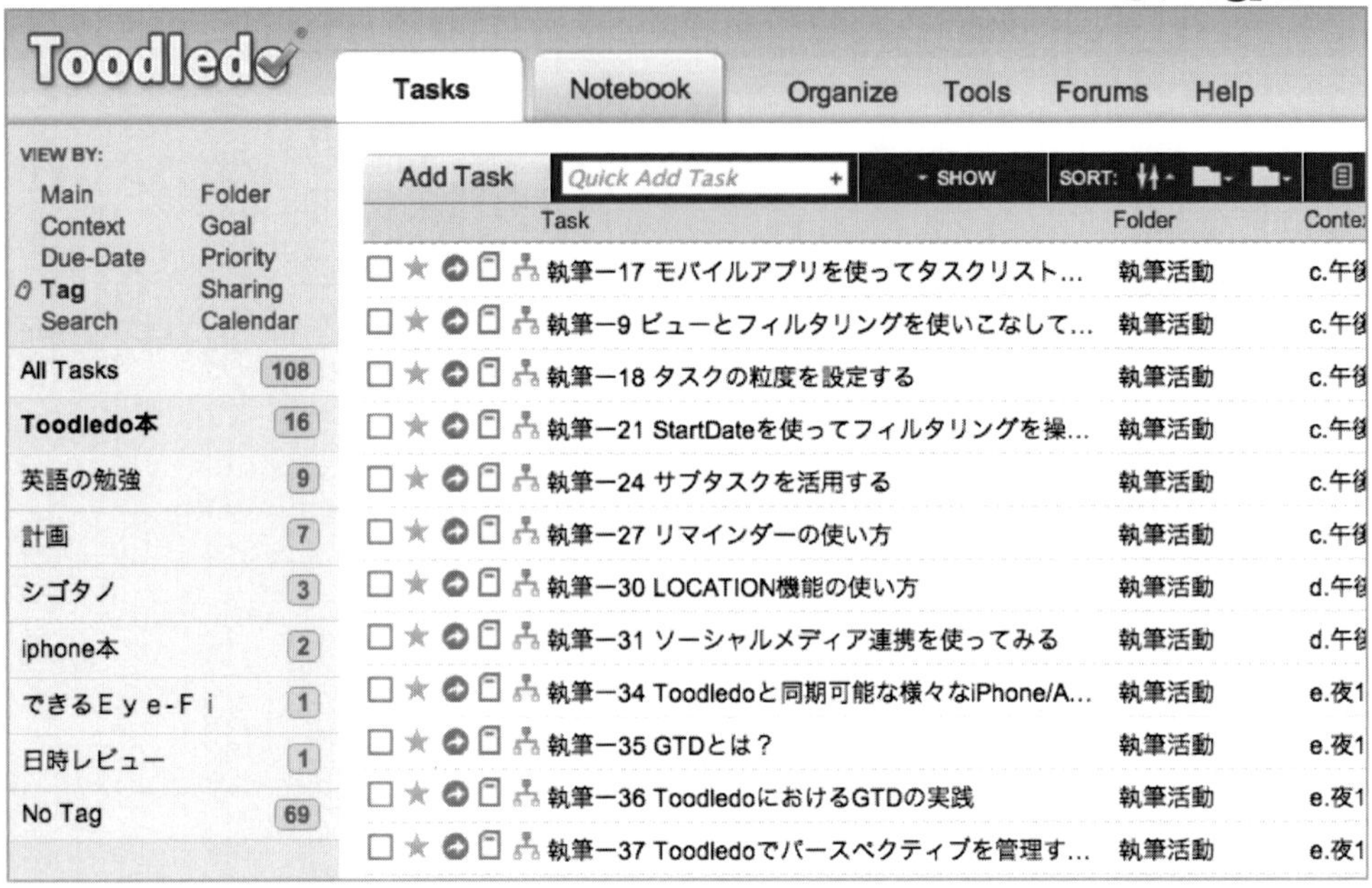

Toodledo
Tasks Notebook Organize Tools Forums Help

VIEW BY:
Main Folder
Context Goal
Due-Date Priority
Tag Sharing
Search Calendar

Tag	
All Tasks	108
Toodledo本	16
英語の勉強	9
計画	7
シゴタノ	3
iphone本	2
できるＥｙｅ-Ｆｉ	1
日時レビュー	1
No Tag	69

Add Task / Quick Add Task / SHOW / SORT:

Task	Folder	Conte
執筆ー17 モバイルアプリを使ってタスクリスト…	執筆活動	c.午後
執筆ー9 ビューとフィルタリングを使いこなして…	執筆活動	c.午後
執筆ー18 タスクの粒度を設定する	執筆活動	c.午後
執筆ー21 StartDateを使ってフィルタリングを操…	執筆活動	c.午後
執筆ー24 サブタスクを活用する	執筆活動	c.午後
執筆ー27 リマインダーの使い方	執筆活動	c.午後
執筆ー30 LOCATION機能の使い方	執筆活動	d.午後
執筆ー31 ソーシャルメディア連携を使ってみる	執筆活動	d.午後
執筆ー34 Toodledoと同期可能な様々なiPhone/A…	執筆活動	e.夜1
執筆ー35 GTDとは？	執筆活動	e.夜1
執筆ー36 ToodledoにおけるGTDの実践	執筆活動	e.夜1
執筆ー37 Toodledoでパースペクティブを管理す…	執筆活動	e.夜1

◉「Sharing」ビュー

合などに利用します。

「Sharing」ビュー

「Sharing」ビューは、他のToodledoユーザーと共有しているタスクを表示するビューです。タスクの共有については234ページを参照して下さい。

「Search」ビュー

「Search」ビューは、複数の検索条件を組み合わせて作られた「保存された検索」ごとにタスク表示を切り替えるビューです。標準のビューでは実現できない複雑な検索式の組み合わせを行うことも可能で、たとえば私の場合は会社の仕事関連のフォルダを結果から除外して「次にやることリスト」を表示する「会社業務以外のNextAction」という「保存された検索」を用意しています。

「Calender」ビュー

「Calender」ビューは、カレンダーから特定の日付を選択すると、「Start Dateがそ

●「Search」ビュー

Toodledo
Tasks Notebook Organize Tools Forums Help
VIEW BY:
Main Folder
Context Goal
Due-Date Priority
Tag Sharing
Search Calendar
New Search
会社で見るリスト
会社業務以外
会社業務以外のNextAction
Add Task Quick Add Task SHOW SORT:
Task Folder Conte
Starts Today
日次レビュ−−メモ/Evernote ルーチン g.Ext
日次レビュ−−タスク/スケジュール ルーチン g.Ext
執筆−17 モバイルアプリを使ってタスクリスト… 執筆活動 c.午後
執筆−9 ビューとフィルタリングを使いこなして… 執筆活動 c.午後
wimax解約 プライベート g.Ext
執筆−18 タスクの粒度を設定する 執筆活動 c.午後
執筆−21 StartDateを使ってフィルタリングを操… 執筆活動 c.午後
執筆−24 サブタスクを活用する 執筆活動 c.午後
執筆−27 リマインダーの使い方 執筆活動 c.午後
反省会の日程調整 ブログ/活動系 g.Ext
執筆−30 LOCATION機能の使い方 執筆活動 d.午後

●「Calender」ビュー

の日以前」かつ「Due Dateがその日以降のタスク」が表示されるビューです。

たとえば、5月5日の日付を選択すると、Start Dateが5月3日でDue Dateが5月6日のタスクは表示されますが、Start Date/Due Date共に5月6日のタスクは表示されません。

場面ごとにソートを使い分ける

場面に応じて適切なビューを使うことに加えて、ソート条件を場面に応じて切り替えることでよりスムーズにタスク管理を行えるようになります。

たとえば、私はタスクを洗い出したり、タスクの状態を最新にしたい場面では、「Folder」ビューに「Due Date」ソートを組み合わせ、いざタスクを実行する場面になれば「Main/Stared」ビューに「Context」のソートを組み合わせています。

タスクを管理するフェーズでは、今日を含む先々までの情報が必要となりますが、タスクを実行するフェーズでは、「今日やる」ことはわかっているので、さらに詳細に今日の「いつ頃」そのタスクに取り組むのかについての情報が必要となるのです。

●「Folder」ビューに「Due Date」ソートを組み合わせ

Toodledo

Tasks　Notebook　Organize　Tools　Forums　Help

VIEW BY:
Main　Folder
Context　Goal
Due-Date　Priority
Tag　Sharing
Search　Calendar

All Tasks 107
ルーチン 34
会社業務 1
会社雑務
ブログ/活動系 24
執筆活動 16
読書 21
Cre-pa! 1
プライベート 10
買い物リスト
Someday
No Folder

Add Task　Quick Add Task　SHOW　SORT:

Task	Folder	Context	Goal
Due in the past			
東京ライフハック研究会vol.8	ブログ/活動系	Project	No Goal
Due Today			
反省会の日程調整	ブログ/活動系	g.Extra(24:00-)	No Goal
レポート記事	ブログ/活動系	f.夜2(21:00-24:00)	No Goal
LT参加者へのフィードバック	ブログ/活動系	f.夜2(21:00-24:00)	No Goal
【書評】IDEA HACKS!2.0	ブログ/活動系	f.夜2(21:00-24:00)	No Goal
複数台のカメラ（Eye-Fiカード）からスマートフ…	ブログ/活動系	g.Extra(24:00-)	No Goal
ブログを書く（hacks4）	ブログ/活動系	a.朝（6:00-9:00）	個人と…
Eye-Fiでシェアな記事	ブログ/活動系	f.夜2(21:00-24:00)	No Goal
Due Tomorrow			
フォローメール	ブログ/活動系	No Context	No Goal
シゴタノ書き出し	ブログ/活動系	e.夜1(18:00-21:…	No Goal
ブログを書く（hacks4）	ブログ/活動系	g.Extra(24:00-)	個人と…
Eye-Fiのダイ…			
Due in the next 7 days			

プロジェクトごとに締め切り日が確認できるので
タスクの洗い出しや更新ができる

●「Main/Stared」ビューに「Context」のソートを組み合わせ

タスクをソートする

タスクリストは、さまざまな条件で並べ替えを行うことができます。ここではコンテクストの順に並べ替える例を解説します。

1 ソート設定画面の呼び出し

❶「1st Sort」のアイコンをクリックします。

2 ソートの条件の設定

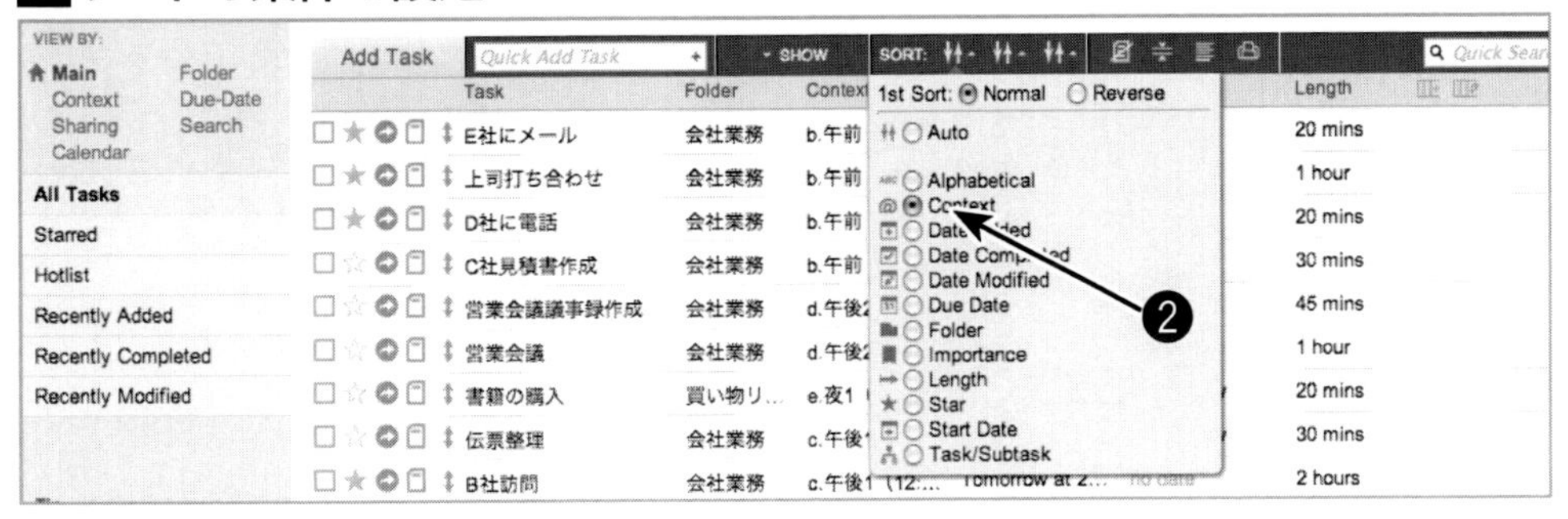

❷「Context」を選択します。

3 ソートの完了

❸ コンテクストの順にタスクが並び変わります。

SECTION 10

フィルタリング機能で不要なタスクを消し込む

今取り組むべきタスクに集中する

表をカスタマイズすることでToodledoでのタスク管理はかなり快適なものとなりますが、ここで紹介する「フィルタリング」機能を用いることで、その快適度をさらに引き上げることができます。

フィルタリングの機能でもっとも有用なものが、これから紹介する「タスクの状態」によるフィルタリングです。このフィルタリングを駆使することで、不要なタスクを消し込んで、「今集中すべきタスク」に集中することが可能となります。

「Recently Completed Tasks」フィルタ

最近完了したタスクを表示する設定項目です。完了したタスクが見えている方が達成感を感じられて、やる気が出る人はONにしておくとよいでしょう。

タスクのフィルタリング

フィルタリングの機能を使うと、ビューの検索結果をさらに絞り込むことができます。

1 フィルタリングの設定画面の表示

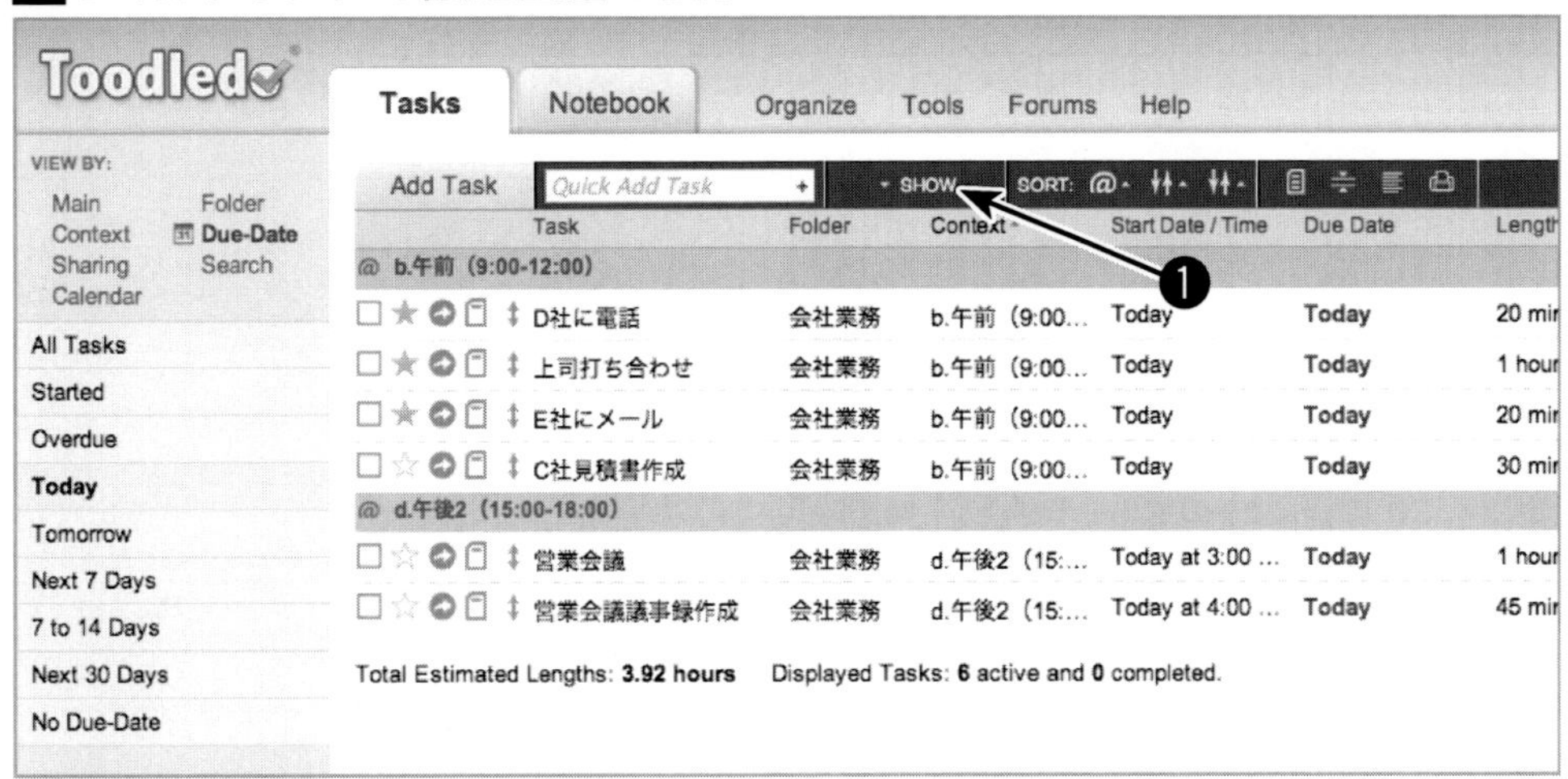

❶「SHOW」をクリックします。

2 フィルタの条件の選択

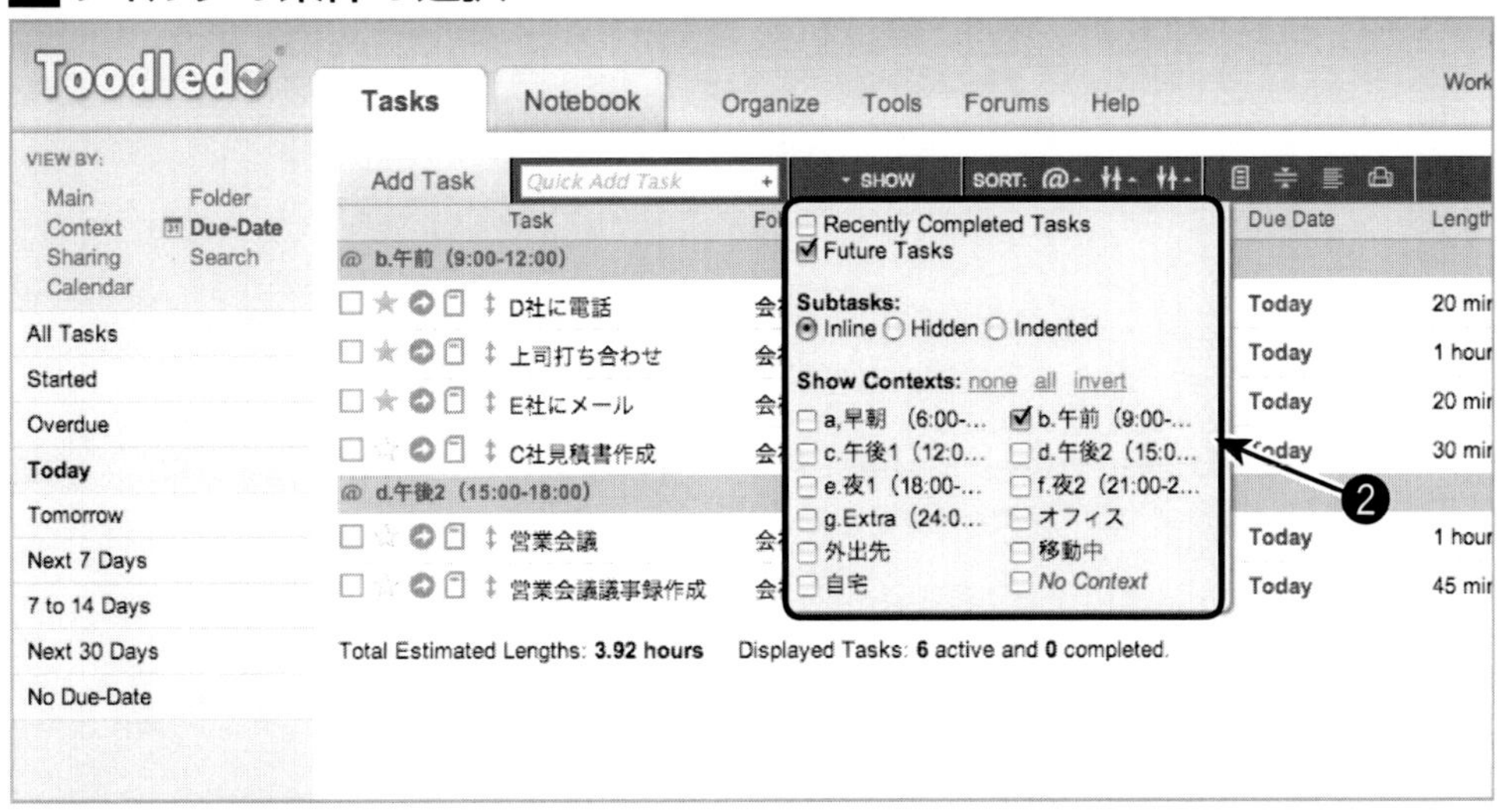

❷フィルタの設定画面が表示されるので抽出したい条件を指定します。

◉「Recently Completed Tasks」フィルタをONにする

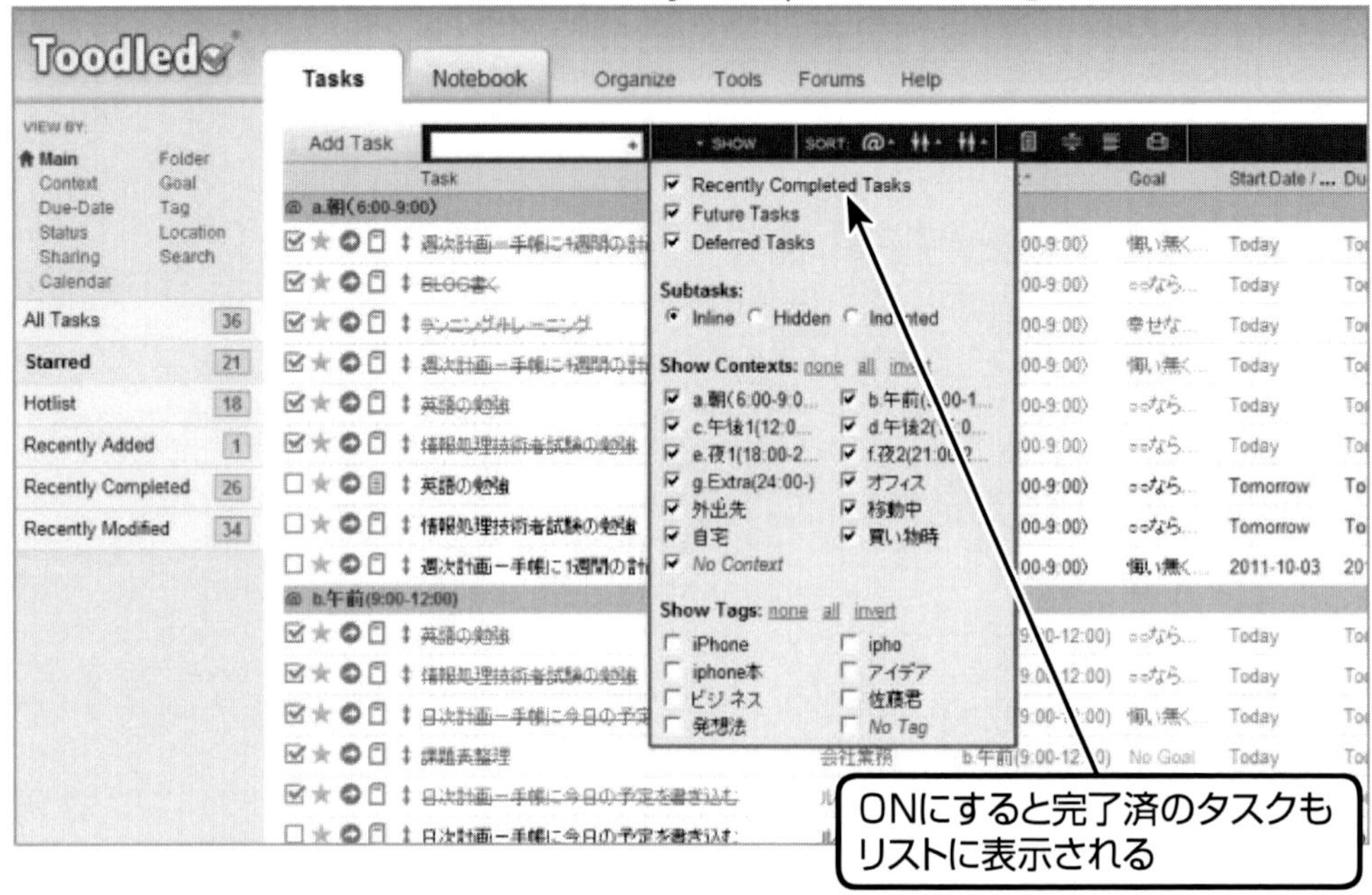
ONにすると完了済のタスクもリストに表示される

◉「Future Tasks」フィルタをOFFにする

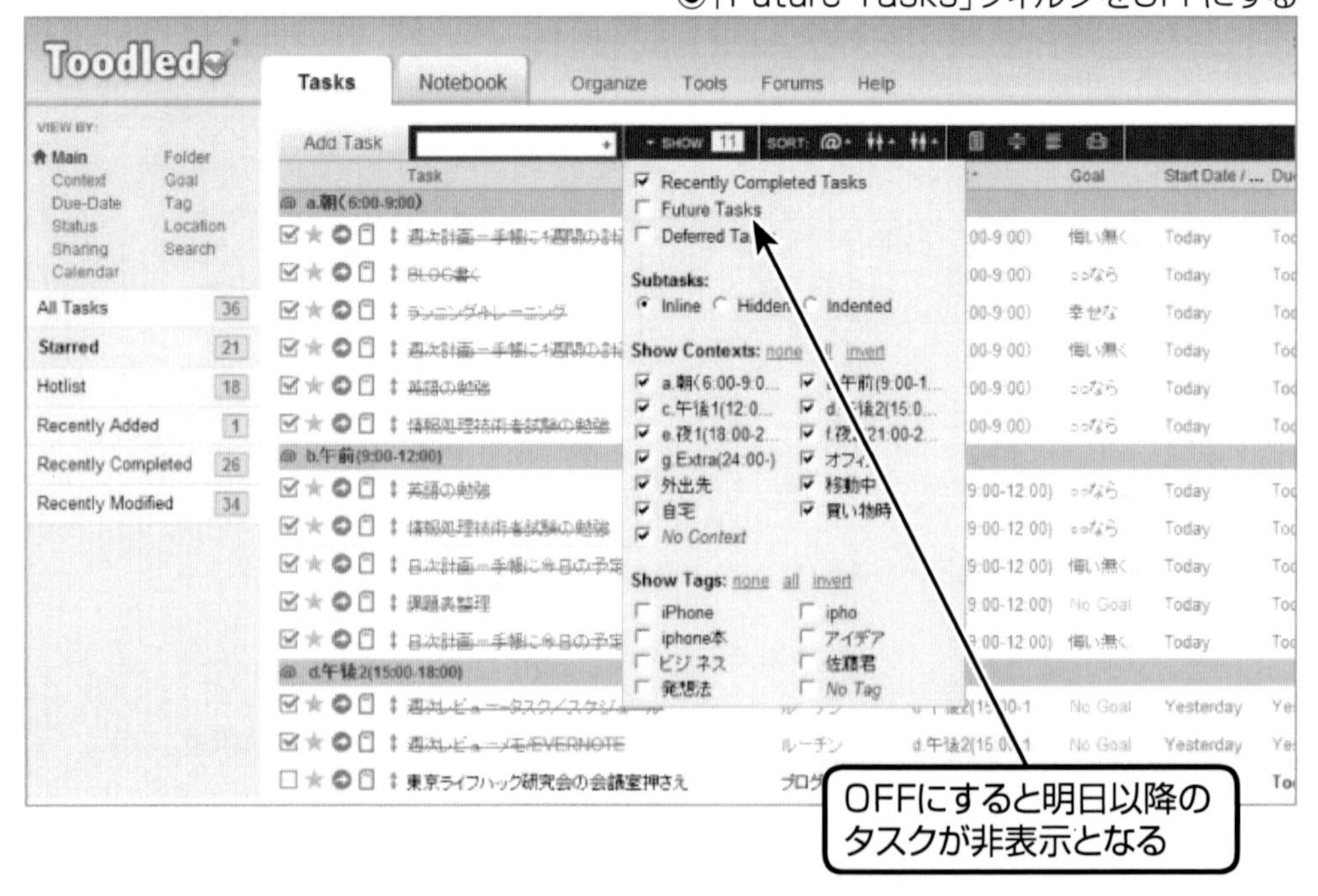
OFFにすると明日以降のタスクが非表示となる

「Future Tasks」フィルタ

「Future Tasks」フィルタとは、Start Date(開始日、着手日)が「Tommorow」以降のタスクの表示/非表示を切り替えるフィルタです。ONにすると「Tommorow」以降のタスクを表示することができます。

CHAPTER-3では「タスクの粒度」について取り上げますが、私は1つのタスクを必ず3時間以内になるように細分化します。この場合、必ずStart Date(開始日)とDue Date(締め切り日)が同じ日になります。つまり、各タスクは実行される日がピンポイントで設定される形になります。

たとえば、通常「Context」ビューでタスクを絞り込むと、今日実行するタスク以外に先々のタスクも表示されてしまいます。「Future Tasks」フィルタを設定しておくと、これらのリストに今日実行するタスクのみを表示することができます。

「Deferred Tasks」フィルタ

「Status」で保留タスクに相当する「Delegated(他人待ち)」「Waiting(待機中)」「Hold(保留中)」「Postponed(延期された)」「Someday(いつかやる)」「Canceled(とり

やめた）」「Reference（調査中）」が設定されたタスクの表示／非表示を設定するフィルタです。

タスク管理を行う上ではこういったステータスのタスクも見えた方がよいのですが、タスク実行の際にはこういった保留状態のタスクは必要ないので、このフィルタを使って消し込むとよいでしょう。

サブタスクの表示を切り替える

フィルタ機能からサブタスク（Subtask）の表示形式も切り替えることが可能です（サブタスクは「タスクの階層管理」を可能にする機能です。詳細は１８０ページを参照して下さい）。

Inline

Inlineはサブタスクを親タスクと同列に並べる機能です。管理上は親タスクで括っているだけで、実際は実行のタイミングが異なるようなサブタスクの使い方を行っている場合は、この表示形式が便利です。

「Hidden」フィルタ

「Hidden」はサブタスクを非表示にするフィルタリングです。次に紹介するIndentとワンクリックで切り替えることができるため、イメージとしてはサブタスクが「折りたたまれている状態」と考えればよいでしょう(Indentが「開かれている状態」です)。

「Indent」フィルタ

「Indent」は親タスクの下にインデントされた形でサブタスクが並ぶ表示形式です。おそらくもっともサブタスクのイメージにしっくりくる表示形式でしょう。「Hiden」

◉「Subtasks」で「Inline」を選択する

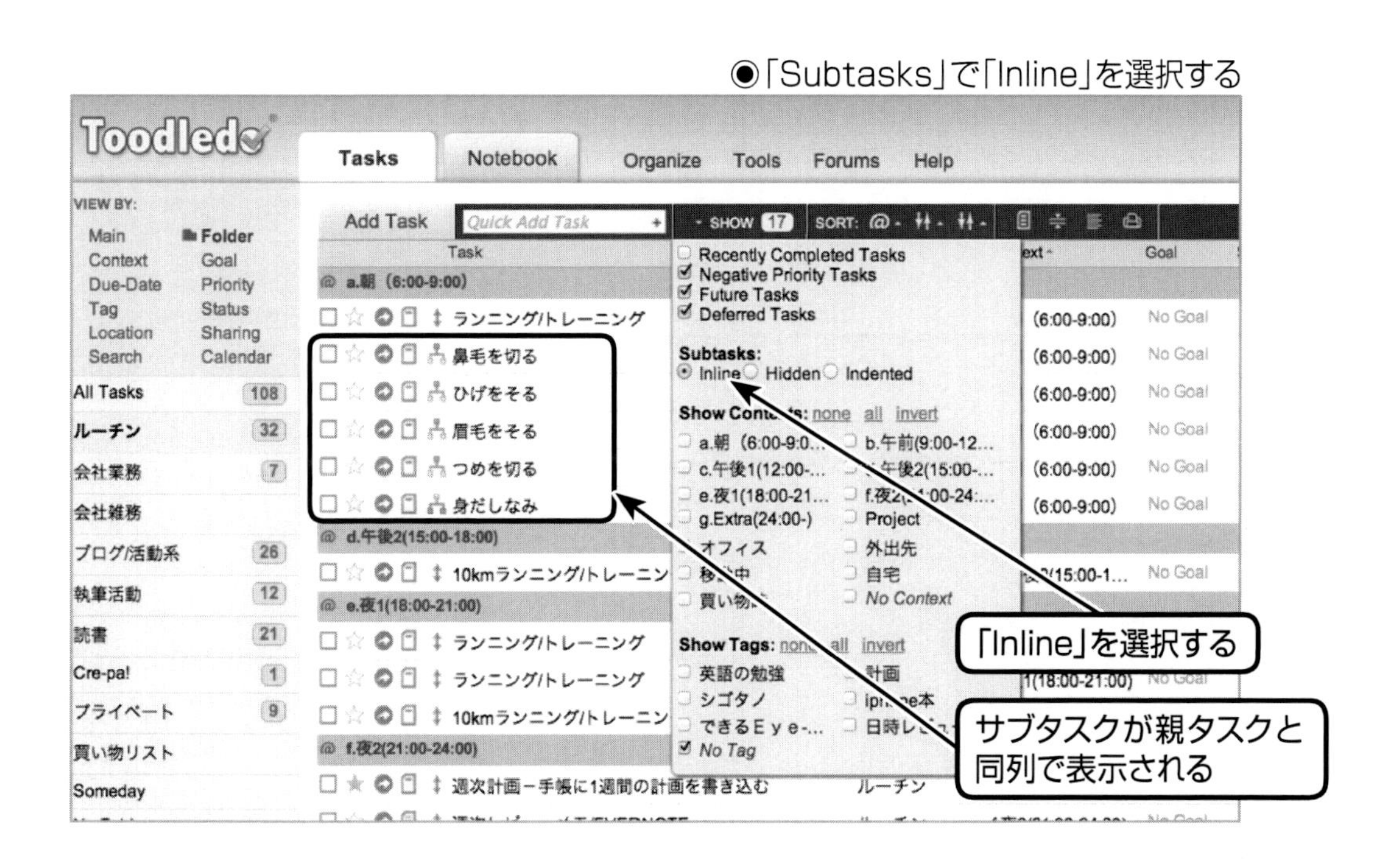
「Inline」を選択する
サブタスクが親タスクと同列で表示される

◉「Subtasks」で「Hidden」を選択する

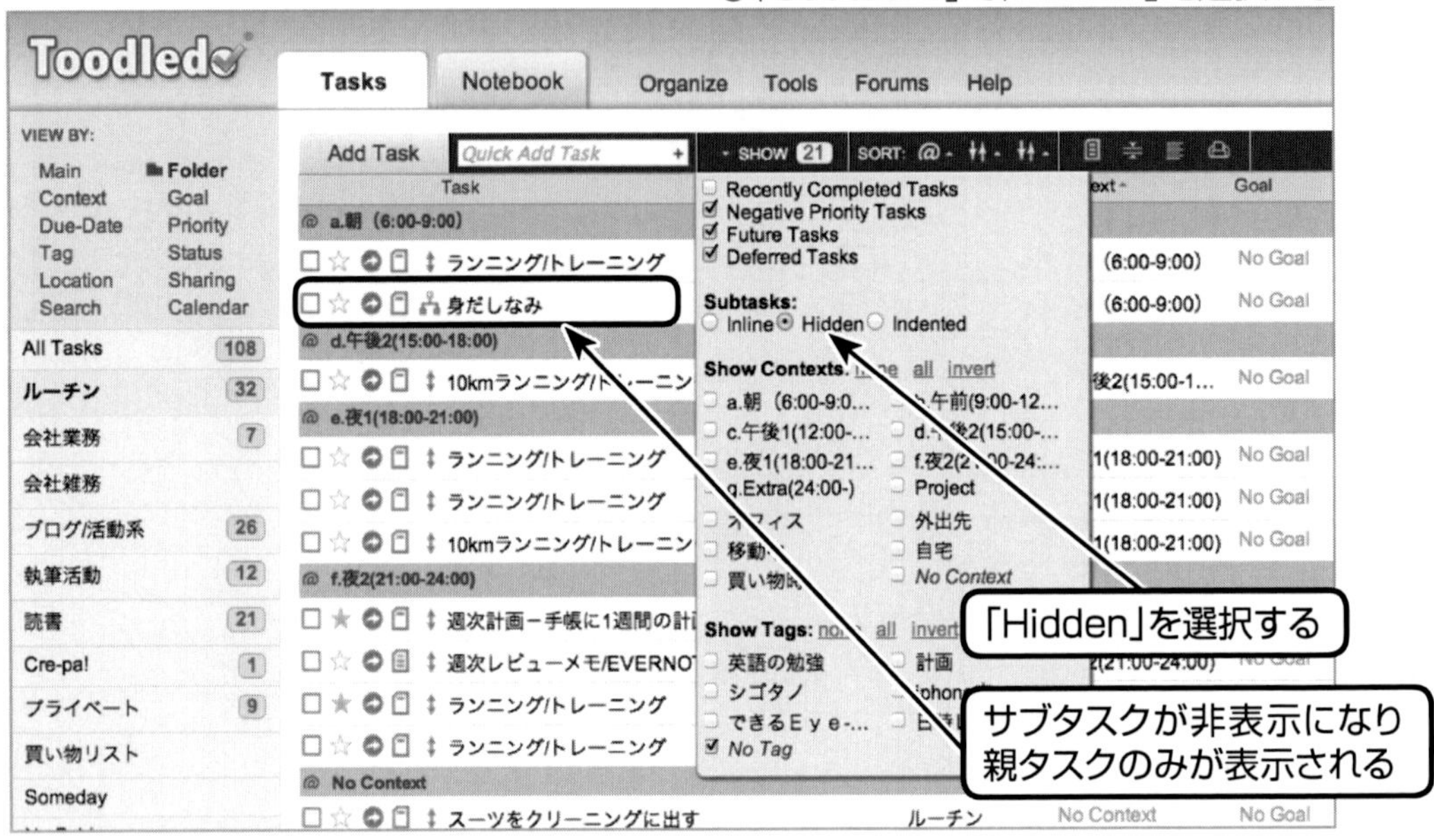

◉「Subtasks」で「Indented」を選択する

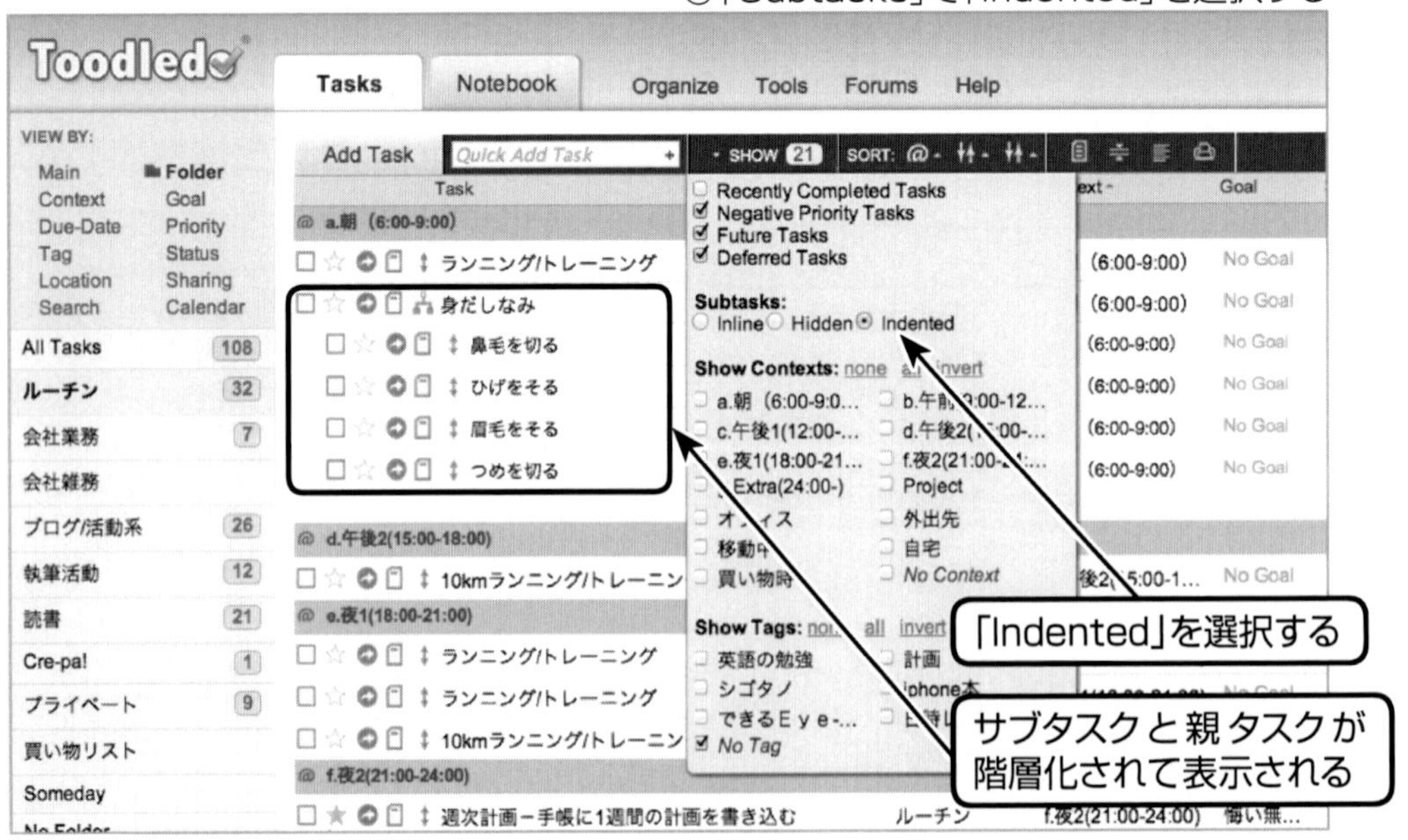

と合わせて、サブタスクを実行するまでは「Hidden」で隠しておき、いざ実行のタイミングになれば「Indent」に設定するとよいでしょう。

コンテクストやタグでのフィルタリング

コンテクストやタグをそれなりに使っている人であれば、特定のコンテクストやタグのみ表示したいという場合があるのではないでしょうか。

たとえば、複数プロジェクトに存在する「資料作成」タグだけを洗い出したい、「a.朝(6：00―9：00)」「b.午前(9：00―12：00)」のコンテクストが設定されたタスクだけを表示したいなどです。

Context

画面に表示するタスクを特定のコンテクストに絞り込む表示形式です。私の場合はコンテクストを「時間帯」と「大まかな場所」(その日のどこかでやる特定の実行タイミングを決めていないタスク、自宅／オフィス／移動中／外出先の4つのみ設定)で区切っており、朝は家を出るまで「a.朝(6：00―9：00)」と

●コンテクストでのフィルタリング

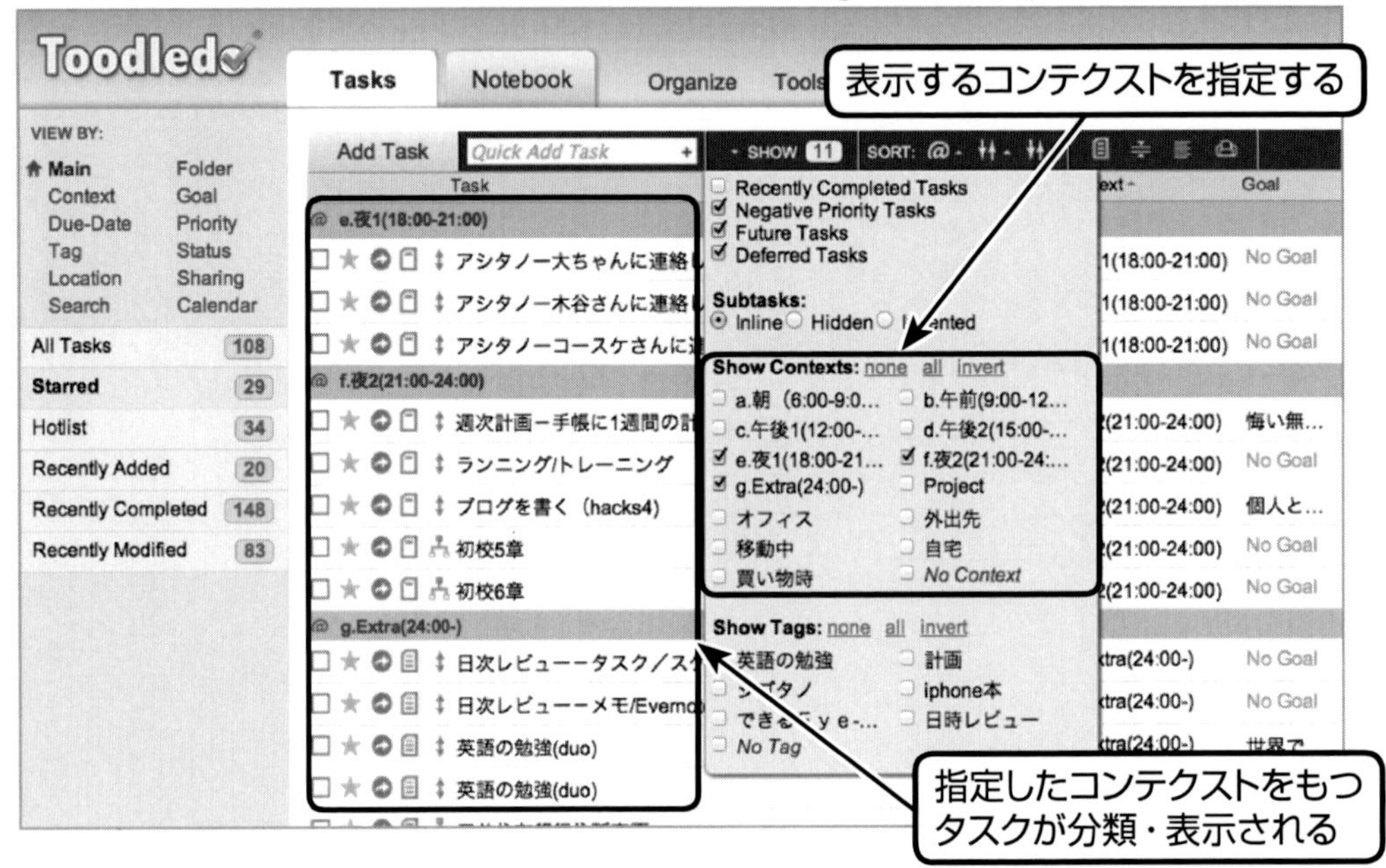
表示するコンテクストを指定する
指定したコンテクストをもつタスクが分類・表示される

●タグでのフィルタリング

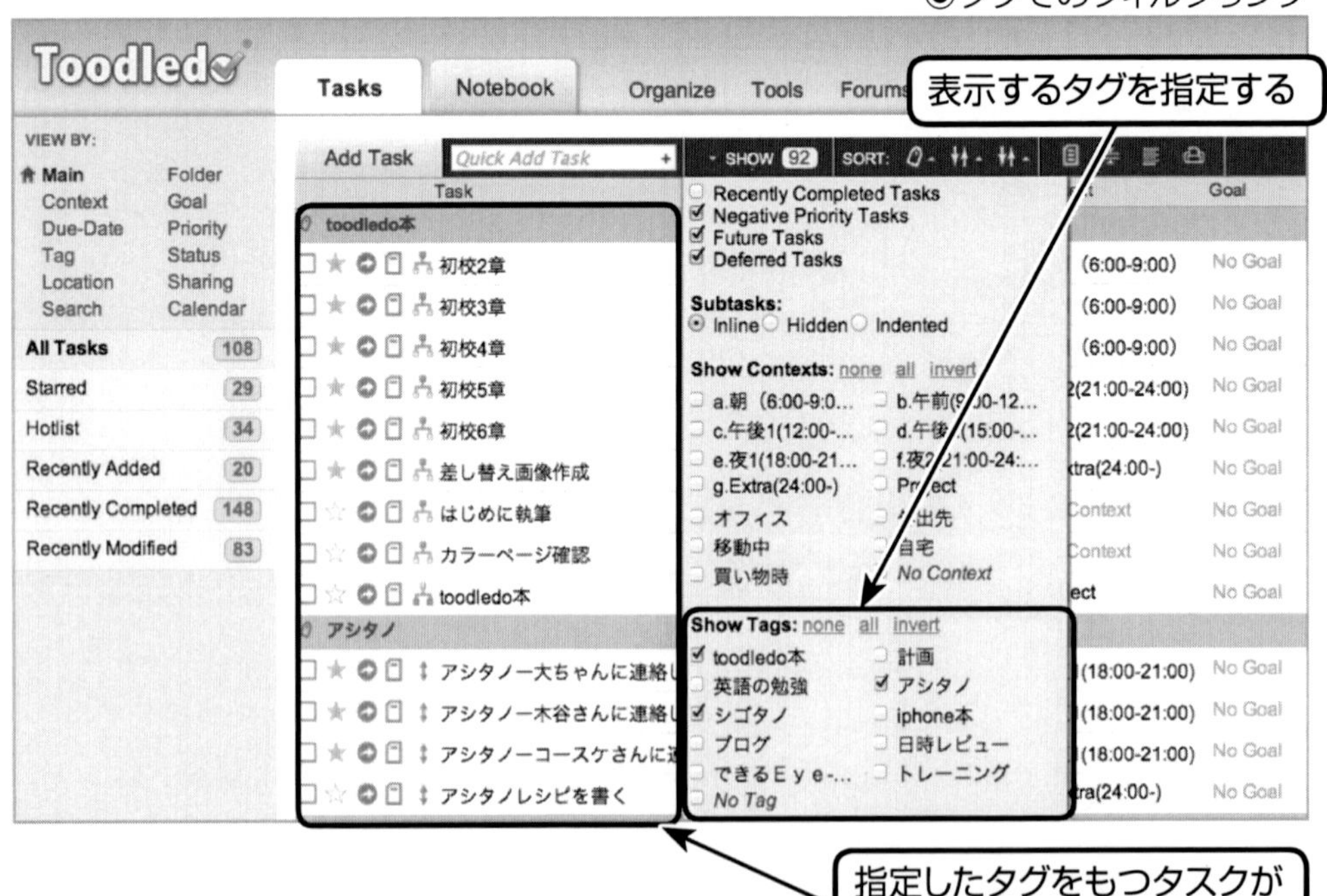
表示するタグを指定する
指定したタグをもつタスクが分類・表示される

「自宅」の2つのコンテクストだけを表示しています。

タスクを管理するときには1日の全体を見渡すためにすべてのコンテクストを表示し、今やるべきことに集中したいときにはその時間帯、その場所のコンテクストだけに絞り込むなどの使い分けを行うとよいでしょう。

Tag

特定のタグが設定されたタスクだけを表示する表示項目です。プロジェクト横断で特定の作業を抜き出したり、プロジェクト内でイベントやマイルストーンごとにタスクを洗い出すなどの用途に用いるとよいでしょう。

SECTION 11 スマート検索でタスクリストをToodledoに作らせる

スマートフォルダでタスクの表示／非表示を切り替える

タスクの表示／非表示を上手にコントロールできるかどうかは、タスク管理のキモとなります。Toodledoではそのためのさまざまなやり方が用意されていますが、ここでは「スマートフォルダ」つまり「保存された検索」の作り方を紹介します。

「午前中のタスクリスト」はどう作る？

私（佐々木）は朝4時に起床しています。自分のその日の成功・不成功を決める1つの指標となるのが、お昼までに仕事の大半を終えられるかどうかです。お昼というのは私にとってはすでに1日の半ばを過ぎていますから、心理的にも時間的にも、これ以後仕事がはかどることは期待できません。

ですからお昼までにやるべきことを完全に把握しておくことが、いつでも大切なのです。私の「お昼までにやることリスト」は、Toodledoの検索機能によって「見える」ようにすることができます。パッと見てもよくわからないかもしれませんが、慣れれば簡単です。この条件の作り方を解説していきます。

検索条件を呼び出す

まずは、「検索条件」を用意するために「検索」を開始しなければなりません。「検索」をするためには、画面を「Search」ビューに切り替えて、左サイドにある「New Search」をクリックします。

メイン画面が「検索」画面になります。最初から表示されている検索条件は、次の2つです。

● チェックされていない（未完了）

◉検索の開始

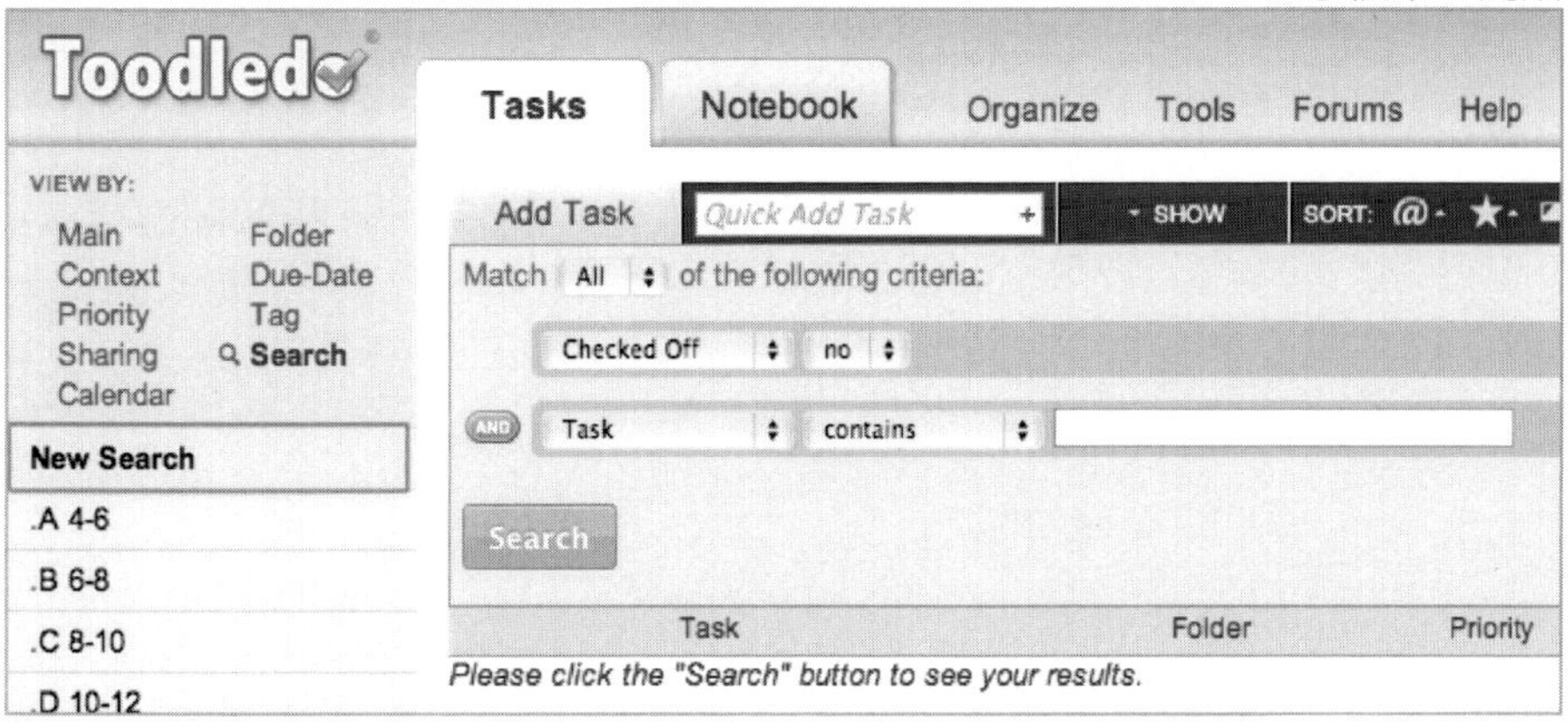

●タスク名が「×××」という単語を含む

「今日」を検索条件にする方法

Toodledoはデータベースのようなものなので、検索対象には何でも選びたい放題です。「Task」と表示されているドロップダウンリストをクリックしてみると選択項目ががずらりと表示されます（下図参照）。

ここではDue Dateを選びます。「締め切り日」です。するとTaskが選択されていたときにはcontains（を含む）だったところがis（である）に自動変更されます。

次の空欄に移動するとカレンダーが表示されます。しかしここではカレンダーの日付を選ばずに、「today」と入力します。これには大事な理

◉締め切り日の指定

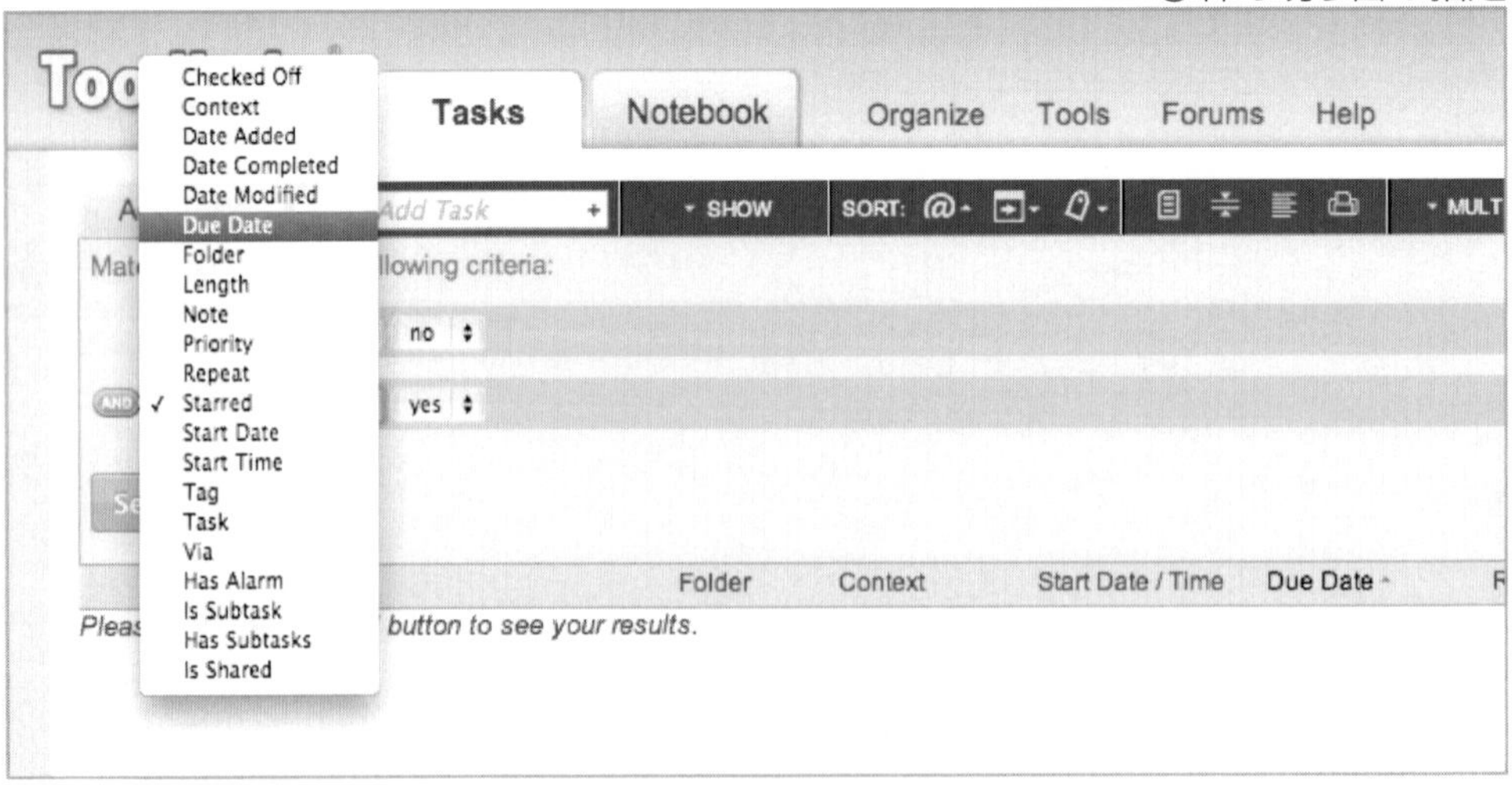

由があります。

- 締切日が「10月7日」である
- 締切日が「今日」である

この2つは意味が違います。今日が「10月7日」である限り同じ意味になりますが、今日が「10月8日」になると、「締め切り日」=「10月7日」とした場合、「10月7日締め切り」のタスクは表示されなくなります。

「今日のタスク」を抽出したいのか、特定の日付のタスクを抽出したいのかで使い分けなければいけないことに注意しましょう。

andとorを使い分ける活用法

次に「and」と「or」の使い方です。この説明には

●「今日」の検索条件の指定

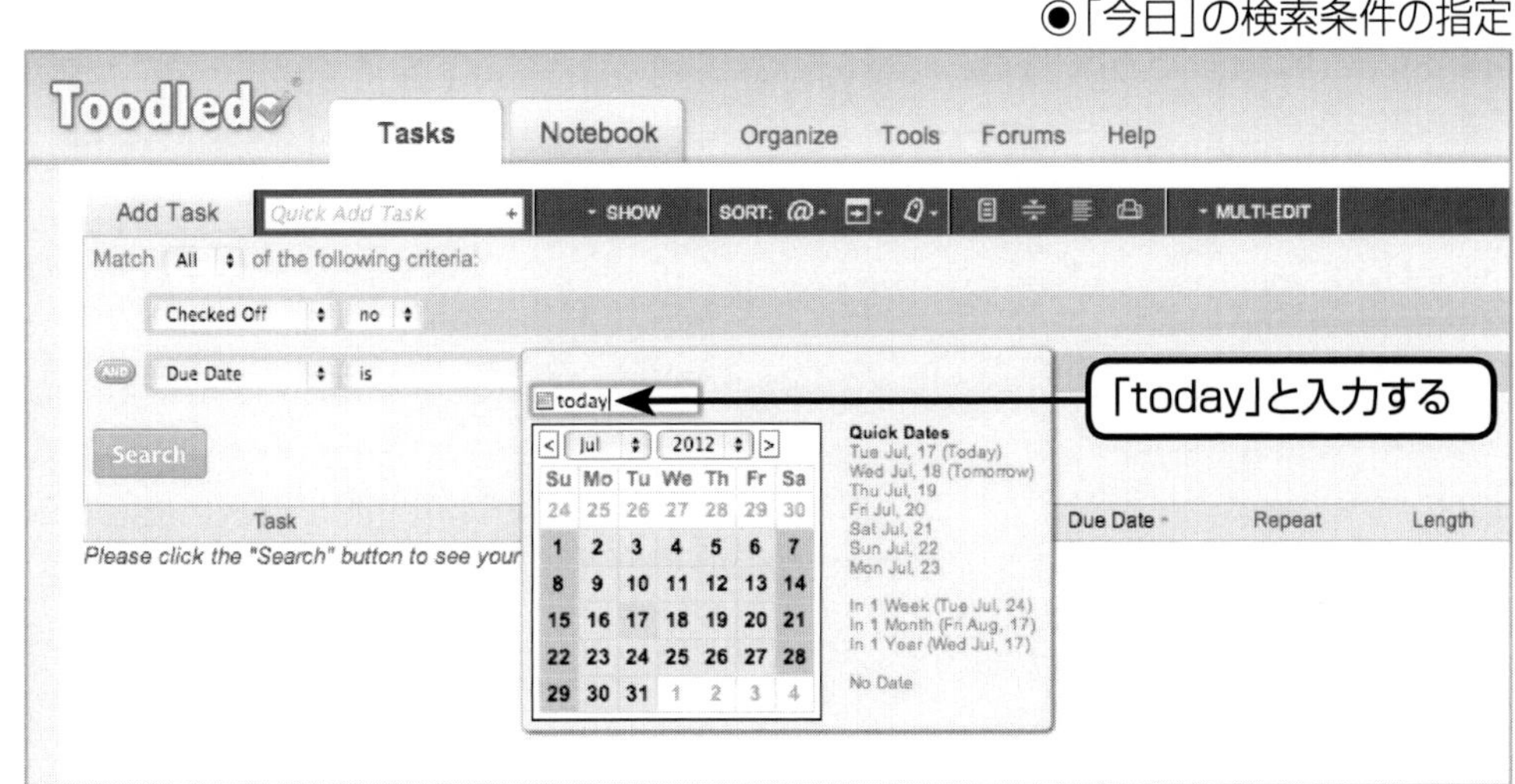

いつも悩みます。わかる人には説明なしにわかるのですが、わからない人にはなかなかわかっていただけないのです。たぶん考え方の習慣なのでしょう。

どうしてもこれがよくわからないという人はとりあえず次のようにイメージして下さい。


orを選ぶとandを選んだ場合より、リストにいっぱい表示される

論理学をやっているわけではないので、Toodledoを使うだけならこれで充分です。

orとandをどうやって条件に加えるかですが、次の通りになります。

この2つの意味はどう違うかをこれから説明します。

色々とサンプルを用意したのですが、個人的には「日付」

◉orとandの指定

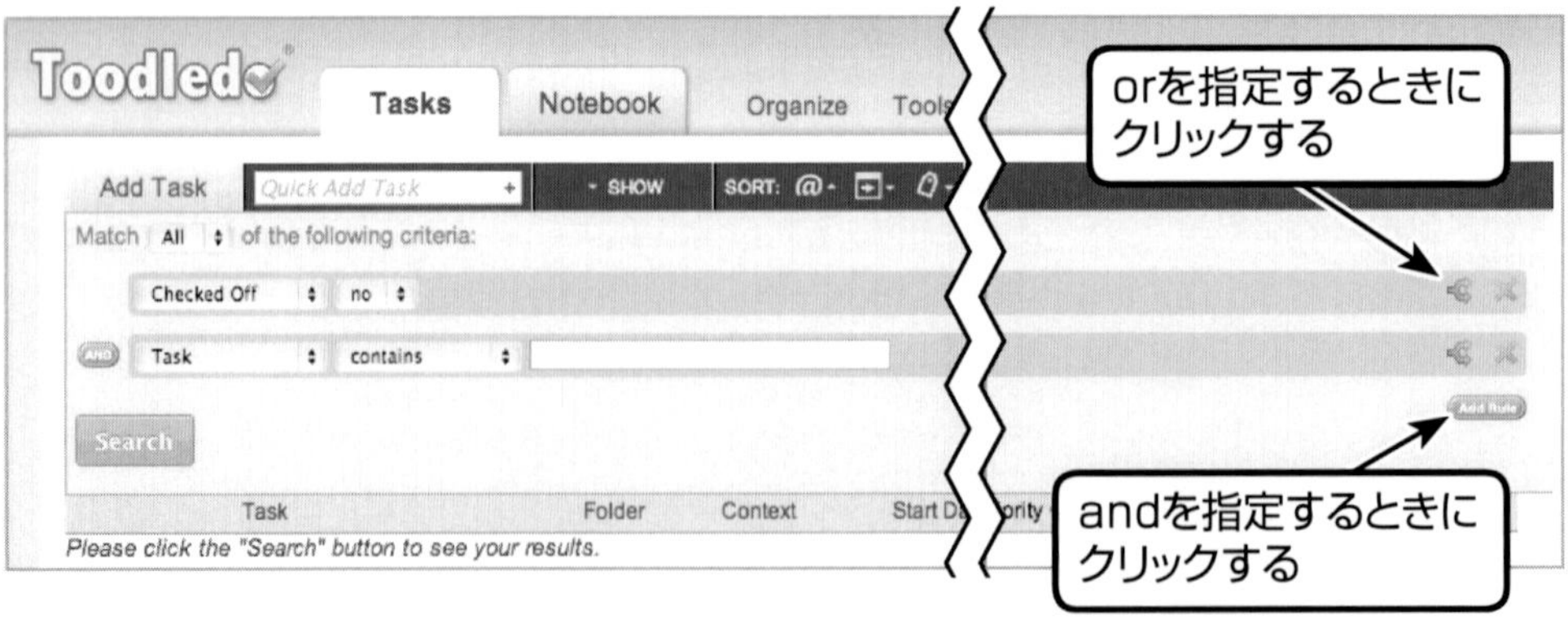

Toodledo
Tasks
Notebook
Organize
Tools
Add Task
Quick Add Task
SHOW
SORT:
Match All of the following criteria:
Checked Off
no
AND
Task
contains
Search
Task
Folder
Context
Start D
ority
Please click the "Search" button to see your results.
orを指定するときにクリックする
andを指定するときにクリックする

の説明が一番わかりやすいと思ったので、これを使います。

次ページの上図はorの設定例です。この意味は次のようになります。

- 今日やるタスク　か
- 2011年10月6日にやるタスク　か
- 2011年10月7日にやるタスク　をリストに表示せよ

次ページの下図はandの設定例です。この意味は次のようになります。

- 「今日」と「2011年10月6日」と「2011年10月7日」の3日ともにやるタスクをリストに表示せよ

全然違いますね。orの条件で検索した場合は、次の4つ全部が表示されます。

- 妻は実家へ

●orを使った条件指定

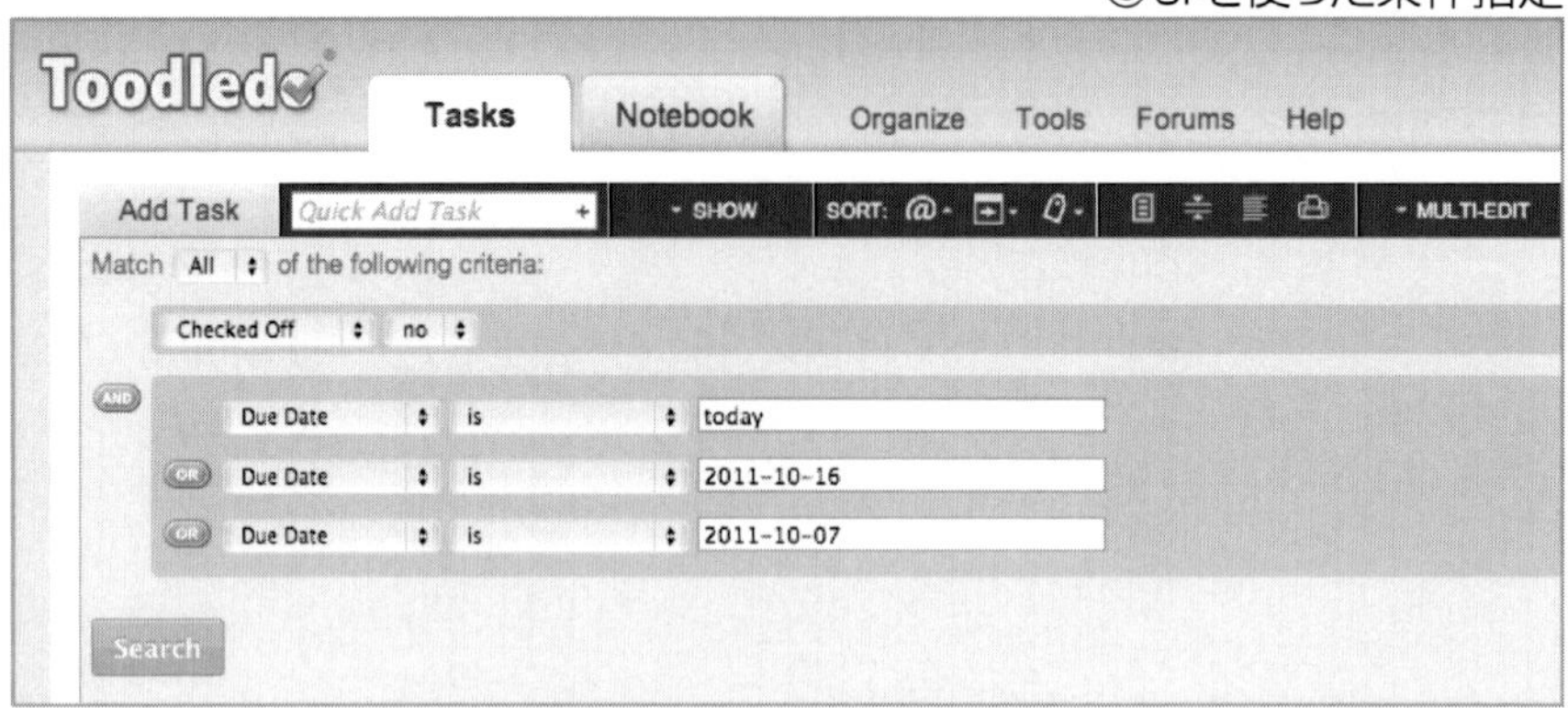

●andを使った条件指定

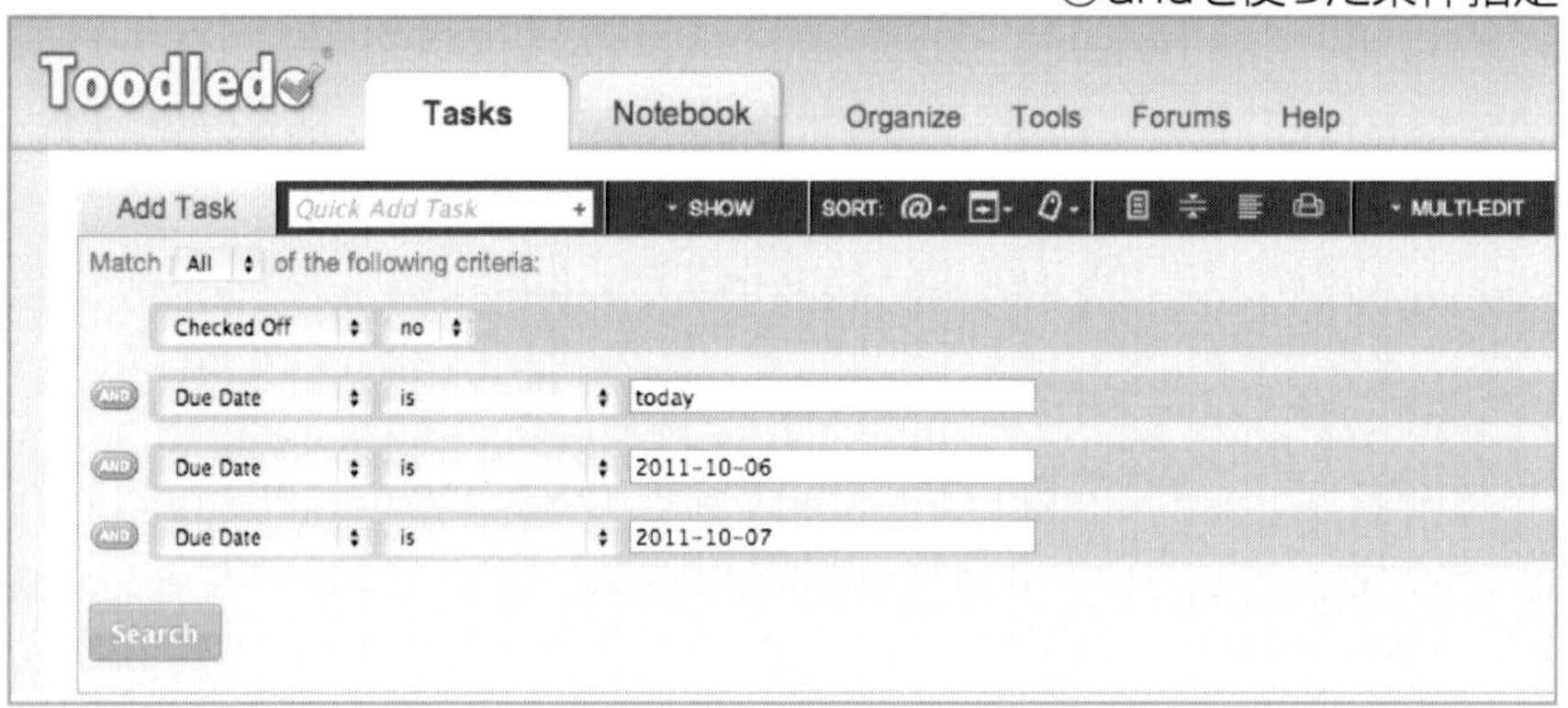

- 会計さんとうちあわせ
- 定期診断
- ごりゅパーティ

しかしandの条件で検索した場合には、次の1つだけが表示されます。

- 妻は実家へ

「orを選ぶとandを選んだ場合より、リストにいっぱい表示される」のです。なぜなら、andでは条件すべてに合致する項目だけが表示される一方、orでは条件のいずれかに合致する項目がすべて表示されるからです。

検索の条件を保存して再利用する

こういう面倒くさい設定をしたら、それを保存しておくのがデジタルの世界の常識です。検索条件を設定して、オレンジ色の「Search」をクリックすると条件結果が

検索条件を保存する

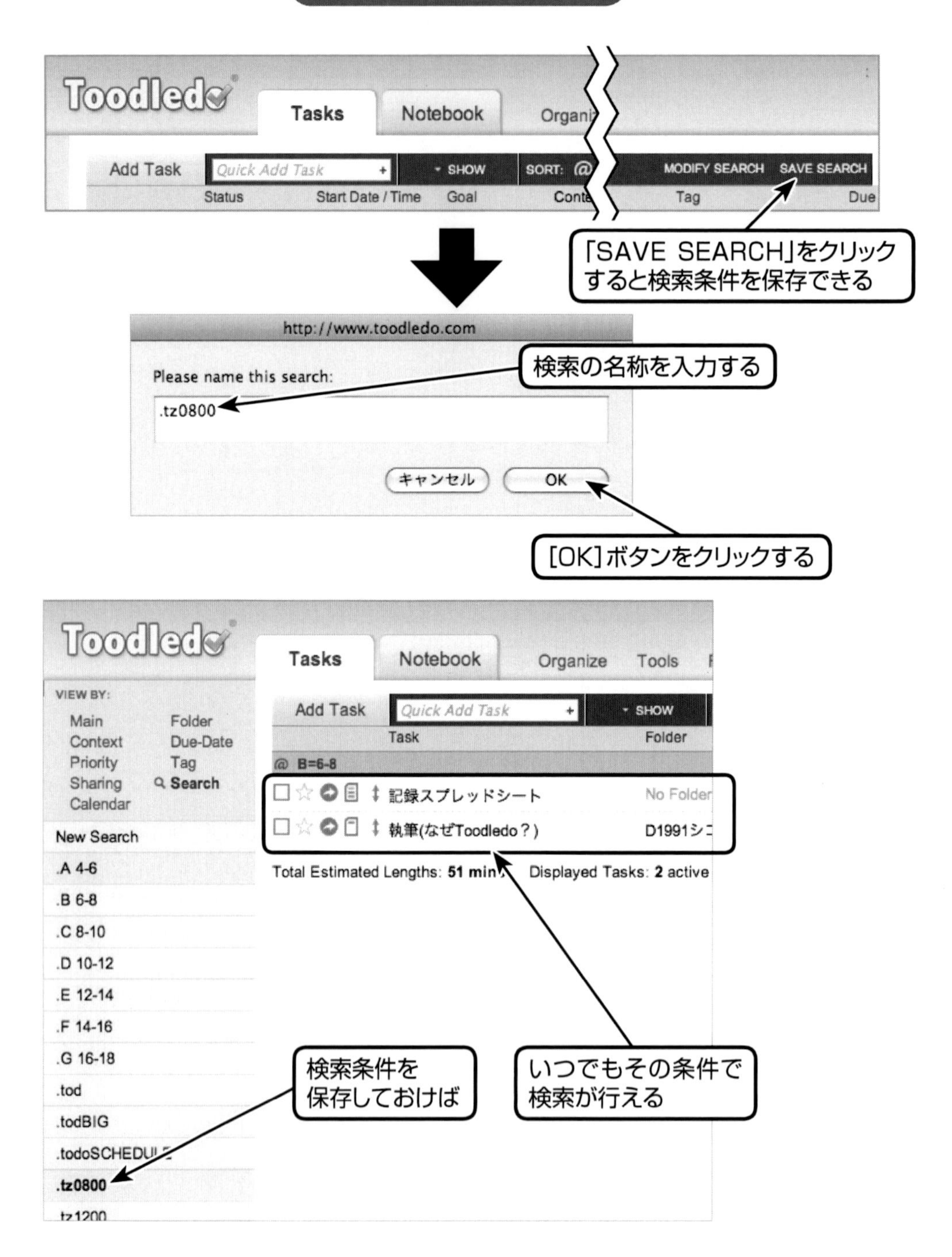

Toodledo
Tasks
Notebook
Organize
Add Task
Quick Add Task
SHOW
SORT:
MODIFY SEARCH
SAVE SEARCH
Status
Start Date / Time
Goal
Tag
Due
「SAVE SEARCH」をクリックすると検索条件を保存できる
http://www.toodledo.com
Please name this search:
.tz0800
検索の名称を入力する
キャンセル
OK
[OK]ボタンをクリックする
Tools
VIEW BY:
Main
Folder
Context
Due-Date
Priority
Tag
Sharing
Search
Calendar
New Search
.A 4-6
.B 6-8
.C 8-10
.D 10-12
.E 12-14
.F 14-16
.G 16-18
.tod
.todBIG
.tz0800
Task
Folder
@ B=6-8
記録スプレッドシート
No Folder
執筆(なぜToodledo？)
Total Estimated Lengths: 51 min
Displayed Tasks: 2 active
検索条件を保存しておけば
いつでもその条件で検索が行える

表示され、右上の方に「SAVE SEARCH」が表示されます。

これをクリックします。「名前は?・」と尋ねられますから、適切な名前をつけます。「午前中のタスク」などでよいでしょう。すると左サイドにいつでも条件結果を呼び出せるように表示されます。

私はたくさんの「保存された条件」を残しています。「朝4時~6時にやること」や、「今日の予定」や「朝8時までにやること」や「午前中にやること」や「今日の大物」などです。

名前順に並んでしまうのでつまらない名前になっていますが、ここの名前は好きに付ければよいでしょう。

管理におけるプロジェクトと実行におけるコンテクスト

マスタータスクリストとデイリータスクリスト

ここは、Toodledoを使ったタスク管理においてプロジェクトとコンテクストを使用しています。

私（北）はタスク管理を「マスタータスクリスト」と「デイリータスクリスト」の2つのリストを使い分ける形で行っており、まずこれらについて説明していきます。

マスタータスクリスト

「マスタータスクリスト」とは、自分のやるべきことがすべて書き出されているタスクリストで、「今できるか」とか、「今やるべきか」という要素で絞り込みはかけずに「すべてのタスク」を列記します。ただ、本当にすべてのタスクをまとめて管理しようとすると、タスクの数が多くなりすぎて把握が難しくなるため、ある一定の意味でグルーピングされた「プロジェクト」単位で管理を行います。

Toodledoでいえば、「Folder」ビューでのタスク管理がマスタータスクリストとなります。セクション8でも書いた通り、私はフォルダを「プライベートの自分」「会社で働いているときの自分」「本を書いているときの自分」という「ペルソナ」ごとに分けています。

私がマスタータスクリストにおいて重要だと感じているのは次の3点を把握することです。

●どんなタスクをどれぐらい抱えているかが即座に把握できること

◉マスタータスクリスト

どのくらいのタスクがあるかを即座に把握できる

タスクを今後どう進めていくかが明確になっていること

どのような締め切りに追われているかを即座に把握できる

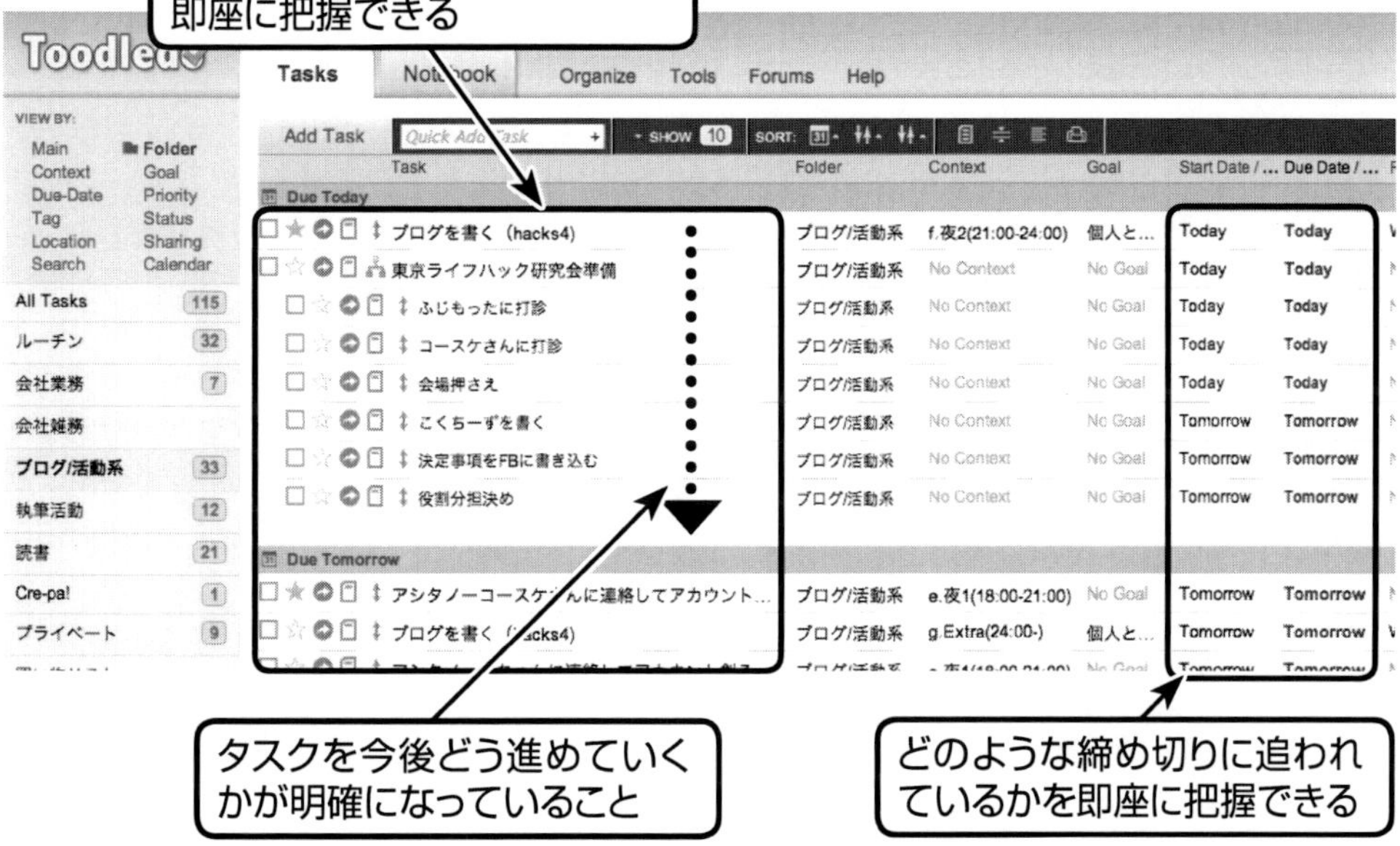

- どれぐらい締め切りに追われているかが即座に把握できること
- タスク（プロジェクト）を今後どう進めていけばよいかが明確になっていること

デイリータスクリスト

「デイリータスクリスト」とは、その日やるべきタスクだけが書き出されたタスクリストで、「その日にやる」というコンテクストに加えて「時間帯」や「場所」というコンテクストで「今できる、今やるべき」タスクに絞り込みをかけて表示します。GTDに詳しい方は「次にやることリスト」と表現するとわかりやすいかもしれません。

私の場合、次にやること（その日にやる

◉デイリータスクリスト

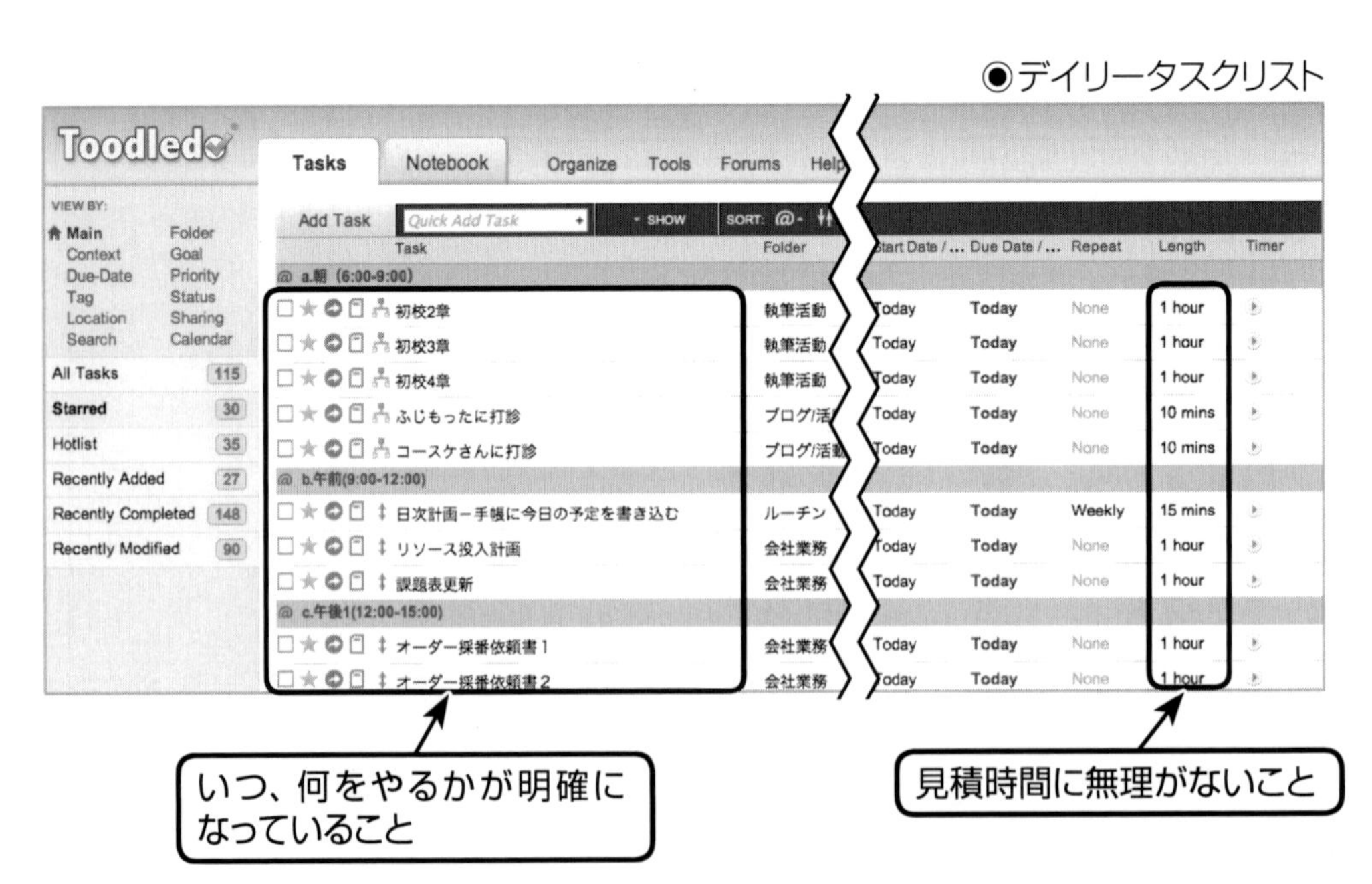

こと)にスターを付けるため「Stared」ビューがデイリータスクリストになります。加えて、「Stared」ビューのリストにコンテクストを掛け合わせてタスクの実行タイミングを決めています。

デイリータスクリストにおいて重要なことは、次の2点となります。

- いつ何をやるかが明確になっていること
- 時間帯あたりの見積時間に無理がないことが確認できること

管理フェーズと実行フェーズにおける軸の違い

私はタスク管理において「管理フェーズ」と「実行フェーズ」という2つのフェーズを使い分けています。GTDの言い方に直せば、GTDのワークフローをこなしていって次にやることリスト(NextActionリスト)を作成するところまでが「管理フェーズ」で、次にやることリストを実行に移すのが「実行フェーズ」です。

管理フェーズではフォルダとコンテクストが軸となる

管理フェーズでは自分のタスクの全体像を把握し最新に保つことを目的にマスタータスクリストのメンテナンス作業を行います。先ほど紹介した通り、マスタータスクリストはペルソナごとにフォルダ分けされているため、フォルダごとにタスクの状態を更新する作業が中心となります。

タスクの全体像を把握するためには、マスタータスクリストを次の2つの状態に保つ必要があります。

- 自分がやるべきことが漏らさず書き出されている状態
- 自分の持ち時間内でやるべきことが実行可能な状態

1点目はとくに説明がなくても意味がわかると思うのですが、2点目は意外に見落とされがちな要素です。人の持ち時間は誰もが等しく24時間であり、その中で自分が自由に使える時間はさらに限られています。その持ち時間の中で自分が抱えている「今日が締め切りのタスク」をすべて完了しきれないのであれば、計画の段階からそのタスクリストは破綻していることになります。

私の場合、タスクが自分の持ち時間の中で実行可能かどうかを確認するために「Calendar」ビューを用いています。タスクの粒度を「3時間以内」に分解し、「Calendar」ビューでコンテクストごとに区切りを入れ、見積時間と作業内容を鑑みながら各タスクの実行タイミングをコンテクストで設計していきます。

たとえば、明日のカレンダーの中で「b.午前(9:00―12:00)」というコンテクストを設定したタスクの見積時間の合計が3時間を超えている場合などは、計画の段階で無理があることがわかるので、他の時間帯にずらすなどの対策を行います。

◉デイリータスクリスト

Toodledo

Tasks Notebook Organize Tools Forums Help

VIEW BY: Main Folder / Context Goal / Due-Date Priority / Tag Status / Location Sharing / Search Calendar

All Tasks 115 / Starred 30 / Hotlist 35 / Recently Added 27 / Recently Completed 148 / Recently Modified 90

Add Task / Quick Add Task / SHOW / SORT:

Task	Folder	Context	Goal	Start Date / ...	Due Date / ...
@ a.朝 (6:00-9:00)					
初校2章	執筆活動	a.朝 (6:00-9:00)	No Goal	Today	Today
初校3章	執筆活動	a.朝 (6:00-9:00)	No Goal	Today	Today
初校4章	執筆活動	a.朝 (6:00-9:00)	No Goal	Today	Today
ふじもったに打診	ブログ/活動系	a.朝 (6:00-9:00)	No Goal	Today	Today
コースケさんに打診	ブログ/活動系	a.朝 (6:00-9:00)	No Goal	Today	Today
@ b.午前(9:00-12:00)					
日次計画－手帳に今日の予定を書き込む	ルーチン	b.午前(9:00-12:00)	目標に...	Today	Today
リソース投入計画	会社業務	b.午前(9:00-12:00)	No Goal	Today	Today
課題表更新	会社業務	b.午前(9:00-12:00)	No Goal	Today	Today
@ c.午後1(12:00-15:00)					
オーダー採番依頼書1	会社業務	c.午後1(12:00-1...	No Goal	Today	Today
オーダー採番依頼書2	会社業務	c.午後1(12:00-1...	No Goal	Today	Today

実行フェーズではコンテクストが軸となる

実行フェーズでは「デイリータスクリスト」を元にタスクを実行しますが、デイリータスクリストはそもそもが「今日やる」と決めたタスクの集まりなので、この時点で「今日やる」というコンテクストが付いています。

さらに、「Calendar」ビューのところで挙げたように、各タスクには破綻が出ないように、実行する時間帯というコンテクストが設定されています。つまり、タスクの実行において重要なのはひたすらにコンテクストであるということです。

ちなみに、私がコンテクストに場所ではなく時間帯を用いることが多いのは、カレンダービューでタスクの実行計画を行う際に、その時間帯にいる場所を考えながらその時間帯に実行するタスクを決めているからです。会社にいるであろう「c.午後1（12：00－15：00）」に「ブログを書く」などのタスクを設定しても実行は不可能だということは計画段階で明白なのです。

タスクを取り組む順番に並べ替える

Toodledoで「タスクに取り組む順番」を管理する

Toodledoの1つの欠点として、「タスクに取り組む順番」をキチッと決定できないといわれることがありますが、この問題は解決できます。

たとえばタスクを階層化し、サブタスクになっているタスクの順番は、ドラッグ&ドロップで変えることができます。ですから、順番にとことんこだわりたい場合は、ダミーの親タスクを1つ作って、その中のタスクを好きな順番にしてしまうことが可能なのです。

さらに応用して、次のような考え方ができます。たとえば「午前中に」ないしは「打ち合わせ中に」あるいは「東京駅で」などのコンテクストの中に、3つか4つくらいの「親タスク」を作り、その下に「サブタスク」（180ページ参照）をぶら下げて順番を変えればいいのです。

親タスクの順番も、それが10個までなら簡単に変えられます(下図参照)。そもそも1つのコンテクストに11個以上の親タスクがあるのは非効率的であり、10という数字は充分なものだと思います。このセクションでは、その「親タスクの順番の変え方」を説明します。

@ G=16-18
MindMapの素材日記作成 G1001セルフチ…
日記をつける G1001セルフチャ…
EVER家族日記
3行日記をつける
毎日必ず見返すモレスキンに書く G1001セルフチャ…
MHクロージング B1991MHブログ
記事のダウンロード B1991MHブログ
レビュー「家計」 G1001セルフチ…
自分の財布 G1001セルフチャ…

サブタスクの順番はドラッグ&ドロップで変更できる

スターと優先順位を使う

Toodledoにはタスクごとにスターを付けられます。さらに、優先順位(Priority)も5段階ですが決められます。ですから、スターと優先順位を組み合わせれば10通りの優先順位を用意できます。

具体的には、次ページの下図のように並ぶわけです。一番上の「親タスク」である「MindMapの素材日記作成」は、優先順位が「0Low」で4番目ですが、スターが付いているので一番上に表示されています。

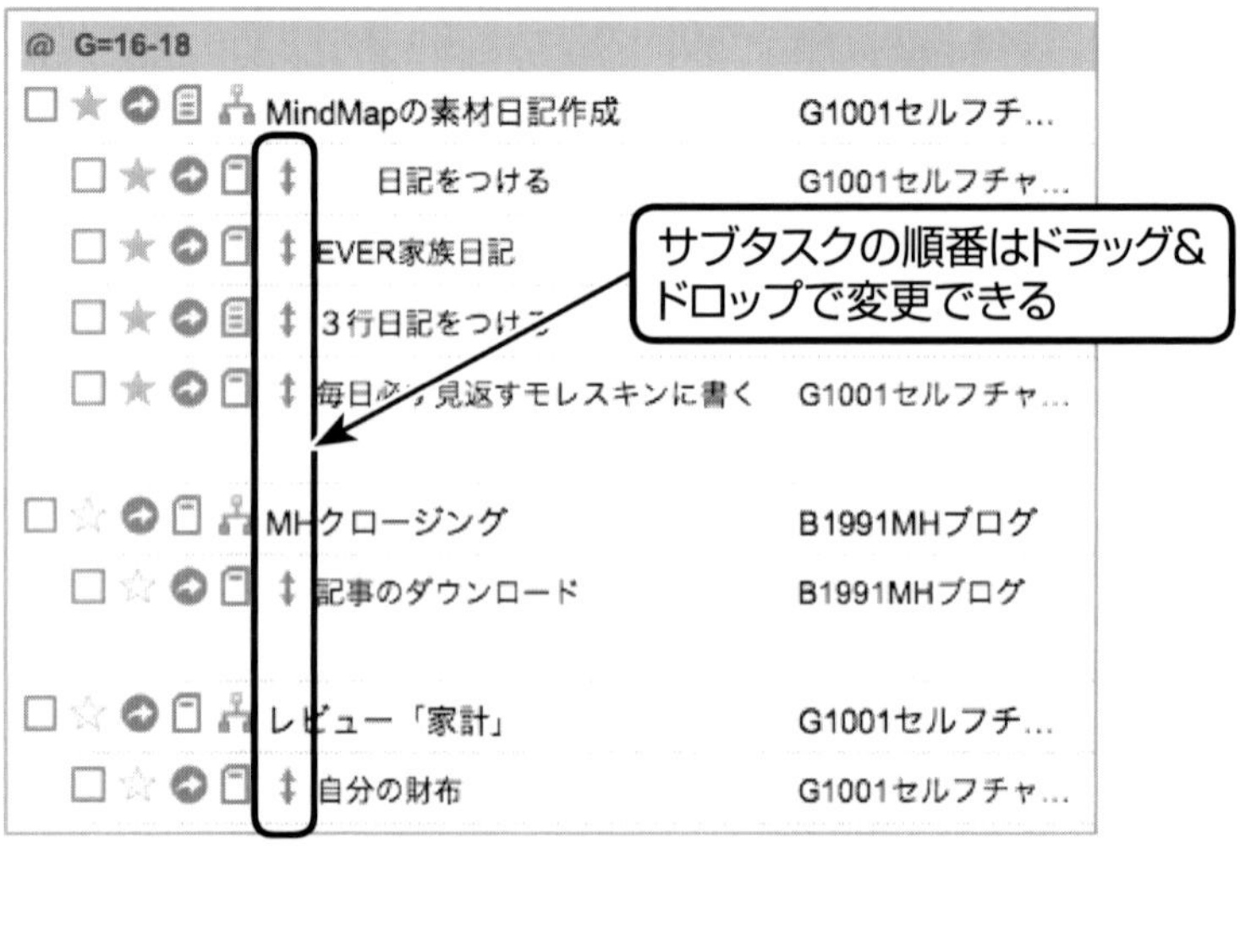

優先順位は、タスクごとに決められます。全部で5段階です。

- 3 Top
- 2 High
- 1 Medium
- 0 Low
- -1 Negative

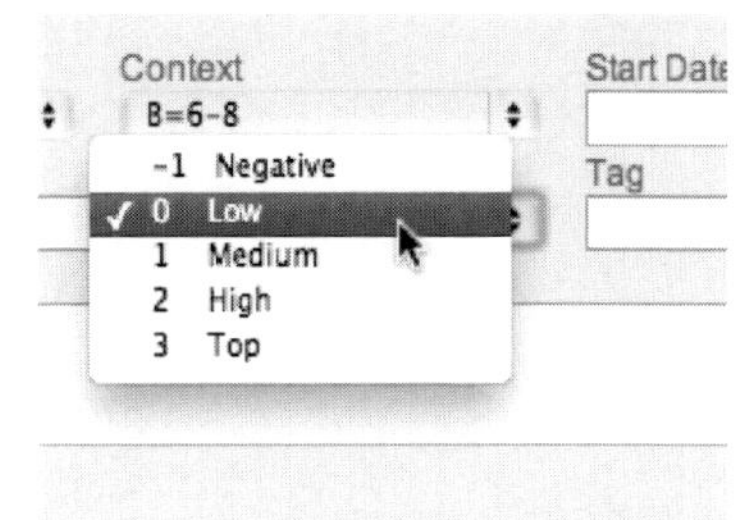

これにそれぞれ「★あり」「★なし」を掛け合わせれば、10段階にすることができます。

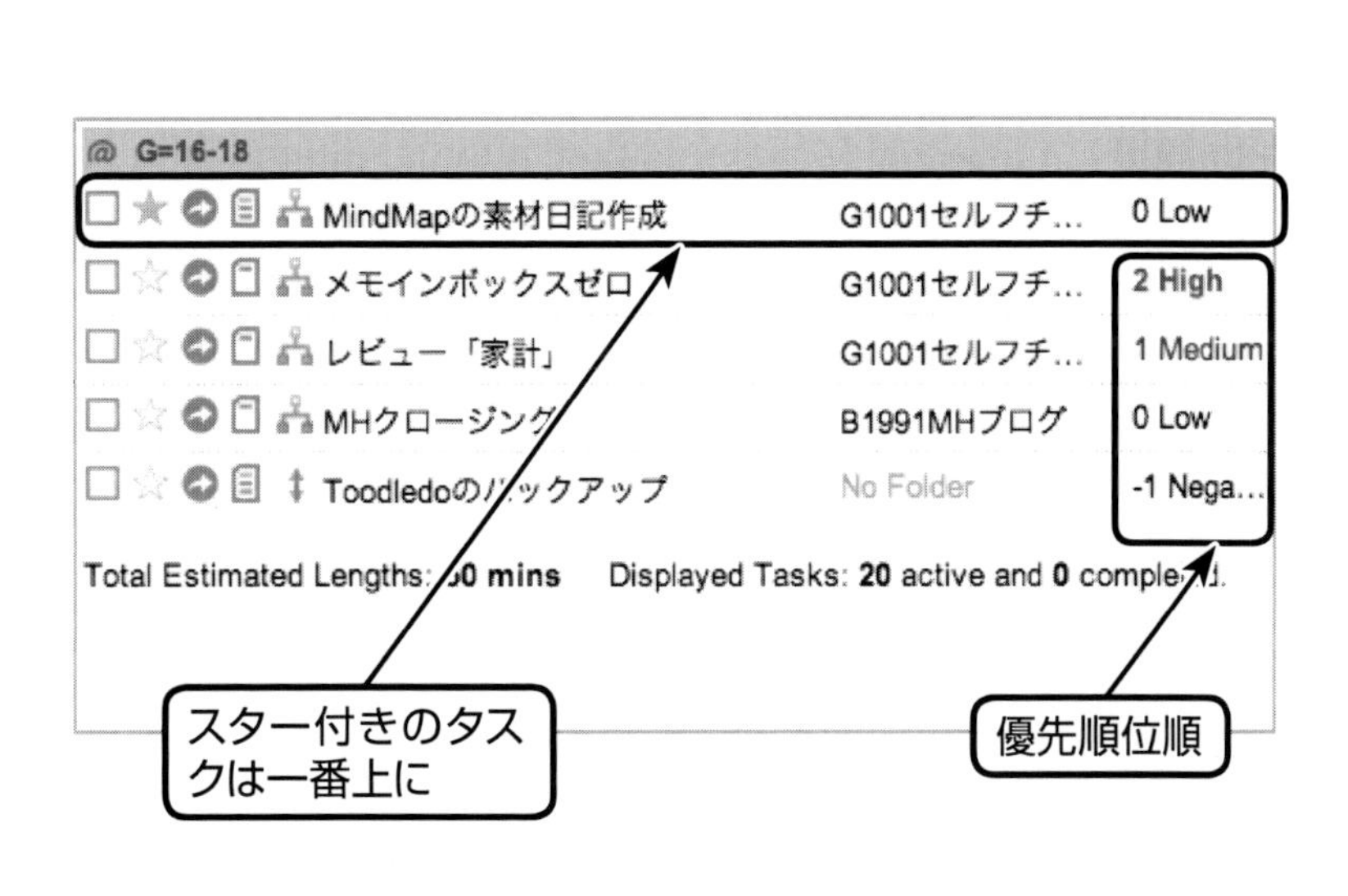

「Priority」の項目を使う

「私のToodledoではPriorityが決められません」という人がいるのですが、それは「Priority」の項目が隠れているだけです。Toodledoは項目がたくさんあるので、デフォルトでは表示されていないものがいくつかあります。あるいはユーザー自身が消してしまったことを忘れているというケースもあるようです。

項目を追加したいときは、次ページの手順で行います。項目を追加するボタンはちょっとわかりにくいところにあります。設定画面で「Priority」がONになっていなければONにしておきます。そうすればタスクごとに「Priority」の項目が表示され、優先順位を決められるようになります。

どの項目で並べ替えるかを決める

次に、「何を基準として」並べ替えるかを決めます。並べ替えの基準はたくさんあります。プロジェクト(フォルダ)ごとなのか、開始日が近い順なのか、締め切り日が近い順なのか。ここではまず「コンテクスト」ごとに並べ替えることにします。つまり、状況ごとにやるべきことをまず切り出すという意味です。

- 「SORT：」という表示のすぐ右のアイコンをクリックすれば、第1基準の項目を選択できます。コンテクストを選択します。「Context」を選択します。

優先順位の項目を追加する

優先順位の項目が表示されていない場合には、次の手順で追加します。

1 設定画面の呼び出し

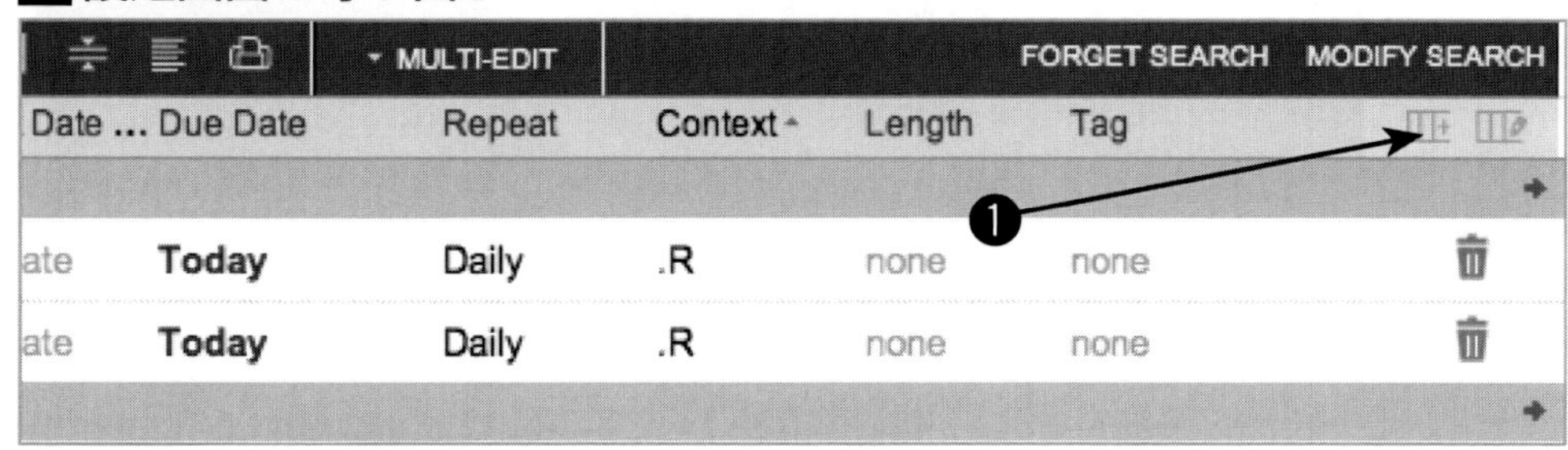

❶ 画面右上に薄い小さなアイコンがあるのでクリックします。

2 表示項目の追加

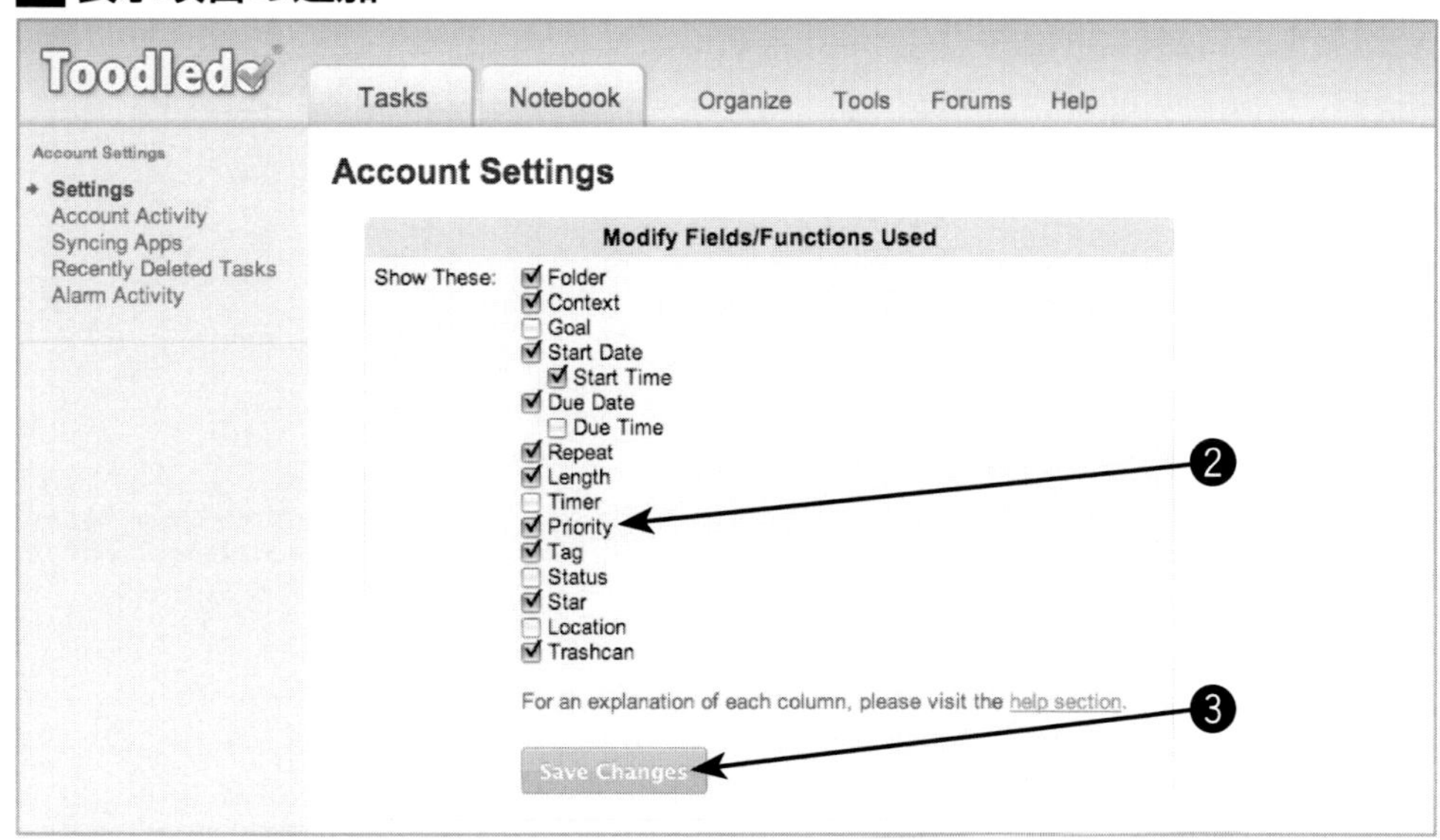

❷ 「Priority」(優先順位)がONになっていなければONにします。
❸ 「Save Changes」をクリックします。

●第2基準を選択します。「Star」を選択しておけば、スターが付いたタスクが上に来ます。
●第3基準は「優先順位」にします。「3rd Sort」となっているのを確認して「Priority」を選びます。「Priority」のアイコンは苦し紛れという印象ですね。

以上の設定を理解して、「親タスク」の順番を自在に決められれば、それにぶら下げる「サブタスク」の順番はもともと自由に決められるので、「Toodledoでタスクに取り組む順番を自由に決めることができるわけです。

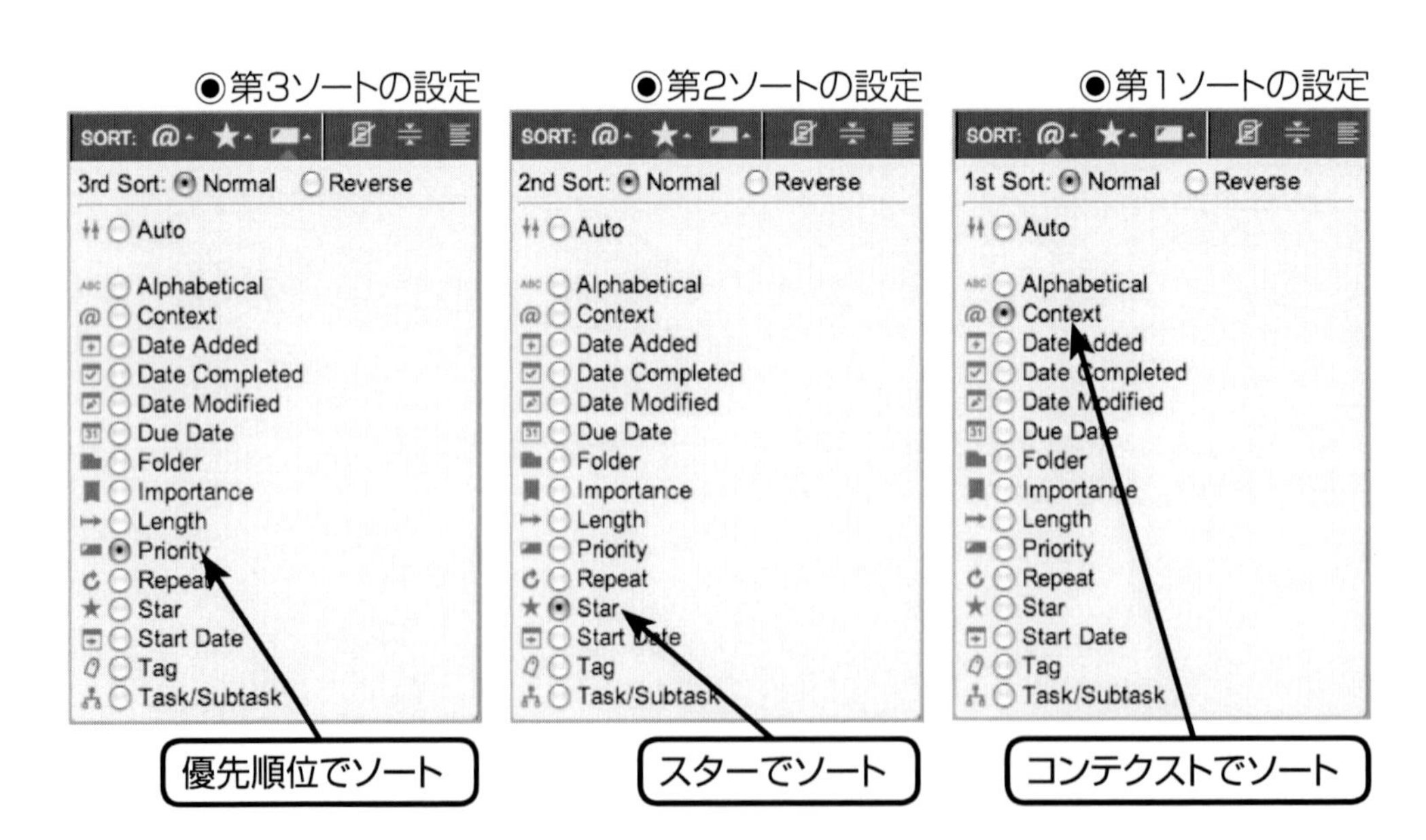

Toodledoのタスクをすべて完了させるには

Toodledoをタスクシュート風に使う

私(佐々木)は一切のタスクをToodledoだけに集約し、週間計画をカレンダーで扱いたいという気持ちが強くあります。ただ実際には、大型の計画はOmnifocusというMacのアプリへ分かれてしまっているのが私の実情です。その理由はやはり、数階層に小分けしたり、大急ぎでタスクを追加するのには、ToodledoよりOmnifocusの方が使いやすいからです。

では全部Omnifocusにしてしまえばいいのではないかと思われるかもしれませんが、それもできないのです。私は実行時には時間の切迫感を感じたくないという思いが強いのです。「このペースで今日の分の仕事が終わるかどうか？」「このペースでプロジェクトの締め切りに間に合うかどうか？」をかなり深刻に気にする心配性なのです。その意味でタスクシュート方式でないと安心できないわけです。そこで

Toodledoをタスクシュート風に使っているのです。

「タスクシュート」とは、シゴタノ！の大橋悦夫さんが開発したExcelベースのタスク管理ツールです。最大のポイントは「すべてのタスクに掛かりそうな時間をあらかじめ見積もる」ことで、「今日やるつもりのタスクが本当に今日終わるかどうか」をある程度予測できるという機能を備えている点です。「タスクシュート」をToodledoで実践する方法については、200ページで詳しく解説しています。

Toodledoは現状実行フェーズ専門

私は今のところ管理フェーズをOmnifocus、MindMeister、Evernoteのいずれかに任せてあり、Toodledoはもっぱら実行フェーズ専門です。私にとって「実行フェーズ」で実行することは次の通りです。

1日というコンテクストを2時間ごとのセクションに分け、1セクションではルーチンを集中的にこなしていく

なぜこうしたことをやっているのかといえば、Toodledoの信頼性を日々高めていくためです。Toodledoの信頼性とは、Toodledoに書かれていることだけをやり、「Toodledoに書かれていることは全部やり、そうすれば仕事のトラブルにはなかなか見舞われない、ということなのです。

繰り返しになってしまいますが、こう考えてみると「信頼度」を計るには、そもそも私が次のようにしておかなければいけないことがわかります。

❶Toodledoにやるべきことが全部書かれていること
❷Toodledoに書かれていること以外のことをやらないこと
❸Toodledoに書かれていることを全部やること

このうち、❶と❷は気を付けていればできますが、❸は容易ではありません。「管理フェーズ」がToodledoに入ってこないのは、管理フェーズをToodledoに盛り込んでしまうと、❸が実現されなくなるからなのです。計画のすべてを実行することはできないのです。

セクションというコンテクストに必然性を持たせる

さらに、「最低限度これだけはやらなくてはいけない」ということであっても、全部やれるとは限りません。「全部やる」を実現するには、次の2つの要素が必要となります。

- **やれることだけを入れる**
- **やれるように入れる**

やれることがただ並んでいるだけではダメで、妥当な順序で並んでいなければなりません。タスクの見積時間が妥当であることと、順序が妥当であることの2つがそろって初めて、Toodledoに書いてあることのすべてを終えることができるのです。

下図が私の「1日のセクションD」の一例で

◉「1日のセクションD」の一例

Toodledo　Tasks　Notebook　Organize　Tools　Forums

Add Task　Quick Add Task　SHOW　SORT:

Priority	Folder	Task	Length
@ D=10-12			
3 Top	A1991AI	マネージャーへメッセージ	5 mins
2 High	E1C31スピード…	DVDへのコピー	17 mins
1 Medium	E1C31スピード…	日記対応	10 mins
3 Top	No Folder	手の爪を切る	5 mins
2 High	E1C31スピード…	告知作成	20 mins
0 Low	G1000セルフマ…	ベルネ思考術	1 hour
-1 Negat…	No Folder	記録スプレッドシート	1 min

Total Estimated Lengths: 2 hours　Total Elapsed Timers: 0:00　Displayed Tasks: 7 active and 0

す。試行錯誤の余地はまだありますが、本日これから取りかかる「@D=10-12」すなわち午前10時から12時のタスクは今見ても、明らかに全部終わります。この流れは我ながら完璧であり、見積時間も極めて精密です。

大事なことは、1日というシナリオの流れに必然性を持たせるためにも、各セクション内のシナリオに必然性を持たせ、セクションとセクションの区切りにも必然性を持たせることなのです。

このセクションの直前には、娘と一緒にテレビを見なければならないという必然性があって、このセクションの直後は昼食です。そのように行動せざるを得ず、そのように行動したくなり、自由に変更できる余地がほとんどありません。それが必然性というものです。

「プロジェクト」を管理するのは「フォルダ」ですが、前ページの図の例から見てもバラバラだとわかります。マネージャとのやりとりが来たあと、急に別の仕事になっていて、そのあと爪を切っているなど、プロジェクト的には一貫性がありません。

なぜこのようにやっていてもプロジェクトが完遂できるのか。そのことを保証するために、次のような設定があります。

✎プロジェクトを完遂させるために行動をルーチン化する

下図の画面は「プロジェクト」でタスクをまとめた画面です。こちらはサイドの「Folder」をクリックすれば出てきます。

私は新しいプロジェクトに携わるとき、一行動をなるべくバラして、次に急いでルーチン化します。1度でできるようなことでも、できれば2度に、2度でできることは4度に分けてやります。あとでまとめてやることになることもありますが。

そうすることによって、1タスクあたりの時間見積もりの精度が上がり、時間が短くなるのでいろ

◉プロジェクトでタスクをまとめた画面

Toodledo　Tasks　Notebook　Organize　Tools　Forums

Add Task　Quick Add Task　SHOW　SORT:

Priority	Folder	Task	Length
Due Today			
0 Low	E1C31スピード…		none
0 Low	E1C31スピード…	「これはメルマガでもシェアし…	none
2 High	E1C31スピード…	DVDへのコピー	17 mins
2 High	E1C31スピード…	告知作成	20 mins
1 Medium	E1C31スピード…	日記対応	10 mins
Due Tomorrow			
0 Low	E1C31スピード…	メールの整理	7 mins
2 High	E1C31スピード…	日記対応	20 mins
2 High	E1C31スピード…	日記対応	10 mins
0 Low	E1C31スピードハ…		none
Due in the next 7 days			
3 Top	E1C31スピード…	メールへの質問に答えておく	25 mins

Total Estimated Lengths: **1.8 hours**　Total Elapsed Timers: **0:00**　Displayed Tasks: **10** active ar

いろな「セクション」に差し込みやすくなります。それから同じ行動を「繰り返す」ことができます。

繰り返せば繰り返すほど、特定の行動技術が向上します。これは何についてであってもいえることです。行動とはすべて技術なのです。

したがってやり慣れないプロジェクトほど間を置かずに試行を繰り返し、どのようなルーチンを組み合わせると流れになるかを早い段階で把握するようにします。計画はこの試行の中で作っていきます。明らかにムダがありますが、特定の行動に関する技術を向上させるために、このムダは省くのは難しいのです。

いったんプロジェクトの半分以上がルーチンでまかなえるようになったら、あとはその試行回数を可能な限り増やし、これを連日Toodledoに現れるように仕組むことで、プロジェクトは締め切りの不安から解放されます。

もちろんそういう「新参者」の繰り返しタスクが1日というシナリオに突然現れると、私は気分が悪くなって先送りしたくなります。ここで最初の方で述べた「1日と1セクション内のシナリオ精度」のことを思い起こし、ほぼ確実にタスクが実行できるような新しいシナリオを探すのです。

それが見つかったらプロジェクトの進行が保証されることになります。

シナリオ精度を高めるための行動ログ

タスクを確実に実行するタイミングを見つけるためにはどうしても、毎日のタスク実行をリアルタイムにウォッチしている必要があります。

- いつ、どこで先送りしたくなったか？
- その時間帯にそのタスクをやろうとしたのは適切か？
- そのタスクの次に、このタスクをやろうとしたのは適切か？
- そのタスクはそもそもやりたいタスクか？

◉Togglのトップページ

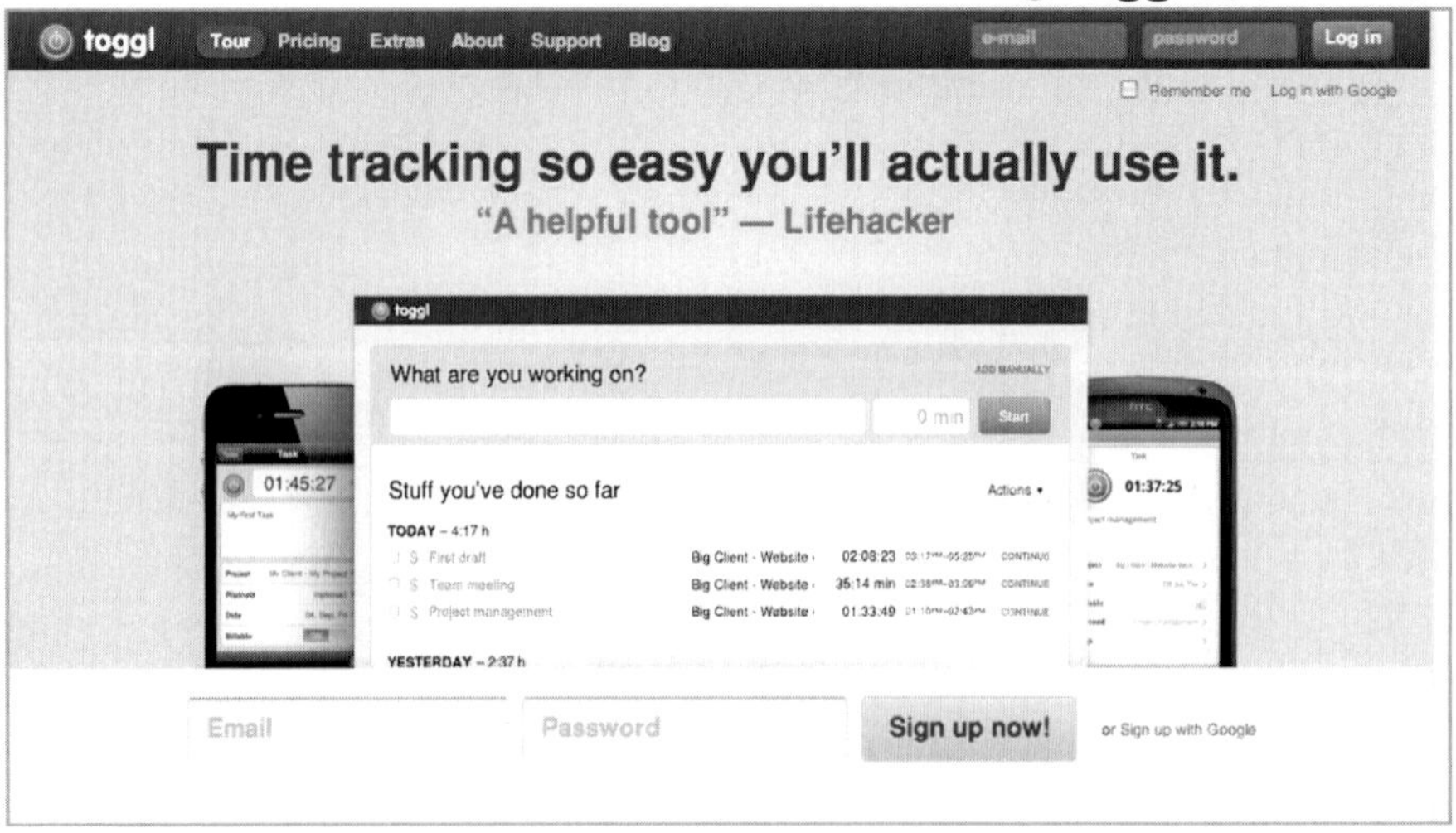

これらの問いにいちいち答えておく必要があるのです。この答えを知るために私はToggl(https://www.toggl.com/)というタイムトラッキングのクラウドサービスを使って、どのタスクについてどのように感じたかの記録を残しています。

「Toggl」についての詳しい説明はここでは割愛しますが、現状重視しているのは「タグ」です。タスクが終わるたびに次のいずれかを付けます。

- MUST(やる必要があった)
- PutOff(先送りした)
- Wnat(やりたかった)
- ★

◉Togglの利用画面

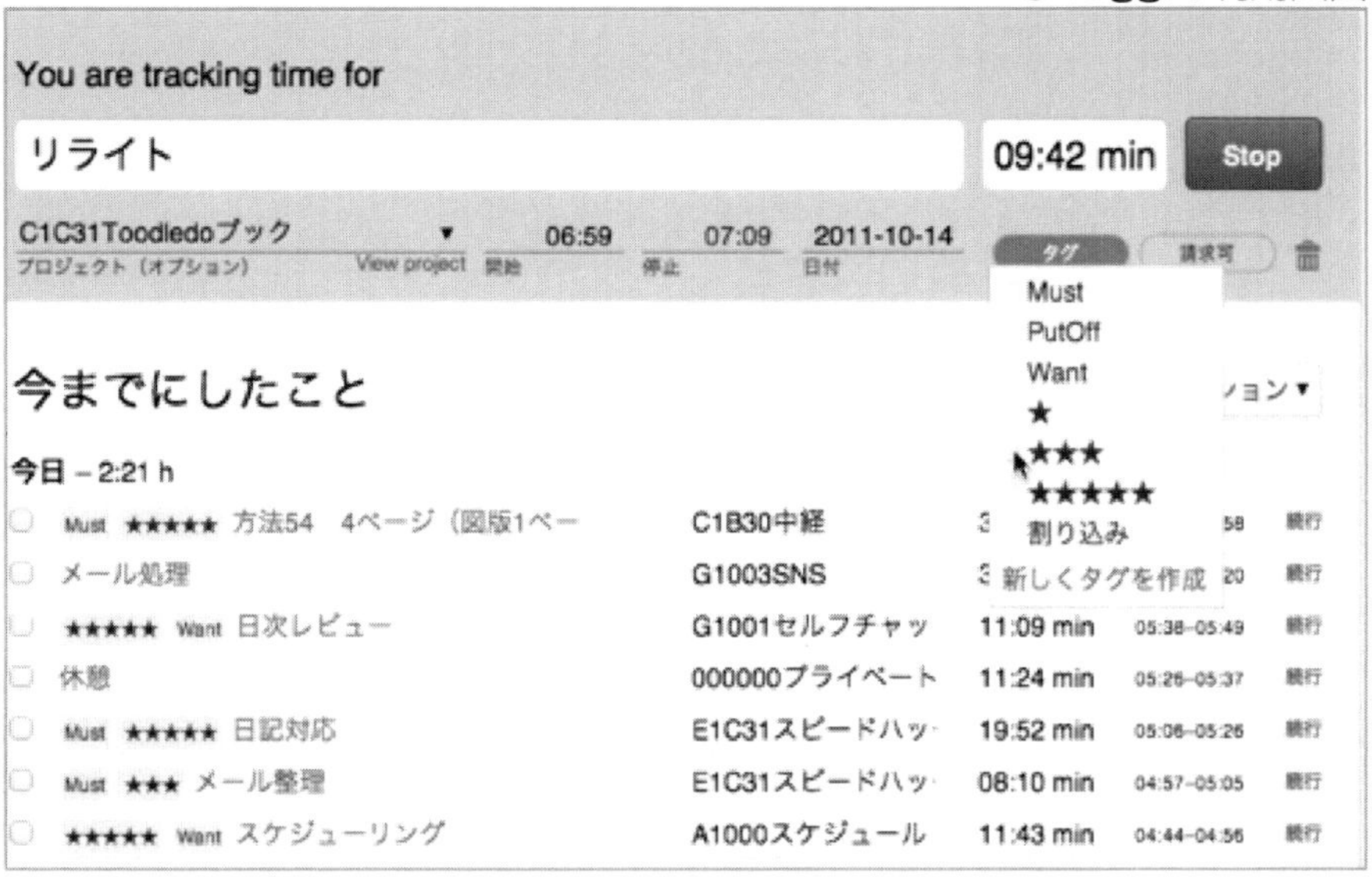

● ★★★
● ★★★★★
● 割り込まれた

このような情報をタスクについて残しておくことで、いかなる必然性があってそのような行動をとったかがわかります。なぜ先送りにしたのか、あるいはなぜできたのか。

Wantで★や、Mustで★などのタスクで、時間が長くなっているのは非常に大事な情報です。その前後関係、時間帯、タスク自体についての評価が、明日のタスク実行シナリオの精度を高めるのです。

SECTION 15

データベースとしてのToodledoを使い倒す

第1ソートが持つ特別な意味

このセクションでは、Toodledoにおける「第1ソート」が持つ特別な意味を取り上げます。並べ替え機能に関することなのですが、とくにインターフェイス上、第1ソートは第2、第3ソートに比べて一段と重要な意味を持ちます。

特別、といっても基本的には見た目の上で特別だというだけのことです。

次ページの図のように「第1ソート」に「コンテクスト」を選んでおくと、タスクをコンテクストで区切って表示します。第1ソートを締め切り日にすれば、締め切り日ごとに区切ってくれますし、フォルダにすればフォルダごとに区切ってくれます。

人間は、コンピュータと違って目で見て判断することがとても多いので、どの項目で区切ってまとめてくれるかということはとても大事なことです。

第2ソートは、第1ソートの中を何順で並べるかということですから、コンテクストで区切られているなら、コンテクストの中の順番を決めます。私はタスクシュート式で仕事をしているので、第1ソートは「時間帯」だけを項目に入れたコンテクスト、第2ソートはそれを処理順に並べるための工夫をしています。

詳しくは、113ページの「タスクを取り組む順番に並べ替える」を参照して下さい。

ちょっと変わった使い方

私はこのコンテクストごとにまとめてくれる機能をフル活用しています。ちょっと変わった工夫と

しては、時間帯のほかに「ルール」と「コンテクストなし」を活用している点でしょうか。

「ルール」とは、特定の時間帯に目にしたい自分なりの心構えです。たとえば早朝にはシャワーを浴びる前に廊下の電気をつけておく、などという「気を付けておくこと」を表示しておきます。我が家で廊下をうろうろするには必須なのです。

でもお昼になって「廊下の電気をつけておく」などというのが表示される意味はないので、お昼頃には「早朝ルール」は表示されません。代わりにお昼のルールなどを表示します。そのためにも、「早朝ルール」や「お昼のルール」に相当するコンテクストを持ったリストを用意しておいて、これを時間帯ごとに表示させたりさせなかったりするわけです。

また「コンテクストなし」は1日のいつ見てもいいよ

うな「ルール」を集めてあります。

望まれる「検索順の保存」の機能

「Toodledoにもっとも物足りない点だと私が以前から思っていることがあります。検索条件を保存しておくことができるのに、検索順を保存しておくことができないのです。

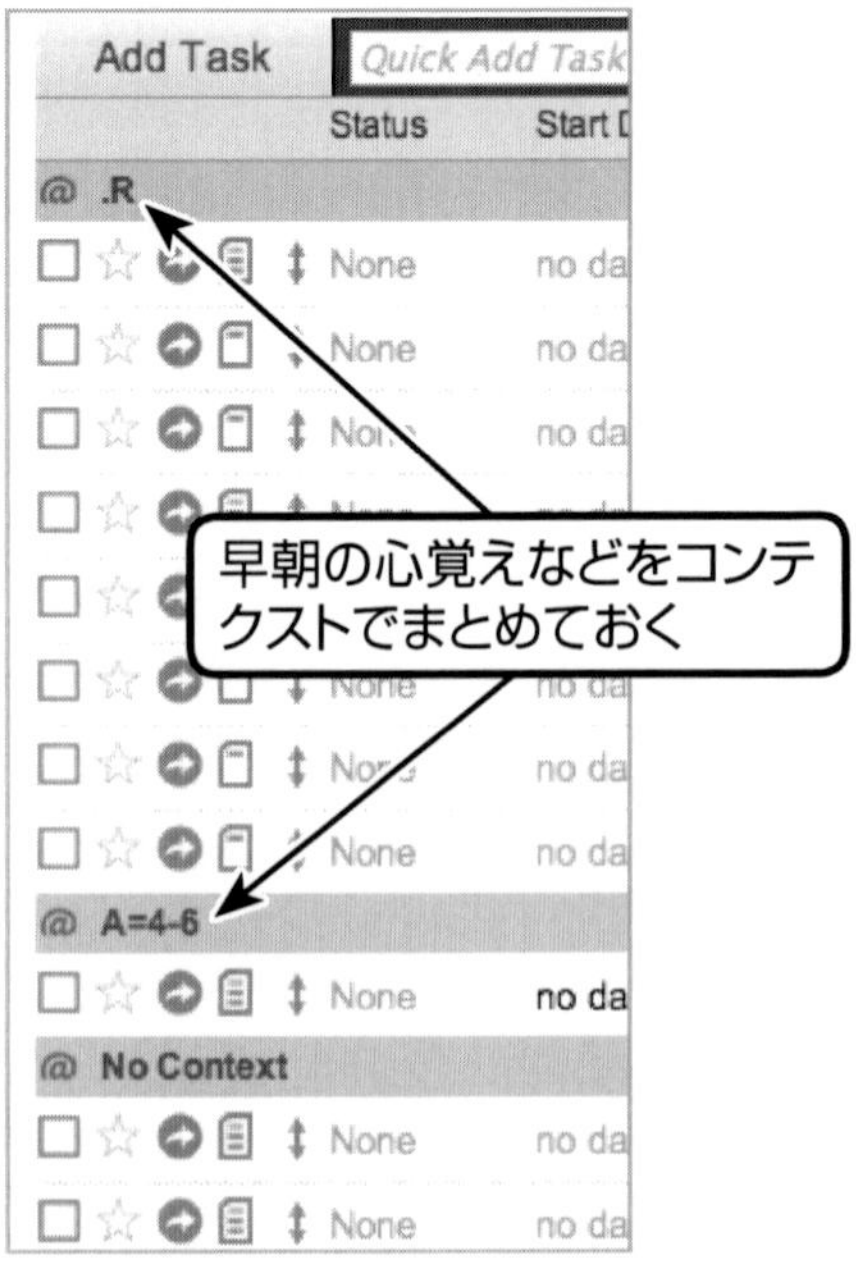

この機能をつけると、あるいは動作が緩慢になったりするのかもしれません。それは困りますが、そうでないのならぜひ実装して欲しいと思います。

次ページの図を見てもわかる通り、たとえば私はGTDでいうところの「いつかやりたいことリスト」を持っています。それも「保存された検索」によるリストなのですが、並べ替える順番が、普段から使っている「コンテクスト順」なのです。

しかし、「いつかやりたいこと」に「コンテクスト」を与える意味などありませんから、全部のタスクが「コンテクストなし」になっています。そのため、「いつかやりた

早朝の心覚えなどをコンテクストでまとめておく

いことリスト」は意味のない順番になってしまっています。

もちろんこれを、名前順、フォルダ順、開始日順など、意味ある順番に変えることもできますが、そうすると今度は、他の保存された検索の順序もそれによって左右されてしまうのです。

タスクをデータベースのように扱っているToodledoだからこそ、検索条件の保存だけではなく、並べ替えの順序も一緒に保存して欲しいと強く願うのは、少し贅沢すぎるでしょうか。

◉意味のないソートになっている例

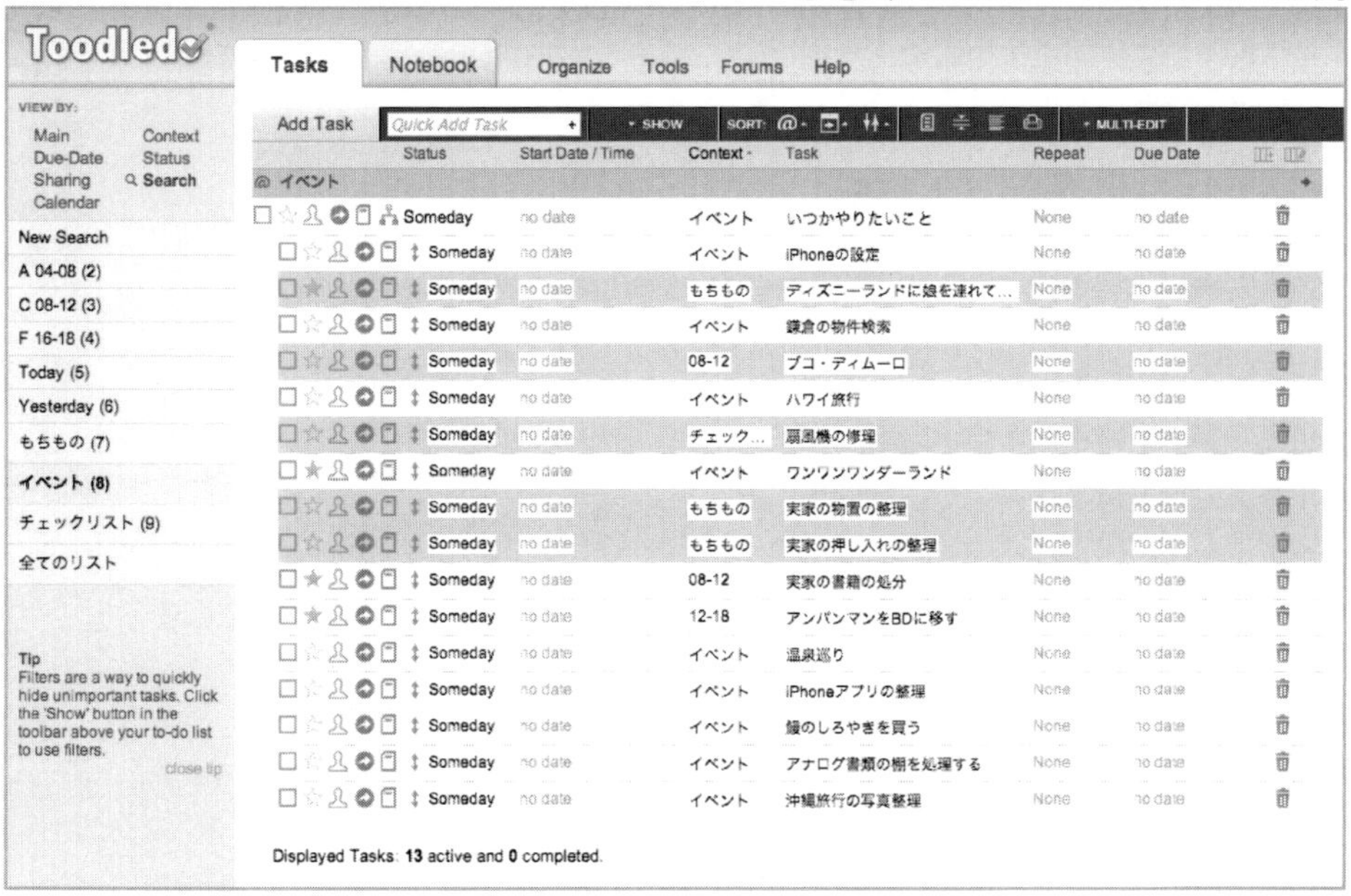

Toodledo

Tasks Notebook Organize Tools Forums Help

VIEW BY: Main Context Due-Date Status Sharing Search Calendar

New Search
A 04-08 (2)
C 08-12 (3)
F 16-18 (4)
Today (5)
Yesterday (6)
もちもの (7)
イベント (8)
チェックリスト (9)
全てのリスト

Tip
Filters are a way to quickly hide unimportant tasks. Click the 'Show' button in the toolbar above your to-do list to use filters.
close tip

Add Task　Quick Add Task　SHOW　SORT:　MULTI-EDIT

@ イベント

Status	Start Date / Time	Context	Task	Repeat	Due Date
Someday	no date	イベント	いつかやりたいこと	None	no date
Someday	no date	イベント	iPhoneの設定	None	no date
Someday	no date	もちもの	ディズニーランドに娘を連れて…	None	no date
Someday	no date	イベント	鎌倉の物件検索	None	no date
Someday	no date	08-12	ブコ・ディムーロ	None	no date
Someday	no date	イベント	ハワイ旅行	None	no date
Someday	no date	チェック…	扇風機の修理	None	no date
Someday	no date	イベント	ワンワンワンダーランド	None	no date
Someday	no date	もちもの	実家の物置の整理	None	no date
Someday	no date	もちもの	実家の押し入れの整理	None	no date
Someday	no date	08-12	実家の書籍の処分	None	no date
Someday	no date	12-18	アンパンマンをBDに移す	None	no date
Someday	no date	イベント	温泉巡り	None	no date
Someday	no date	イベント	iPhoneアプリの整理	None	no date
Someday	no date	イベント	鰻のしろやきを買う	None	no date
Someday	no date	イベント	アナログ書類の棚を処理する	None	no date
Someday	no date	イベント	沖縄旅行の写真整理	None	no date

Displayed Tasks: 13 active and 0 completed.

あとでまとめて確実にやるためのToodledo活用術

ちょっと役立つToodledo活用のヒント

ここでは、仕事に直接役立つという意味では、もっとも役に立つと思われるちょっとしたヒントを紹介します。これまで私（佐々木）はあまり利用しないスターを使った簡単な小技です。

「あとでまとめてやる」のはいいけれど「あてにしすぎる」のは問題

私はタスクカフェという毎月恒例の「みんなで週次レビューをやる会」に参加しています。ここでの私の役割は「ゲストトーク」なのですが、それでも2時間の「作業時間」があります。このような時間が毎月できると、「あ、これはあとでタスクカフェでやればいい」などとあてにし出すのが人間というものです。

この時間は作業が非常にはかどるので、「あてにする」のはいいのですが、問題は

「あてにしすぎる」ことです。2時間の作業が終わるからといって、20年分の作業をここでやろうとしても終わるはずがありません。

そこで大事なスピードハックがあります。

まずは5分だけやっておく

「あとでタスクカフェで」やることとは、まず5分だけ手がけておくのです。「あ、これはタスクカフェ。あ、それもタスクカフェ」とやっていると、全体でいったいどれほどの作業をタスクカフェでするつもりかがすぐに見えなくなってしまいます。これを見えるようにするのです。

ただ、私はタスクシュート式に仕事をしています。つまり、「タスクカフェ」という土曜日10時から12時の時間帯にやるべきことは、そこのセクションにおいて、そこで時間を割り当てられるべきなのです。

「5分だけやる」のは、土曜日のその時間帯よりはもちろん、いくらか前のことです。たとえば金曜の昼がそうでしょう。土曜日の午前中にやることをちょっとだけ、金曜日にやっておくといいのです。

ただ、タスクカフェでやることはいろいろあるので、「5分だけやっておく」のは、あちこちにばらけているスキマ時間が妥当です。10個のタスク全部を「5分ずつ金曜の昼にまとめる」必要はありません。スキマ時間はばらけている。土曜日にまとめてやるいくつかのタスクを、土曜日までは点在させたい。やりたいことはそれです。

土曜日にまとめてやりたいことにはスターを付けておく

私は、113ページの「タスクに取り組む順番に並べ替える」で、タスクの順番を決定するために、スターと優先順位を組み合わせる、という方法を紹介しました。しかし、スターの使い方は何でもいいのです。あのようなやり方もある、というだけのことです。

タスクの順番を変えるためには、開始時間（日時ではなく）を使ってもいいですし、タグに数字を入れて並べ替えてもいい。あるいはタスク名の頭に数字を打ってもいいでしょう。

スターは非常に便利ですから、空いていれば何にでも使えるわけです。「タスクカフェでやることにはスターを付けておいて、スターが付いているものはスキマ時間で5分だけやってみる」というルールをここでは策定します。

すると、たとえば下図のようなリストがすぐできます。これが明日、タスクカフェでやることにしている私のリストです。ちゃんと見積もり総時間が2時間になっているところに注意してください。

このリストを抽出する条件も簡単です。チェックされていない中でスターが付いているもの全部という条件です(次ページの図参照)。

これで、どれほどスターが付いているタスクが点在していようと、一瞬でリストにまとめることができます。スキマ時間にこのリストを用意して、すべてに1分だけ取りかかってみてもいいでしょう。そうすれば、「本当に2時間で全

●タスクカフェでやろうとしていることのリスト

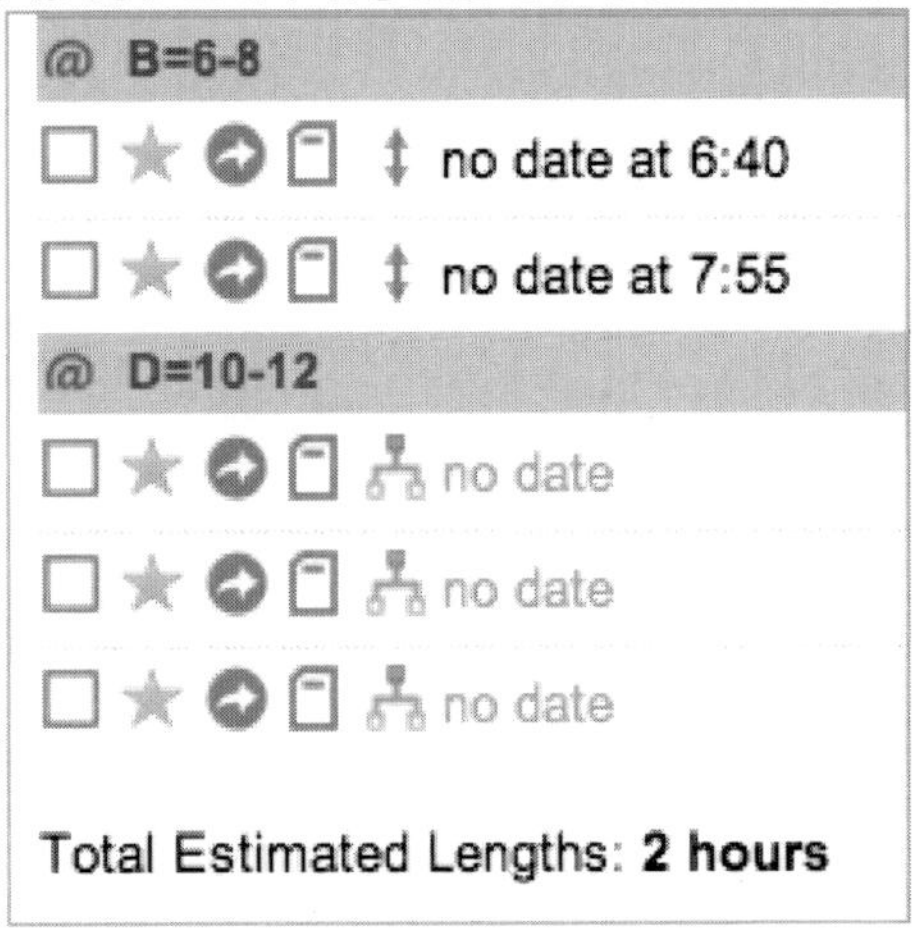

@ B=6-8
no date at 6:40
no date at 7:55
@ D=10-12
no date
no date
no date
Total Estimated Lengths: 2 hours

部やれるのか？」という問いに対して、直感的に考えることができます。

　Toodledoの最大の特徴は、データベースであることです。やることをここに全部登録し、時間を見積もっておけば、あとはいかようにも抽出でき、並べ替えられ、先の見通しが立てられます。

　この柔軟で応用の利くところと、それでいて動作が軽快でありクラウドに対応している点が、Toodledoを使う最大のメリットです。

◉チェックされていない中でスターが付いているもの全部という検索条件

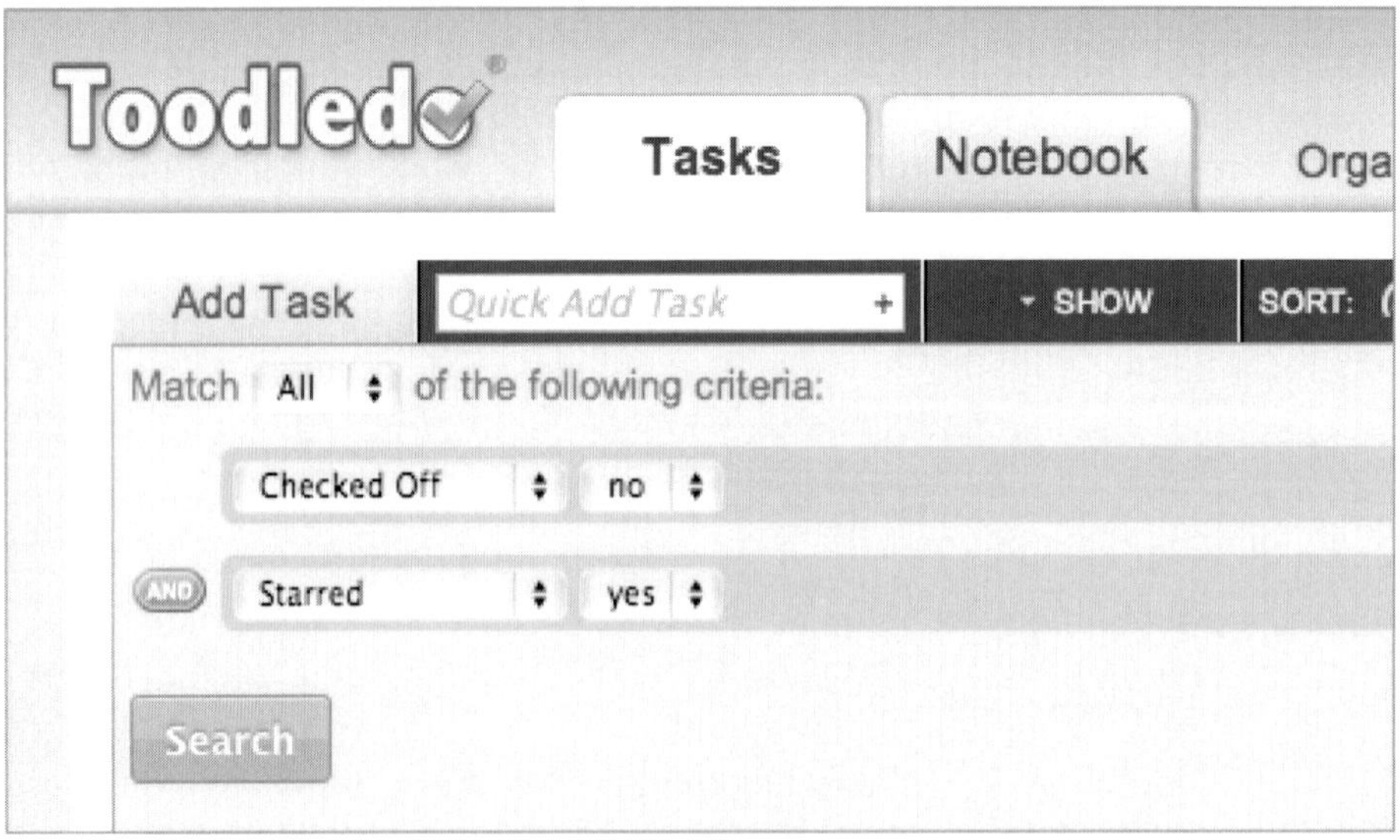

Toodledoをモバイルから使う

Toodledoを外へ持ちだそう！

２０１２年７月時点でToodledo公式のスマホアプリはiPhone版のみですが、サードパーティからはiPhoneやAndroidで稼動する、Toodledoと連携可能なタスク管理アプリがたくさんリリースされています。

私はiPhoneとAndroidの両方のアプリが提供されている「Pocket Informant」というツールをメインで利用しています。「Pocket Informant」はGoogleカレンダーとスケジュールが同期し、Toodledoがタスクと同期する仕組みになっているので、この２つのクラウドツールを使っている人であればかなり有用なツールだと思います。

純正Toodledoアプリの３つの利点

純正Toodledoアプリの利点を３つ挙げておきます。

◉iPhone & Androidの両方で提供

アプリ名	URL
2Do	http://www.2doapp.com/
Pocket Informant	http://webis.net/wp/

◉iPhoneで提供

アプリ名	URL
Toodledo	https://www.toodledo.com/info/iphone.php
Todo	http://www.appigo.com/
速Todo	https://sites.google.com/site/iphonenoapps/iphoneapuri/12_quicktaskfortoodledo
TaskportPro	http://itunes.apple.com/us/app/taskportpro/id440627962?mt=8

◉Androidで提供

アプリ名	URL
DGT-GTD	http://www.dgtale.ch/index.php?option=com_content&view=article&id=52&Itemid=61
Tasks To Do	https://play.google.com/store/apps/details?id=com.als.taskstodo.pro

◉Pocket Informant

- いつでもどこでも使える
- 日本語インターフェイスである
- Locationでリマインドできる

「いつでもどこでも使える」ことは意外に重要で、PCの前から離れたときでも「次にやることリスト(NextActionリスト)」を常に携帯できるようになります。外回りの仕事がある人にとっては、携帯性は非常に重要な要素となるはずです。

下図の画面を見ればわかるように、ToodledoのiPhoneアプリはウェブ版と違って完全に日本語化されていて、取っつきやすい雰囲気です。英語が理由でToodledoを敬遠していた人はぜひ、純正

◉日本語化されている画面

◉NextActionリストを携帯できる

のToodledoアプリを使ってみてください。

また、ロケーション（196ページ参照）でタスクのリマインドができることも、モバイルアプリの大きな利点です。ただ、精度が周囲1キロメートルとかなり粗めなので、お店などのようにピンポイントで指定することは難しく、「渋谷駅周辺」や「会社周辺」という大きめのエリアでリマインドを行う必要がある点は注意が必要です。

◉ロケーションによるリマインダー

メールでタスクを追加する

これは、モバイルに限定した話ではありませんが、メールを使ってタスクの追加を行うことが可能です。この機能を使えばフィーチャーフォンのメール機能を使ってタスクを追加することが可能となります。メール機能を利用するには145ページの設定を行い、Toodledoへの投稿用のメールアドレスを取得する必要があります。

タスクの追加は、メールの本文を「タスク名 付加情報」とし、投稿用のメールドレスにメールを送信します。設定できる付加情報は144ページの表の通りです。

すべての付加情報の形式を覚えるのはなかなか骨の折れる作業ですし、タスクを登録したあとにToodledoの画面で設定し直すこともできるので、付加情報は付けないか、よく使うものを2～3個ピックアップして覚えておくとよいでしょう。

◉スマートフォンのメール送信画面

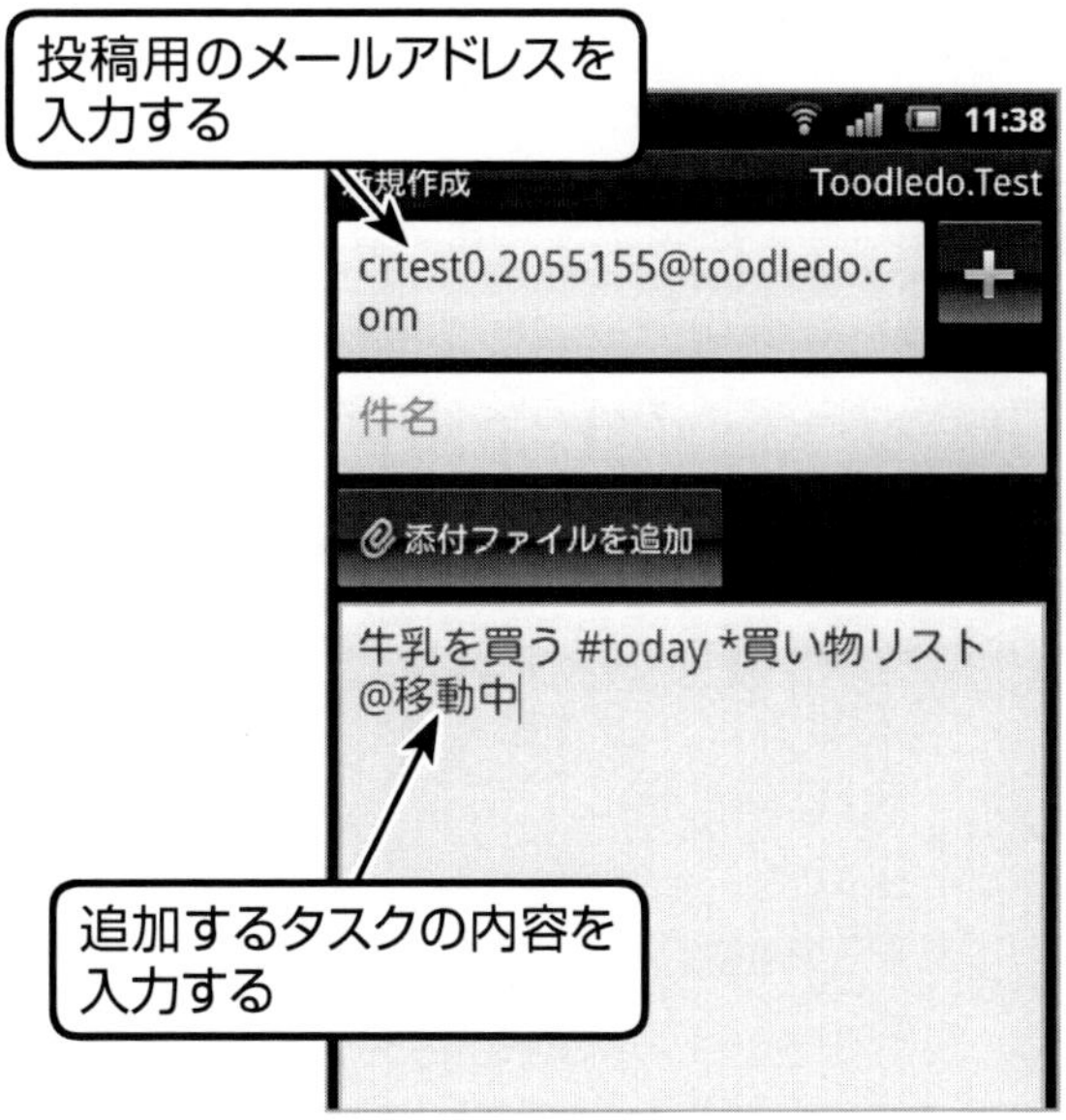

投稿用のメールアドレスを入力する

新規作成 Toodledo.Test

crtest0.2055155@toodledo.com

件名

添付ファイルを追加

牛乳を買う #today *買い物リスト @移動中

追加するタスクの内容を入力する

メール機能では他にもタスクの抽出なども行うことができるため、Toodledoにより発行されるメールアドレスが他人に知られると、データが自由に追加・閲覧できてしまうため、メールアドレスの管理には充分な注意が必要です。なお、投稿用のメールアドレスは145ページの設定画面でいつでも変更することができます。

●メールで使える付加情報

項目	書式	概要
Priority	!	優先度を設定。省略時は「0 - Low」が設定される。「!」を付けると優先度が1つ上がり、「!!」とすれば「2-High」が設定される。
Due-Date	#日付	締め切り日を設定。「#5/12/08」「#today」「#Next thursday」など。
Start Date	>日付	開始日を設定。「>tomorrow」などと指定する。
Star	＊	スターを設定。
Folder	＊フォルダ名	フォルダを設定。「＊会社業務」など。
Context	@コンテクスト名	コンテクストを設定。「@家」などと指定。コンテクスト名に「@」が付くときは「@@」とする。
Goal	+目標	タスクに紐付く目標を設定。「+ネットワークスペシャリスト試験に合格する」など。
Status	$ステータス名	ステータスを設定。「$NextAction」など。
Tag	%タグ名	タグを設定。「%執筆, ブログ」とカンマ区切りにするとタグを複数設定できる。
Due Time	=時刻	終了時間を設定。「=3：45pm」など。
Start Time	^時刻	開始時間を設定。「^3：45pm」など。
Length	~見積時間	見積時間を設定。「~4hours」など。
Repeat	&繰り返し間隔	繰り返しを設定。「&Every Week」など。
Reminder	：通知時間	リマインダーを設定。「：5 hours」など。
Location	-ロケーション名	ロケーションを設定。「-自宅」など。

●タスクの追加

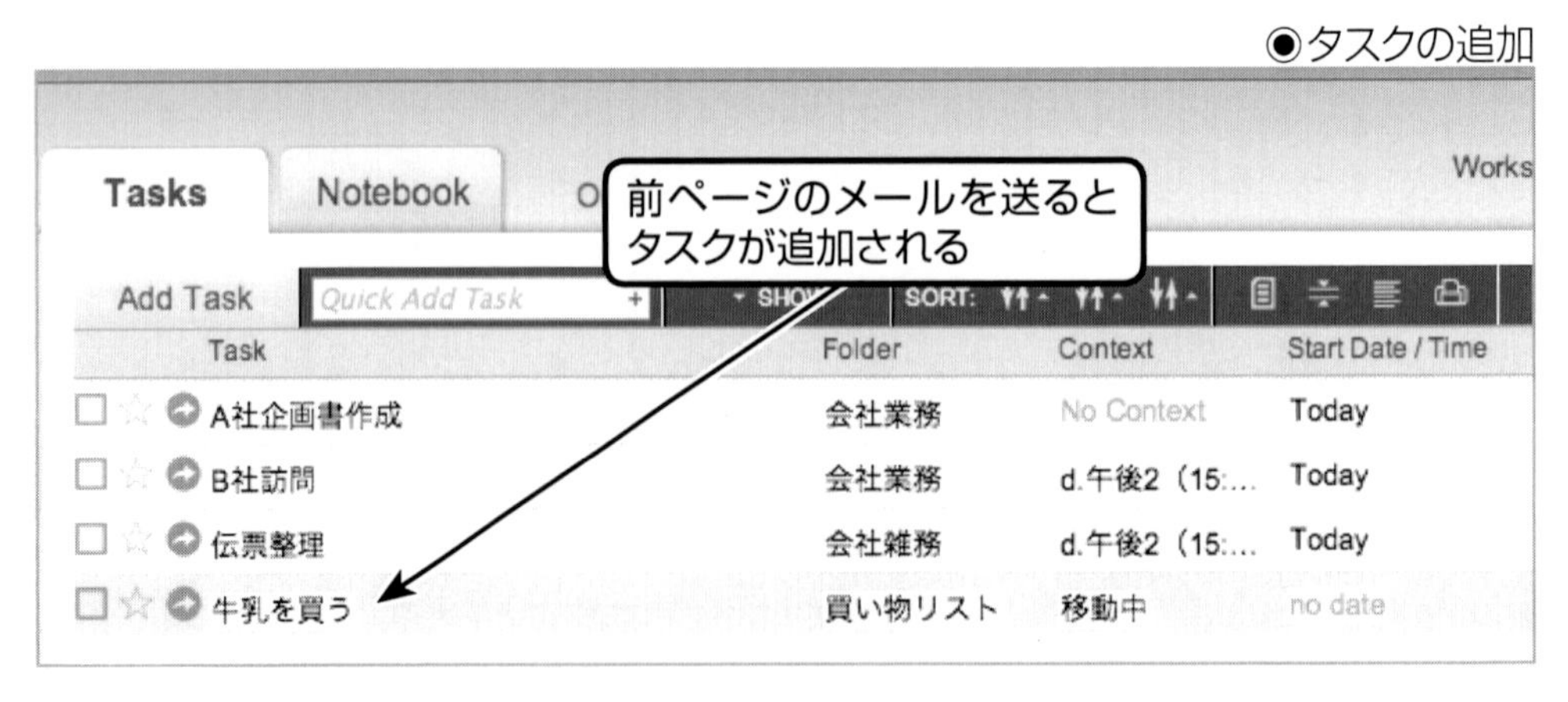

電子メールでタスクを追加できるようにする

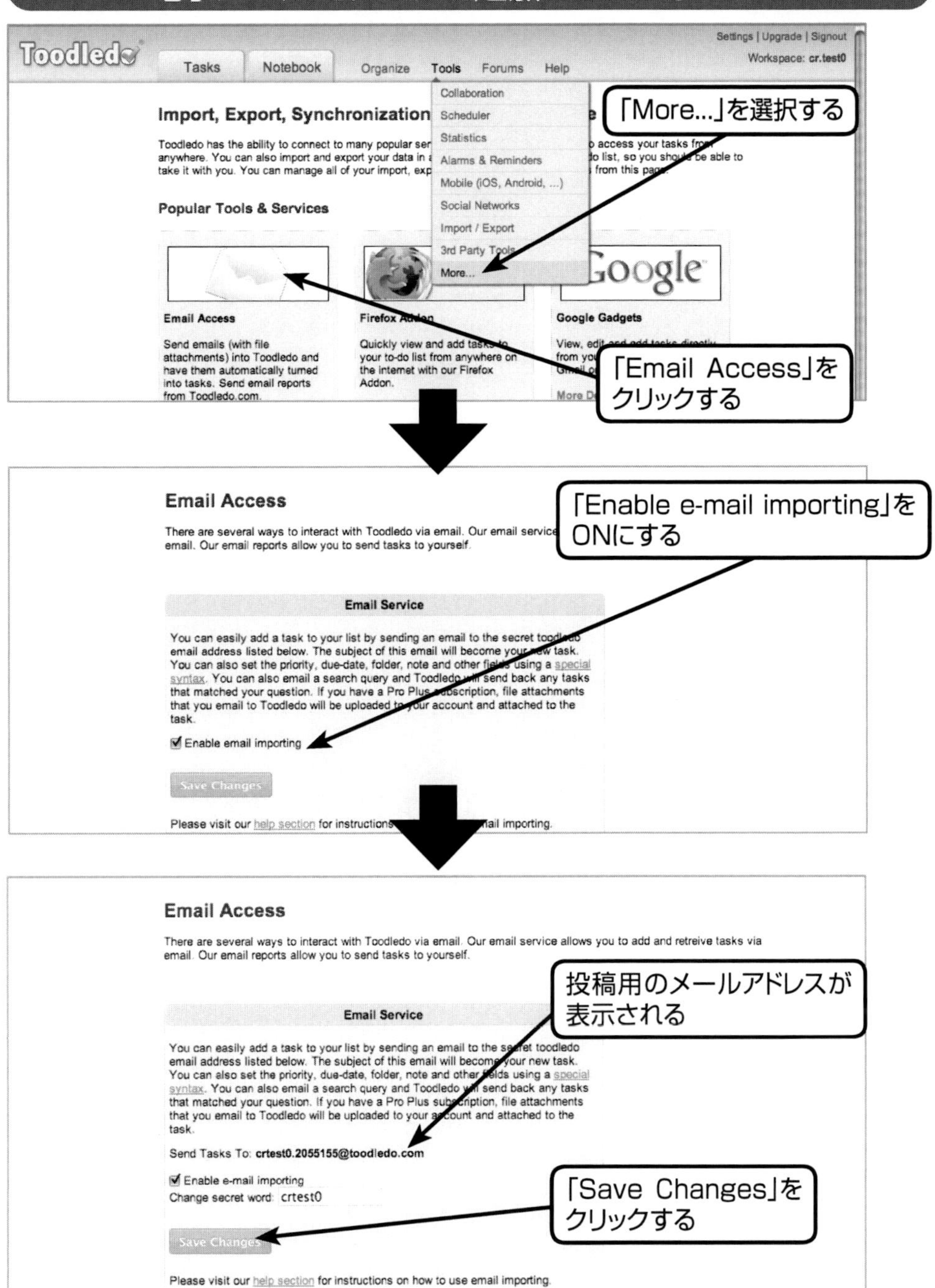

CHAPTER 3
Toodledoを
徹底的に活用する

タスクの粒度を設定する

タスクと一口にいっても粒度はさまざま

ここまで何度となく登場した「タスク」という言葉、一口にタスクといってもその粒度はさまざまです。ここでいう「粒度」とは、「タスクをどの程度の細かさに分割して登録するか」という意味になります。

たとえば、「A社向けのプレゼン資料作成」というタスクがあって、おおよそ2日程度は作成に時間がかかりそうだとします。さらに、次のように工程を細分化することができる場合、タスクリストにはどちらの情報を記載すべきでしょうか。

- プレゼン資料の情報収集：1h
- プレゼン資料の構成を考える：2h
- プレゼン資料のアウトラインを作成：2h

● プレゼン資料のドラフト版作成：3h
● プレゼン資料の最終版作成：3h

「A社向けのプレゼン資料作成」という大きな単位で管理した場合、Start DateとDue Dateは異なる日付になります。また、タスク管理ツール上では仕掛かりの状態でタスクが存在するため、着手／未着手であったり、進捗率などの情報も併せて管理する必要があります。

対して「A社向けのプレゼン資料作成」を細分化してより詳細な作業項目に落とし込んだ場合、Start DateとDue Dateは同じ日付になります。その日のうちにタスクに着手し、完了までもっていける粒度にまで落とし込んでいれば着手／未着手や進捗率などを管理する必要がありません。

どちらが正解というものではありませんが、次にとるべきアクションがより明確な方がタスク実行のつど「次は何をしようか」を考えずに済むため、行動への心理的障壁が下がります。だからといって、「プレゼン資料の情報収集を始めるためにブラウザを立ち上げる」「グーグルで〝XX〟について検索する」という事細かな「動作」にまで分解してしまうと、今度は管理するタスクの数が膨大になりすぎる恐れがあります。

管理が煩雑にならない程度に具体的なアクションへとタスクを落とし込むというのは、言葉でいうのは簡単ですが、実際には人それぞれちょうどよい頃合いというのが異なるため、トライアンドエラーで正解を模索しなければなりません。

私の場合、コンテクストを3時間単位の時間で区切って管理を行っている関係上、1つのタスクをなるべく1時間以内の粒度に落とし込んで作業を行います。実際にはそれ以上は砕きようのないタスクであっても、たとえば「パワポでドラフト版作成1/3」という感じで、1時間の作業×3つに分解します。

Start DateとProjectコンテクストで必要なタスクのみを表示する

少し視点を変えて、複数日にまたがるタスクについて考えてみます。Start Date(着手日)とDue Date(締め切り日)が別の日付である場合は、着手日が今日で締め切り日が明後日のタスクは「今日やるリスト」に表示されるものの、今日そのタスクが完了しなくても問題ないことになります。

管理しやすいタスクの粒度は人それぞれなので、このこと自体は問題ではありません。とくにプロジェクトという単位で動く会社の業務は、多くの場合はガントチャートと呼ばれるツールで「工程」として作業を管理するので、この場合はむしろStart DateとDue Dateが異なっていてしかるべきなのです。

私は基本的に「実行タスク」を1時間以内の粒度に細分化する、つまりStart DateとDue Dateを同じ日付に設定し、タスク実行時にはStart Dateが未来のタスクを非表示にする設定にしています。ただ、例外として人にお願いした仕事や細分化前のタスクなど「〝工程〟として管理したいタスク」についてはStart DateとDue Dateを分けています。「〝工程〟として管理したいタスク」には「Project」というコンテクストを与えて、タスク実行時にはフィルタリング機能で非表示に設定しています。

後ほど「実行タスク」と「〝工程〟として管理したいタスク」のフィルタリング設定については詳しく取り上げたいと思います。

リピート機能を使いこなす

きちんと使えるレベルだが英語が障壁となるリピート機能

Toodledoの最大の特徴の1つが「リピート機能の充実ぶり」です。リピート機能というのは実装してみるといろいろな問題が発生しやすく、ひと通りきちんと使えるサービスはそう多くはありません。Googleカレンダーの特徴の1つもきちんと実装されたリピート機能にあります。無料であそこまでちゃんとしているサービスは、あまりないような気がします。

「Toodledoが日本語化されていたら、多くの人が「繰り返し機能」の豊富さを堪能できるのにと思ってしまいます。ただ、邦訳で悩んでしまいそうな機能も少なくありません。

普通のリピート機能の使い方

まずはあって当然と思えるリピート機能です。タスク入力時にも決められますが、とりあえずタスクを決定しておいて、あとからタスクリストの「Repeat」部をいじる方が多くなるでしょう。

クリックして普通に選択できる項目は左表の通りです。豊富なようですが、これらはたいして役に立ちません。

◉ドロップダウンリストの選択項目

選択肢	意味
None	なし
Daily	毎日
Weekly	毎週
Biweekly	2週に1度
Monthly	毎月
Bimonthly	2カ月に1度
Quarterly	3カ月に1度
Semiannually	半年に1度
Yearly	毎年

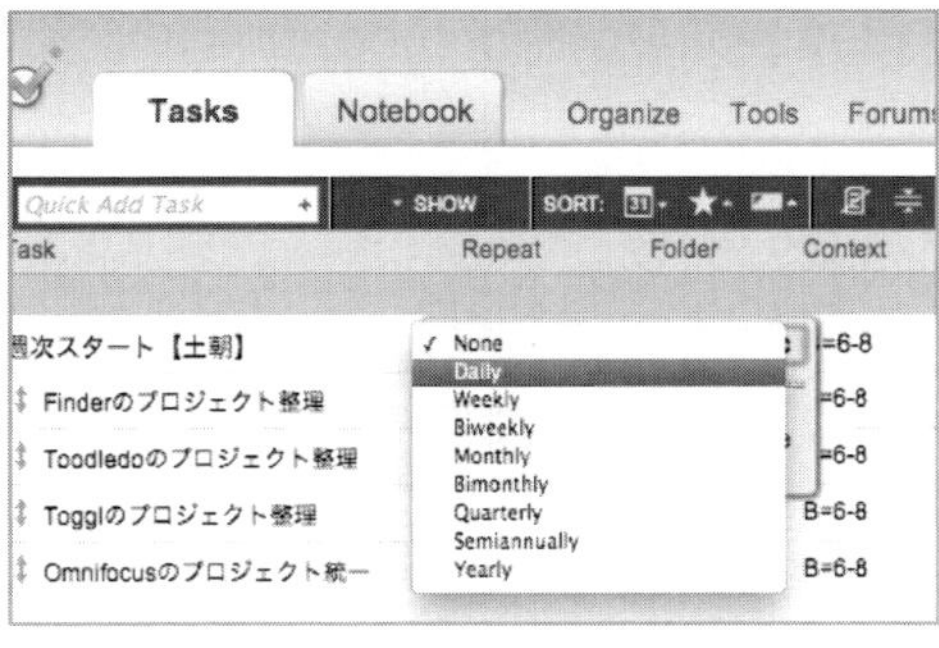

◉リピートの指定

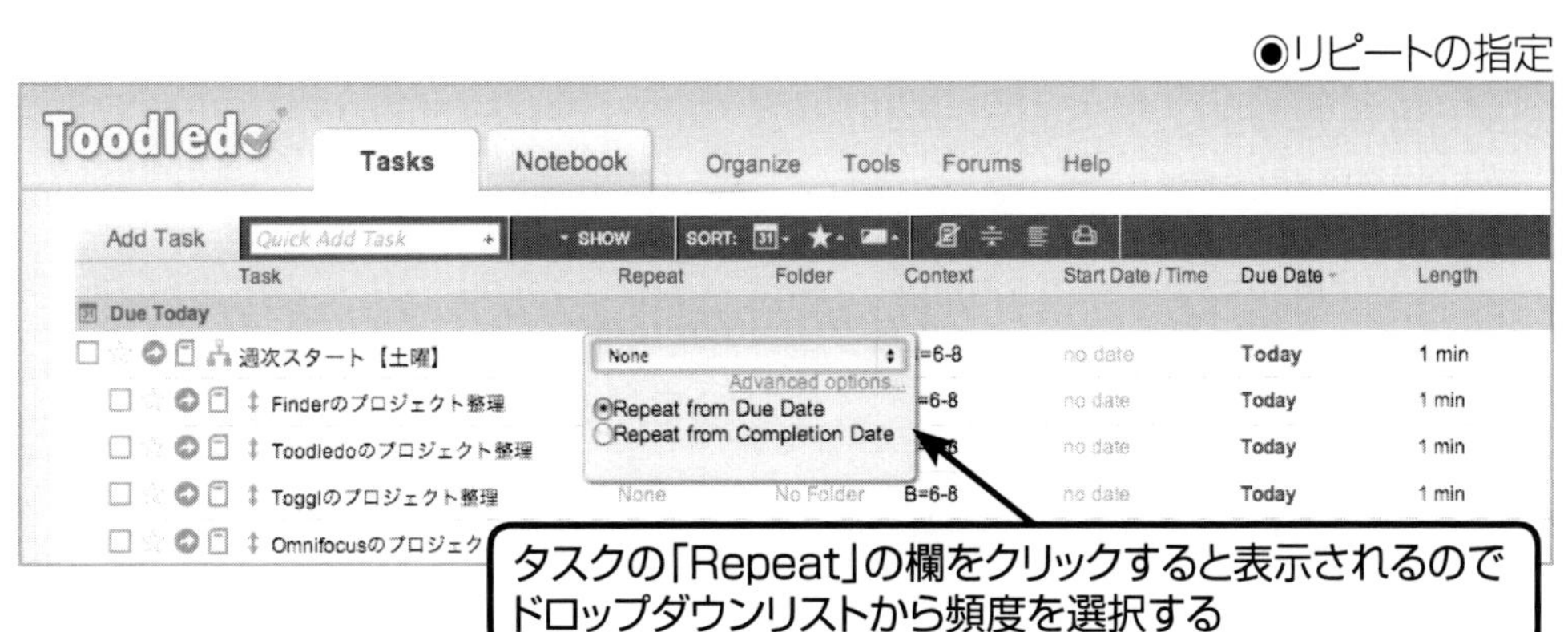

タスクの「Repeat」の欄をクリックすると表示されるので
ドロップダウンリストから頻度を選択する

Bimonthlyだのquarterlyだのまるで英単語のテストです。

「Adbanced options」の利用

リピート機能を使いこなすには、「Advanced options」を使う必要があります。ここから世界が開けてきます。

ここをクリックすることで、直接繰り返しを決めることができます。ここからできる指示は非常に多種多様です。たとえばまず、日数ごとに自由に繰り返し設定できます。

たとえば下図下段のように、「Every 7 Days」（7日ごと）と入力しておけば、数字を変えるだけで何日おきに繰り返

◉「Advanced options」の利用

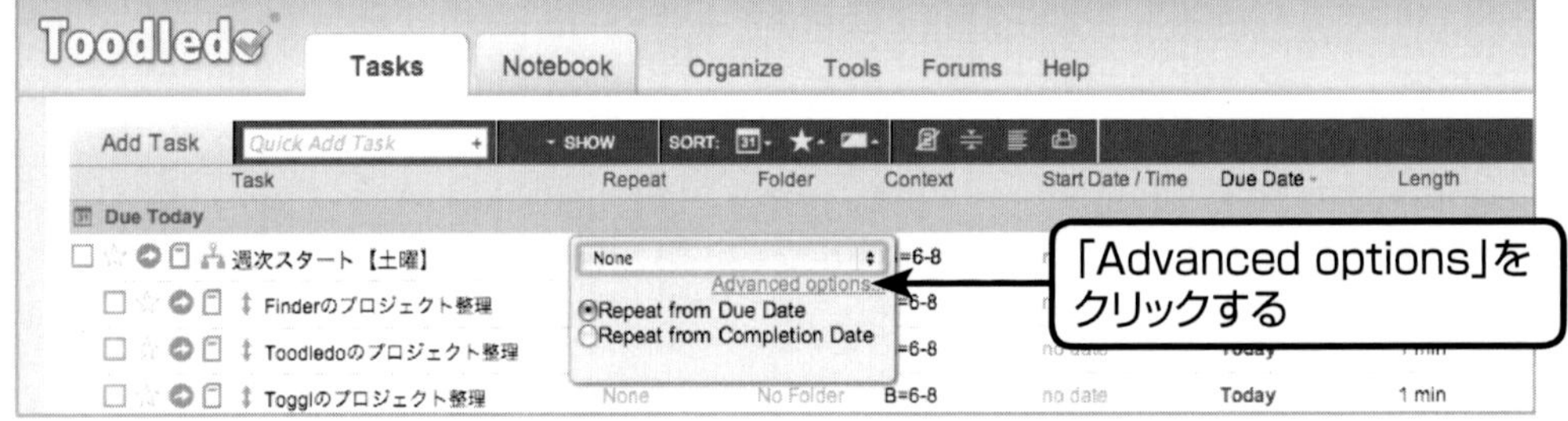

◉7日ごとの繰り返しの指定

すかも簡単に設定できます。

さらに、毎週土曜日などの指定も簡単です。英語ですが、中学時代のテストよりは容易です。頭3文字で指定できます(下図上段参照)。

もちろんGoogleカレンダーのように、毎週月、金、土という指定も次のようにカンマで区切ればOKです(下図下段参照)。

他にも、次のような指定もできます(私は実際ほとんど使いませんが)。

- On the 2nd monday of each month (毎月第2月曜日)

●毎土曜日の繰り返しの指定

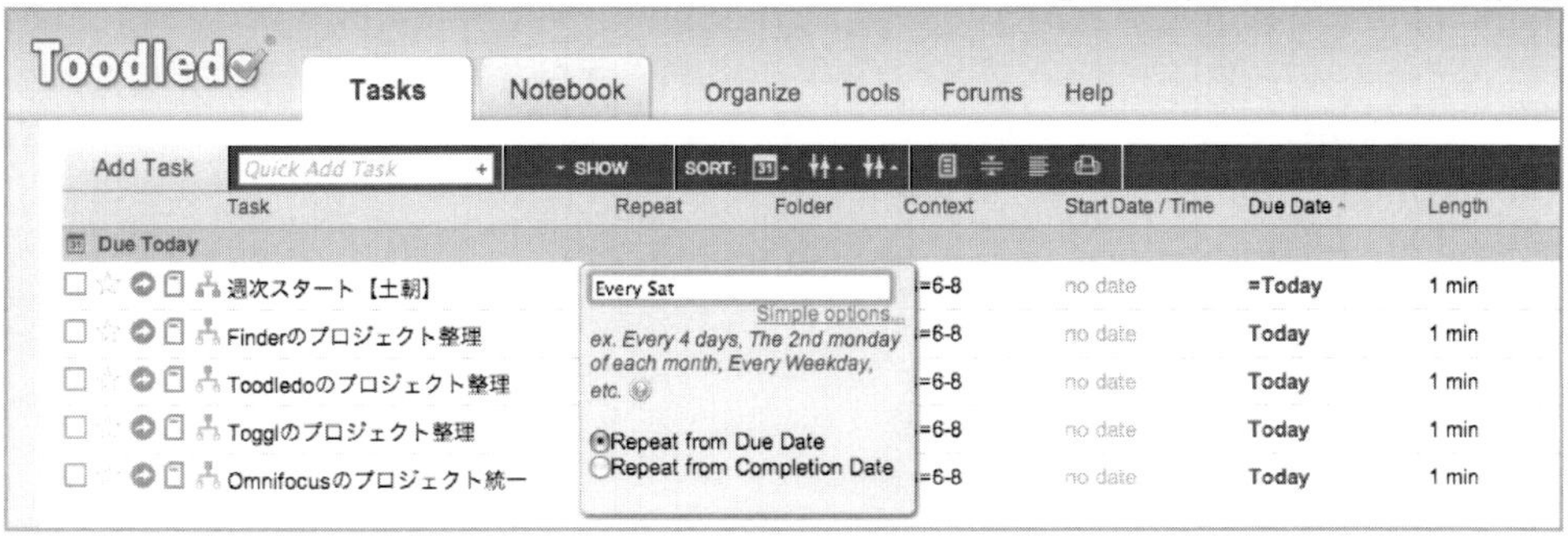

●毎月曜日、金曜日、土曜日の繰り返しの指定

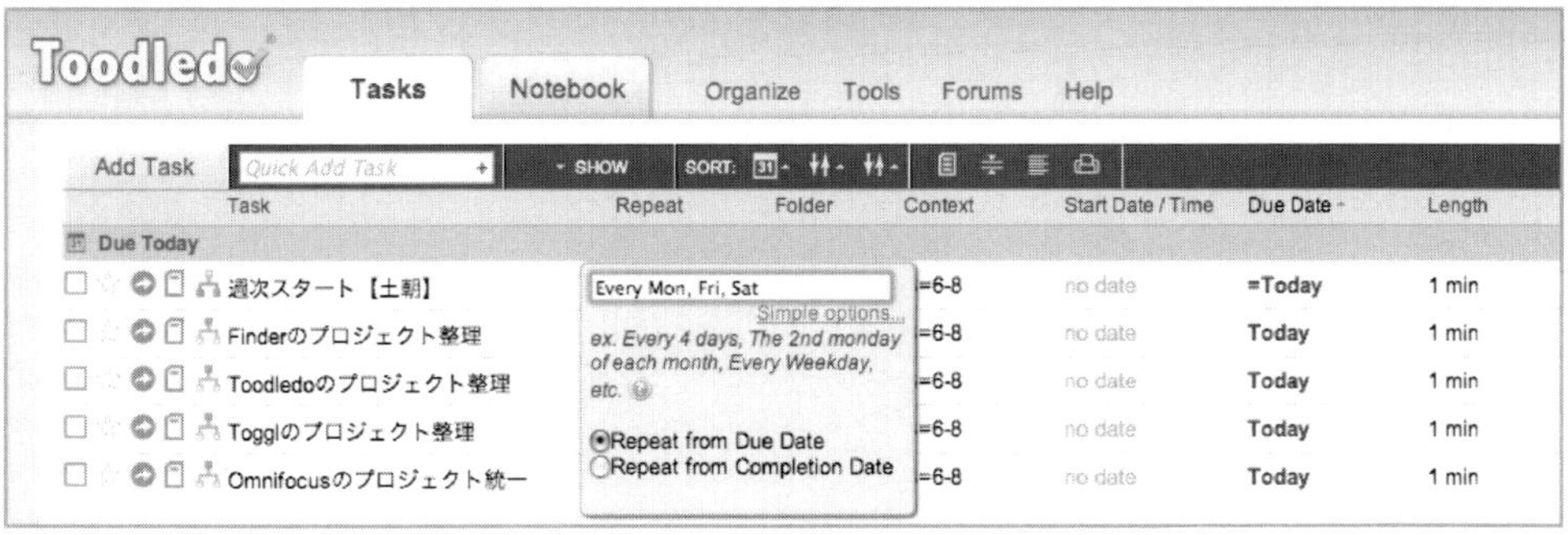

● Every Weekday（毎週の平日）

要するに英語だから取っつきにくい印象なのだと思います。これはまったくコンピュータに詳しい／詳しくないとかいう話ではありません。

さらにちょっと凝ったやり方ですが、サブタスクのセットを作っておき、一部のタスクは毎日繰り返すが、一部のタスクは数日に1度しかやらないという設定も可能です。

下の図では家計簿の記録をタスクのセットとしています。私は自分の財布、妻の財布、銀行口座の残高が記録と一致するようにしています。

自分の財布と妻の財布のレシートは、毎日チェックするのがもっとも合理的なのでそうしていますが、銀行口座を毎日チェックするのはたいてい無駄です。めったに出入りのない口座のチェックは、間隔を空けてチェックすれば充分です。

●家計簿の記録をタスクのセット

タスク	繰り返し
レビュー「家計」	Daily
自分の財布	Daily
妻のレシート	Daily
三井	Every 2 ...
埼玉	Every 3 ...
ゆうちょ	Every 5 ...

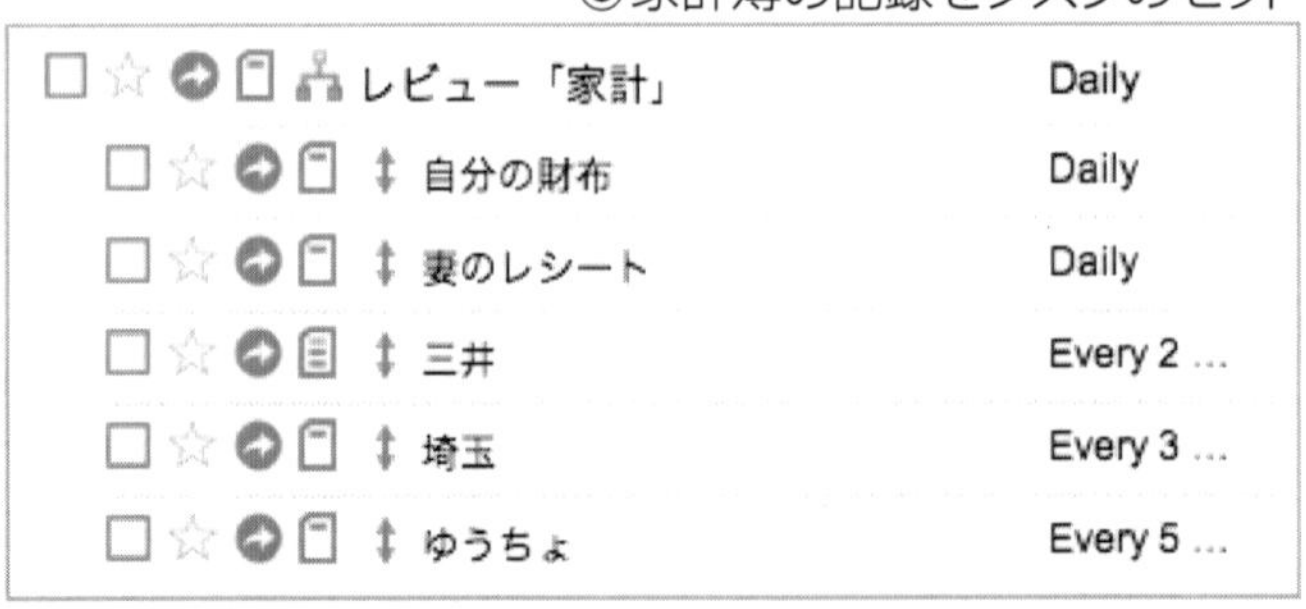

このように設定しておけば、「家計簿の記録をチェックしろ」というタスクは毎日表示されますが、「ゆうちょのチェックをしろ」というタスクは5日に1度しか表示されません。このような組み合わせを駆使すれば、複雑な習慣化を機械化することが頭で考えなくてもできます。

筋トレのセットなどを組むのに良さそうではないでしょうか？ 毎週木曜日か7日ごとか？

Repeat設定にはさらに込み入った問題があります。完了させなかったタスクをいつ、どんな条件で再生させるかという問題です。

Toodledoでは Repeat設定すると、Due DateかCompletion Dateのいずれかをオプションで選ぶ必要があります。

Due Dateは締め切り日から数えて指定した繰り返し間隔でタスクを復活させます。図にすると下のようになります。

本当は9月22日（木）にゴミを出すべきだったのに出しそ

●Repeat from Due Dateの考え方

びれた。9月23日（金）になってそのことに気が付いた！

この場合、たとえ「7日ごと（毎週）」と設定してあったとしても、23日に7を足した9月30日（金）にタスクを復活させたのでは、ダメです。ゴミ出しの曜日は動かないから、いつタスクにチェックが入ろうと、締め切り日から起算した7日後に、タスクは復活するべきなのです。このようなケースでは全部Due Dateを用いるべきです。つまり、Due Dateとは、曜日や日付を動かしたくない繰り返しに用いるべき設定なのです。

それに対してCompletion Dateは間隔を保ちたいときに用いる設定です。たとえば爪切りがいい例でしょう。

本当は9月22日（木）に爪を切るべきだったのに切りそびれた。9月23日（金）になって気が付いて爪を切った場合、「7日ごと（毎週）」と設定してあったら、そのまま23日に7を足した9月30日（金）にタスクを復活させればいいでしょう。木曜日でなければ爪を切れない事情があるなら別ですが。

◉Repeat from Completion Dateの考え方

Due DateとCompletion Dateはいずれも「タスクを締め切り日に完了させなかった」場合にのみ意味を持つ機能です。どちらを選ぶかで迷ったら、Due Dateにする必要があるかないかで考えましょう。

毎週同じ曜日、毎月同じ日にやらなければならなければDue Dateです。そうでなければCompletion Dateでいいでしょう。なお、「毎日」についてはどちらでもいいのですが、「毎日絶対つけたい日記」をリストの通りやるという場合にはDue Dateにしておきます。というのも、両者には次のような違いがあるからです。

- Due Dateの場合→昨日やらなかったタスクに今日チェックを入れると今日のタスクが再生される
- Completion Dateの場合→昨日やらなかったタスクに今日チェックを入れると、明日のタスクが再生される

Dueは毎日絶対1度はやる、という意味が強くなりますし、Completionでは毎日1度は見る、というような意味になると思います。

タグの便利な使い方

タグの機能

タグは1つのタスクに複数の属性を割り当てたいときに使う機能です。たとえば「目薬を買う」というタグがあったとき、近所のスーパーマーケットで買ってもいいし、通勤途中に薬局によってもよいでしょう。あくまでも一例としてそういうタスクは次のようにしておくことができます。

● 目薬　「スーパーで」タグ、「薬局で」タグ

すると、たとえば「スーパーで」というタグのリストとしては、次のように表示されます。

- 目薬
- 野菜
- 領収書
- 電池

その一方で「薬局で」というリストでは、次のように並ぶかもしれません。

- 目薬
- 風邪薬
- 絆創膏
- 強壮剤

タグを使えばこのように複数の条件でタスクの抽出が可能になります。

タグを使用可能にする

Toodledoでは最初から「タグ」が使えるようになっていないので、使えるように設定します。設定は左ページの手順で行います

タグを入力する

ここでは私のリストを例にタグの入力について解説します。私はよく持ち物を忘れるのでToodledoに持ち物チェックリストを用意しています。電車で出かけるときに持っていくものと車のときの持ち物は違うのですが、同じものもいくつかあります。iPhoneや財布は電車でも車でも持ちますが、イヤホンは運転中には使えないので持ちません。

タグは最初は単語を入力して、単語と単語の間はカンマで区切ります。車と電車なら次のように入力します。

●もちものリストにタグを設定する

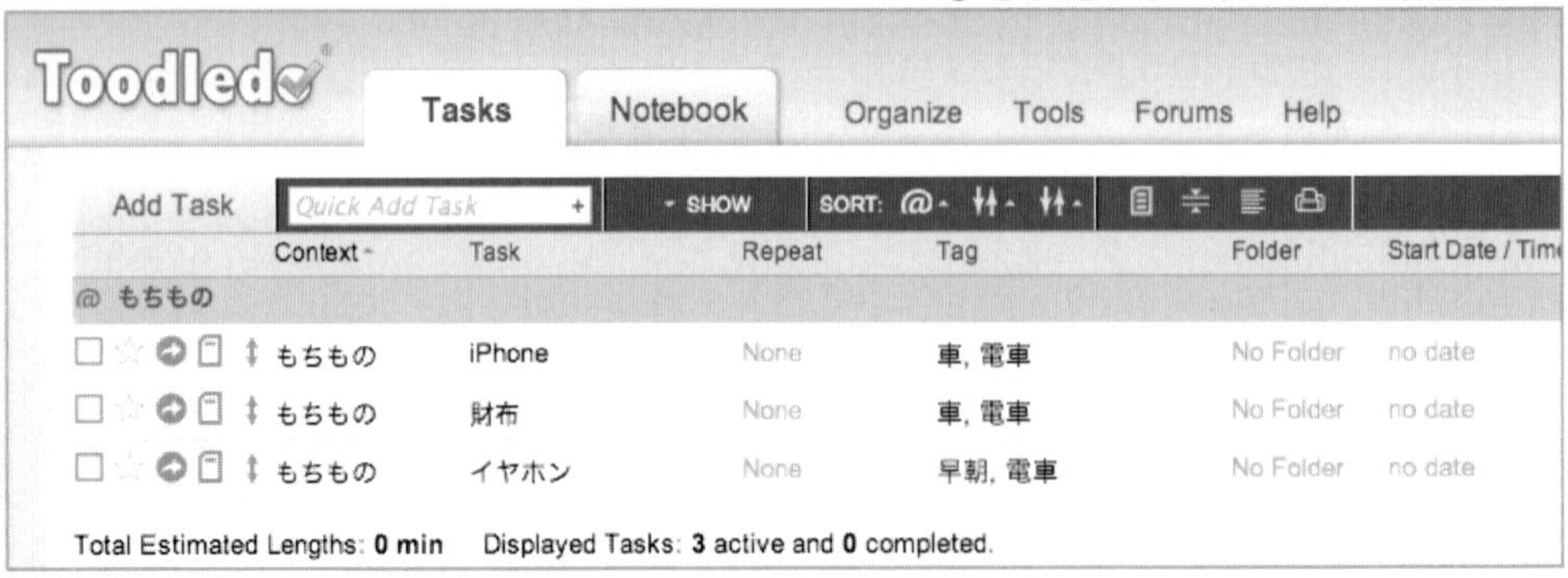

Toodledo　Tasks　Notebook　Organize　Tools　Forums　Help

Add Task　Quick Add Task　SHOW　SORT:

Context	Task	Repeat	Tag	Folder	Start Date / Time
@ もちもの					
もちもの	iPhone	None	車, 電車	No Folder	no date
もちもの	財布	None	車, 電車	No Folder	no date
もちもの	イヤホン	None	早朝, 電車	No Folder	no date

Total Estimated Lengths: **0 min**　Displayed Tasks: **3** active and **0** completed.

タグを使用可能にする

標準の設定では、タグは利用できないようになっています。下記の操作でタグを利用可能にする必要があります。

1 設定画面の呼び出し

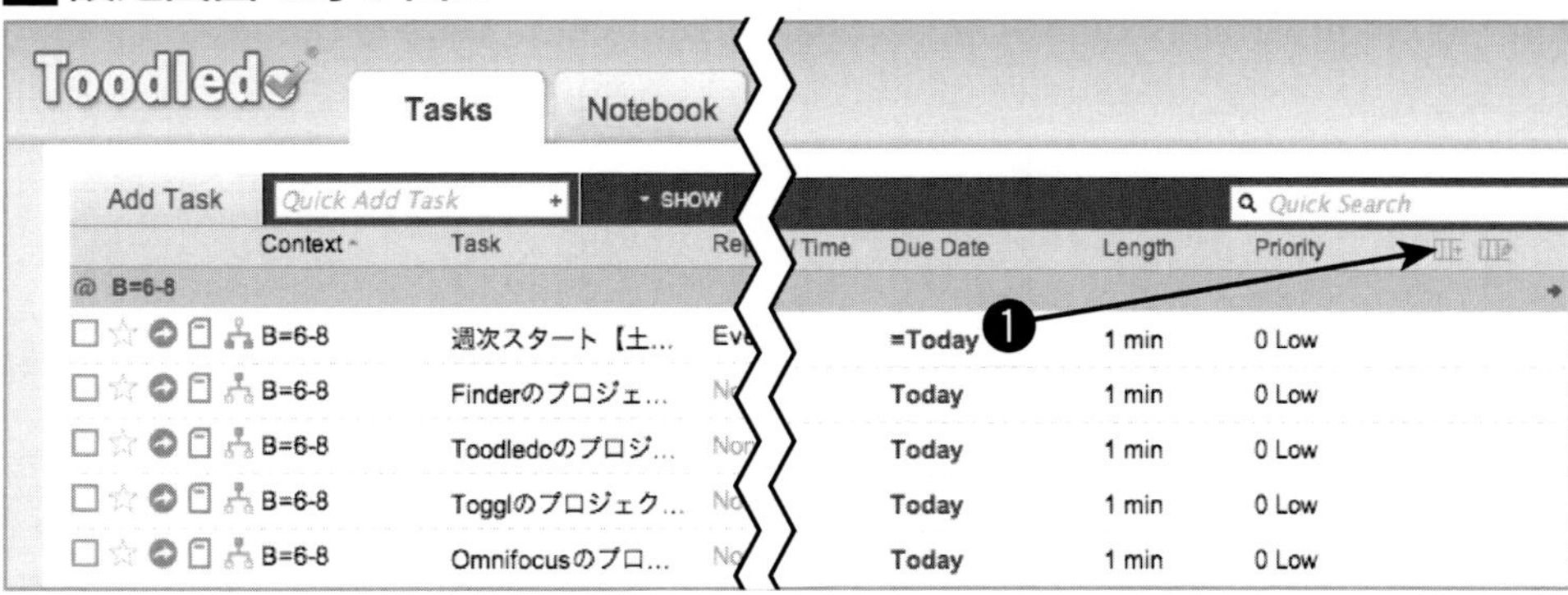

❶ 項目タイトルの行の右端にあるアイコンをクリックします。

2 タグを利用可能な設定にする

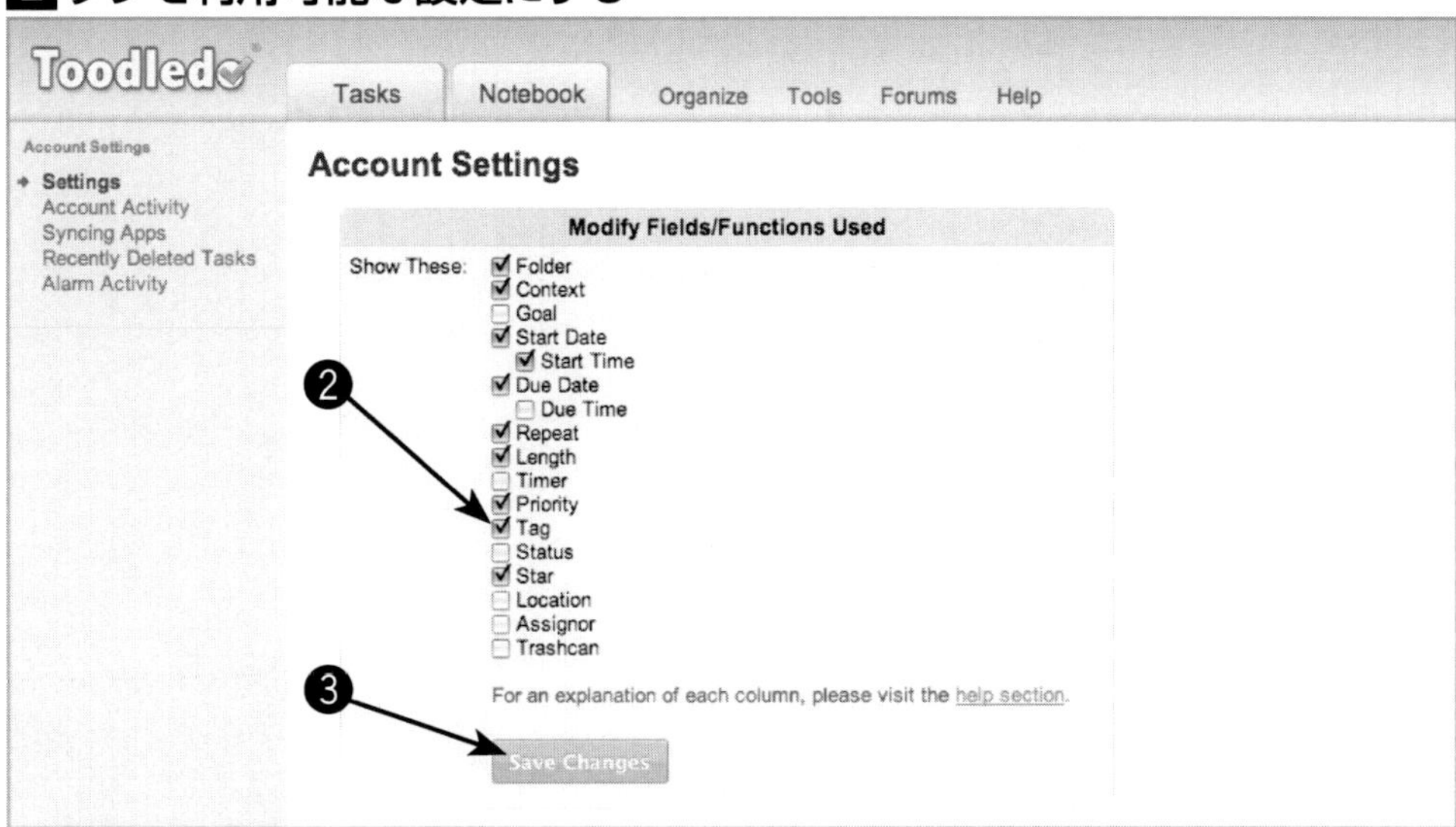

❷「Tag」をONにします。
❸「Save Changes」をクリックします。

車，電車

なお、カンマの直後には半角スペースが必要です。この入力方法は面倒ですが、二度目以後は過去に使ったタグの中から選択できます(下図参照)。

タグごとのリストを表示する

タグごとのリストが見たいときには、サイドバーから「Tag」ビューを選択します。「Tag」ビューを選択したら、その下にあるタグをクリックします。するとそのタグが含まれているタスクだけのリストを表示してくれます。(左ページの図参照)

こうしてみるとタグは大変便利な機能のようですが、実は使いにくい機能でもあります。タスクに複数の属性を持

◉二度目からは入力済のタグが表示される

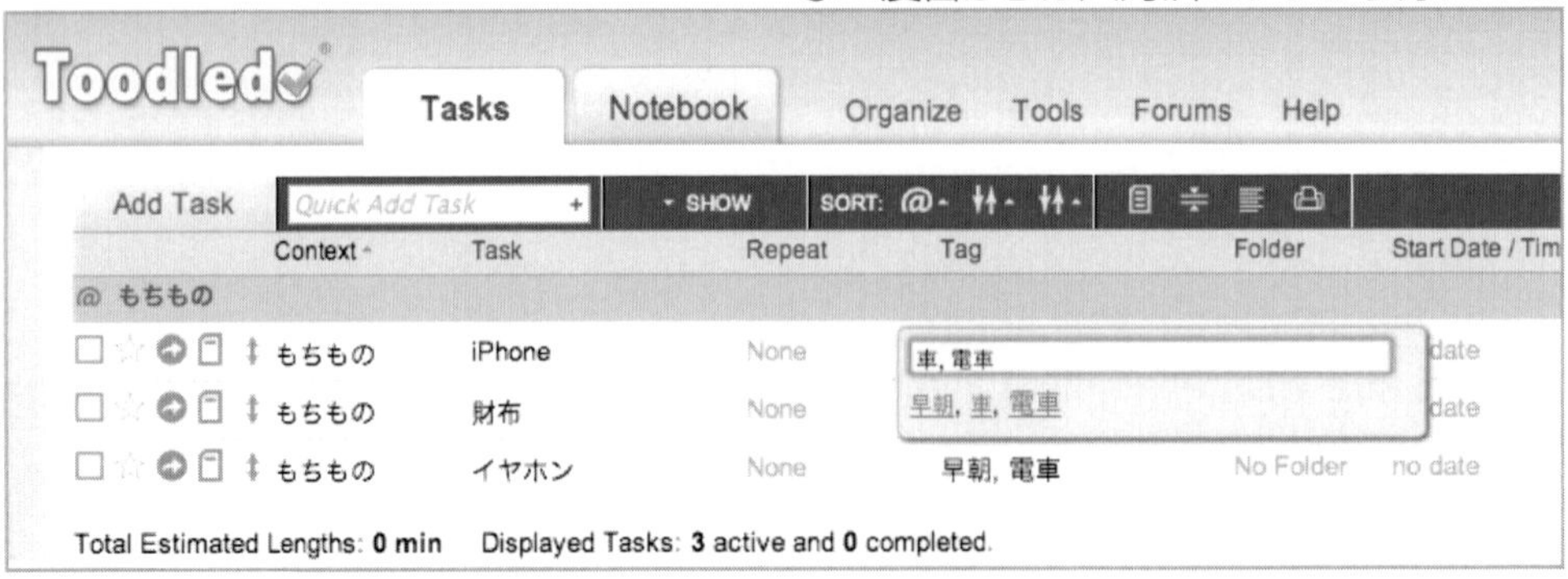

たせても、タスクを処理するのは一度だけであり、なるべく一度しかやりたくないのがタスクというものでしょう。

とくにToodledoの場合にはゴール、フォルダ、コンテクスト、リピートという属性を持たせることができるので、さらにタグまで持たせる必要のないことが多いのです。

スーパーでも薬局でも目薬を買うことができても、実際に目薬はどちらかのお店でしか買いません。タグの管理が得意な人はいいのですが、そうでもない人は、むやみに使わない方がベターです。タグを使い込むと見かけ上リストの項目が増えて、やる気を失うことにもなるからです。

●「Tag」ビューの利用

SECTION 21

Start Dateを使ってフィルタリングを操作する

自分が実行するタスクは1日単位で管理する

自分が実行するタスクでStart Dateを設定するメリットは「未来のタスクを消し込むことができる」点です。タスクのStart DateとDue Dateを同じ日に設定し、フィルタリングの「Future Tasks」を外すことで、各ビューからStart Dateが明日以降のタスクを除外することができます（89ページ参照）。

また、「Calendar」ビューでも、「指定した日付以前にStart Dateが設定されていて」かつ、「指定した日付以降にDue Dateが設定されている」タスクが表示されます。つまり、Start DateとDue Dateを同じ日付に設定されたタスクは、「Calendar」ビュー上で特定の日付にのみ表示されるようになります。

たとえば、「Calendar」ビューで今日の日付を選択すれば、「Start Dateが今日以前、Due Dateが今日以降」のタスクが表示され、明日の日付を選択すれば「Start Dateが

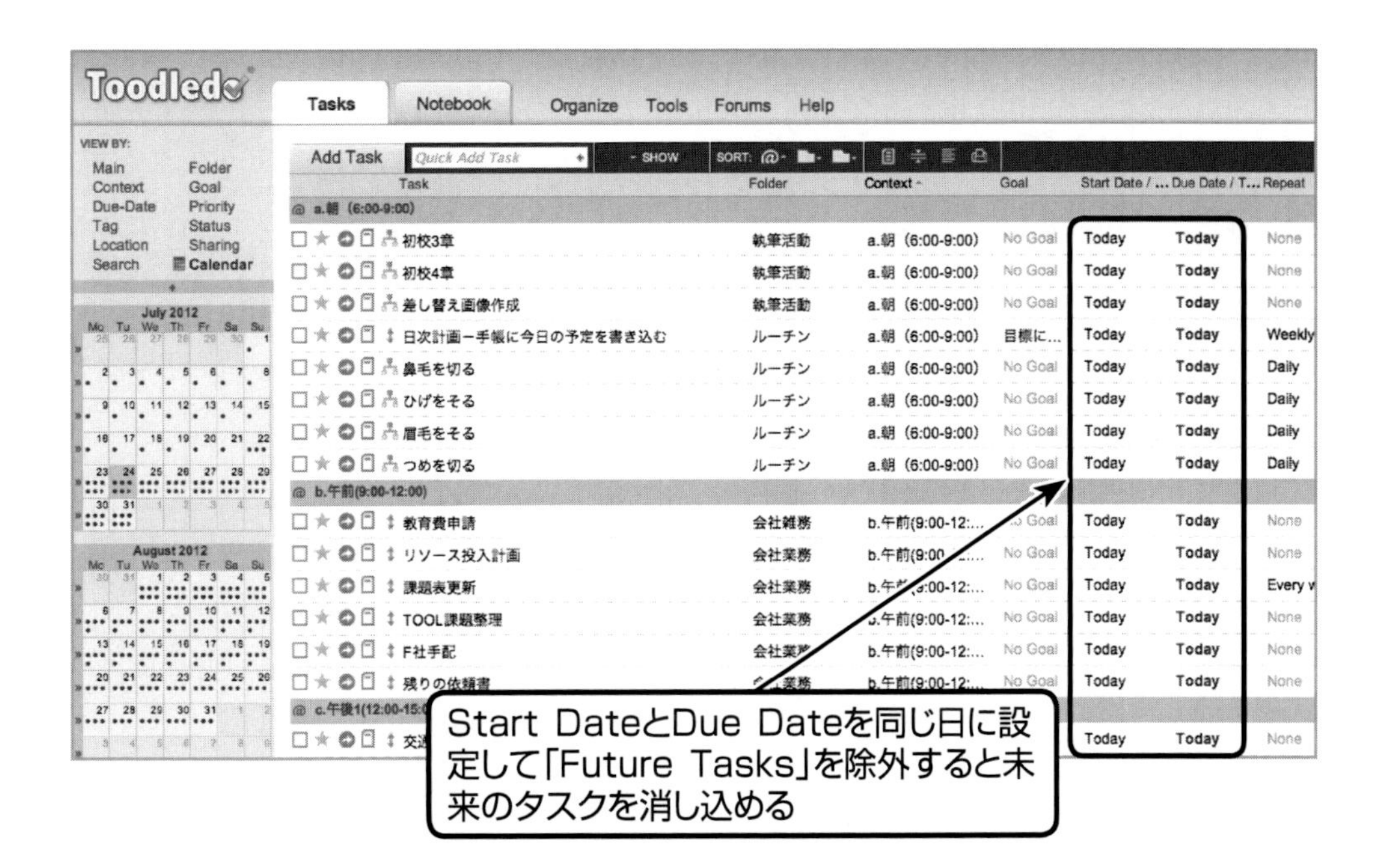
Start DateとDue Dateを同じ日に設定して「Future Tasks」を除外すると未来のタスクを消し込める

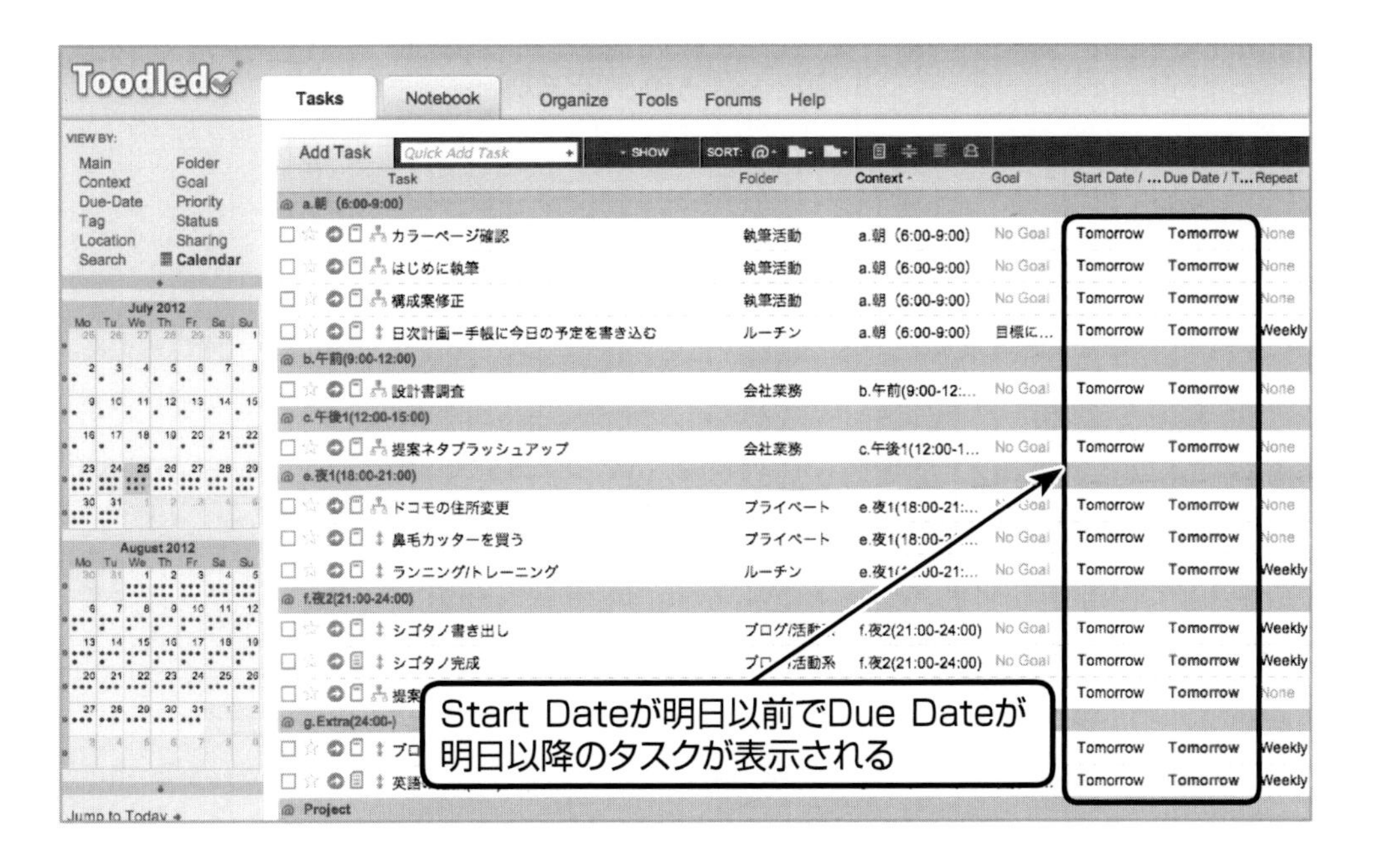
Start Dateが明日以前でDue Dateが明日以降のタスクが表示される

明日以前、DuedDateが明日以降」のタスクが表示されます。

「Due Date」ビューでは今日締め切りのタスク、明日締め切りのタスク、締め切りが1週間先までのタスクという括りでしかタスク表示を切り替えられませんが、Start Dateを組み合わせた「Calender」ビューであれば、2日後以降に実行する予定のタスクも確認することができます。1週間分のタスク実行の見通しを立てたい人であれば、手間が増えてもStart Dateを設定す

◉「Due Date」ビュー

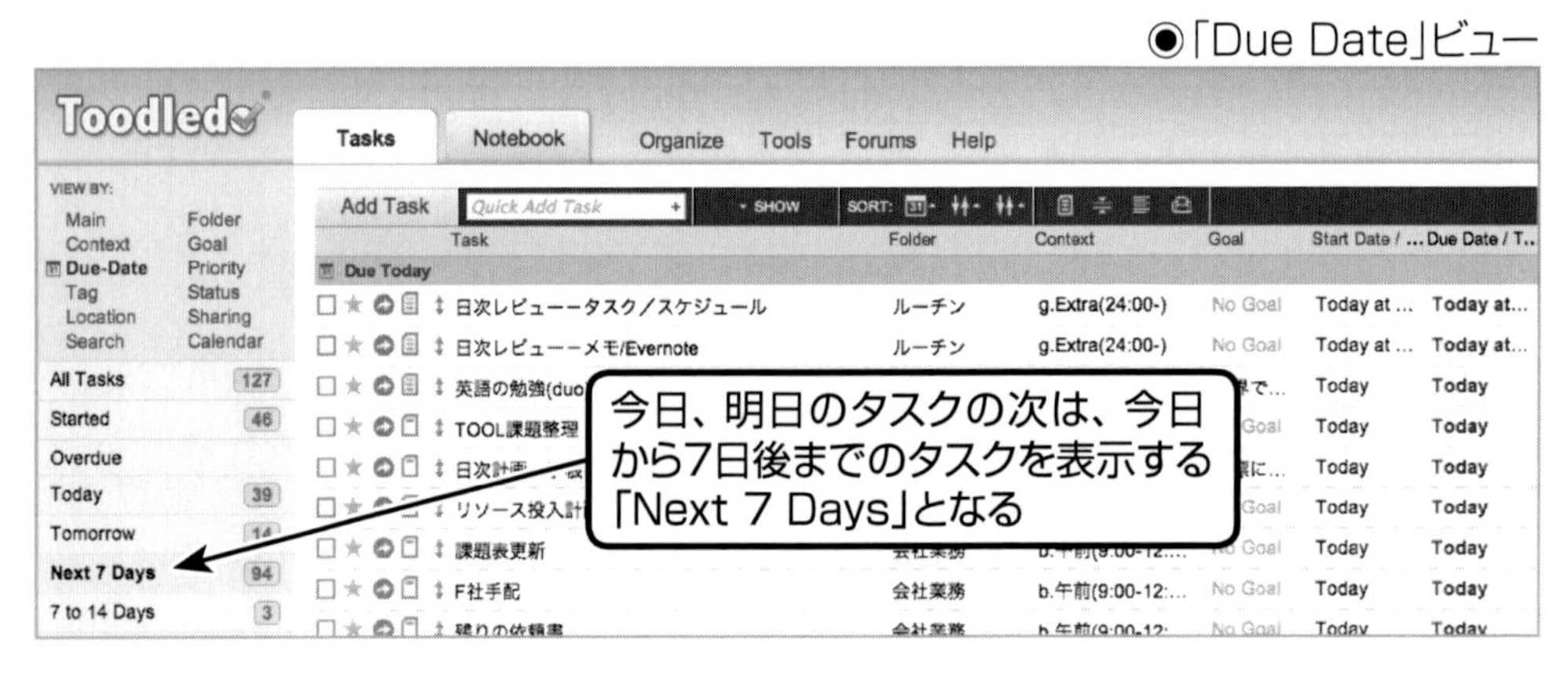

今日、明日のタスクの次は、今日から7日後までのタスクを表示する「Next 7 Days」となる

◉「Calender」ビュー

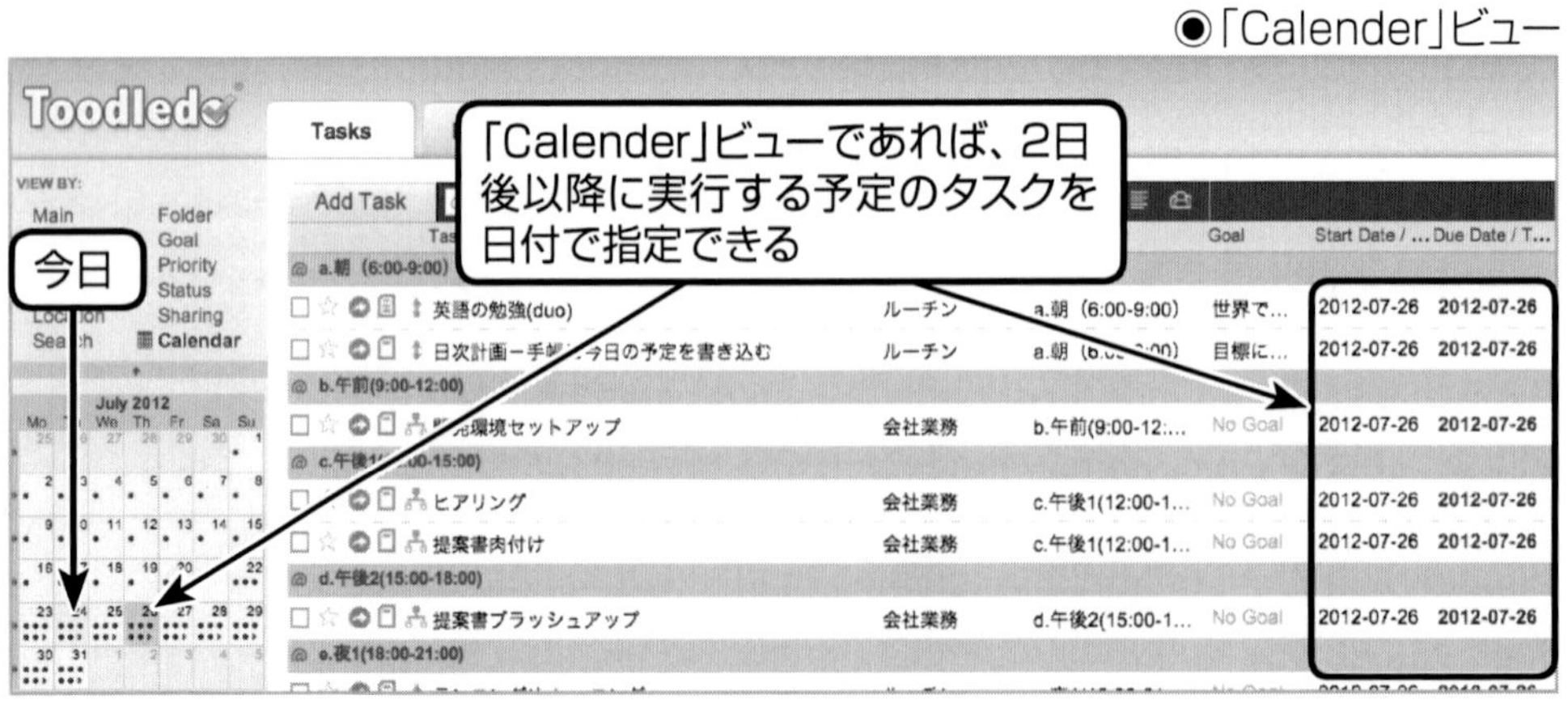

る価値があるといえそうです。

私（北）は前述のように、コンテクストで1日を3時間ごとに区切っていて、日々のタスクをどの時間帯で実行するかという見通しを1週間先まで立てています。3時間ごとの区切りの中で、タスクの見積時間の合計が3時間を越えたときなどに「この計画には無理がある」と事前に気付くことができるのです。

「工程」として管理するタスクは期間で管理

前述のように、分解前のタスクや、他人に依頼しているタスクなどを、複数日にわたる「工程」タスクとして管理したい場合もあるはずです。こういったタスクはとくに何も設定しなければ、Start Dateに設定された日付からDue

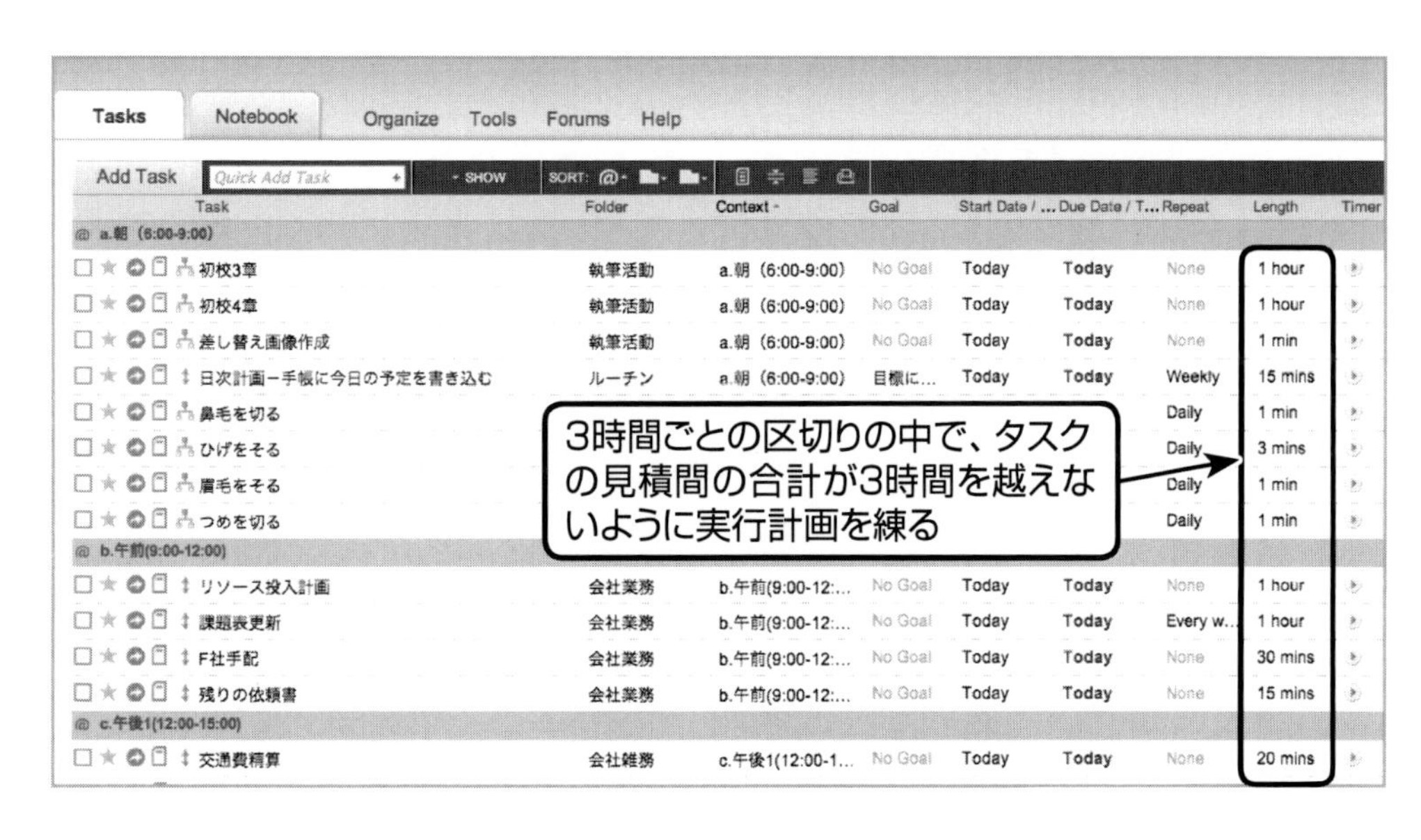

Dateに設定された日付までの期間タスクリストに表示され続けてしまいます。

たとえば私の場合、人にお願いしたタスクや、本の執筆やイベントの開催など、一定期間をかけて作業を行うようなタスクはまとめて「工程」タスクとして扱い、「Folder」ビューや「Calender」ビューには表示させ、「今日やることリスト」である「Stared」ビューではフィルタリングで非表示に設定しています。

このとき、「工程」タスクには「Project」というコンテクストを

◉「Stared」ビューによる工程タスクの確認

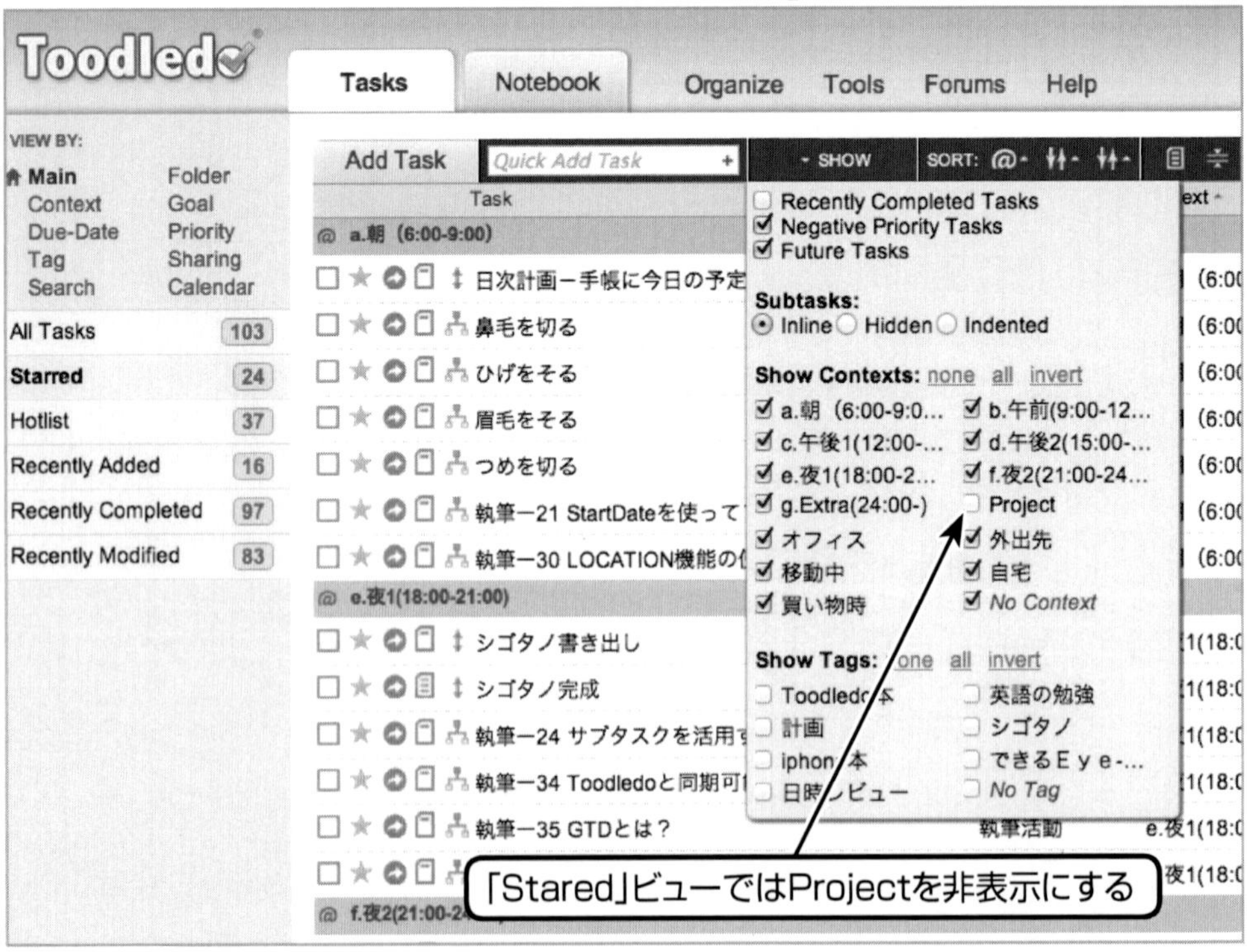

「Stared」ビューではProjectを非表示にする

付与しておき、「Calender」ビューではすべてのコンテクストを表示、「Stared」ビューでは「Project」以外のコンテクストを表示する設定を行います。

複数日にわたる「工程」タスクはタスク実行する上では必要のない情報ですが、タスクの管理フェーズで見えるようにしておくことで、現在自分が同時に進行しているプロジェクトがどの程度あるのかが見えるようになるメリットがあります。

◉「Calender」ビューによる工程タスクの確認

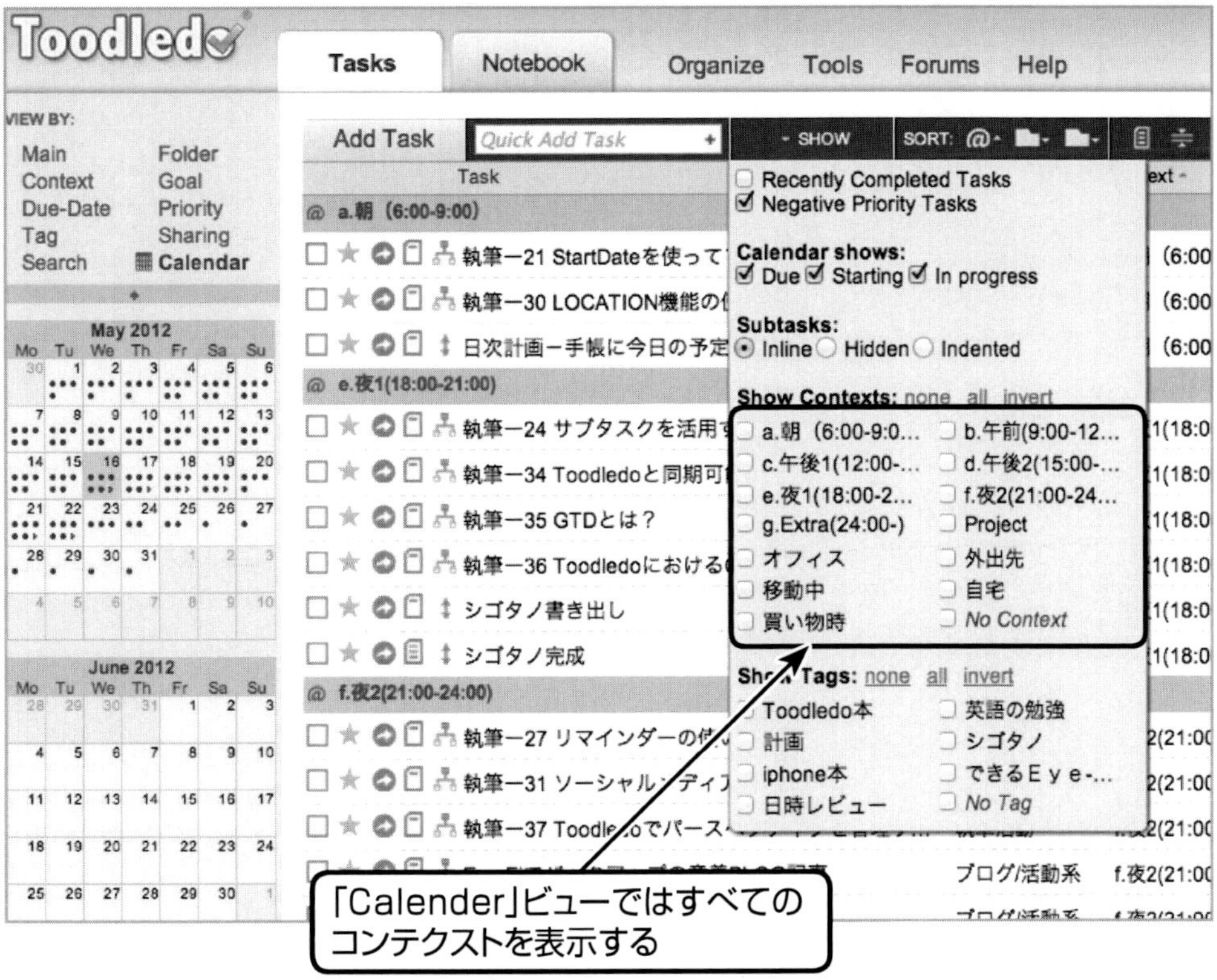

「Calender」ビューではすべてのコンテクストを表示する

タイマー機能を使いこなす

タスク管理システムには珍しいタイマー機能

タイマー機能が付いているタスク管理ツールは珍しいのではないでしょうか。それだけ「Toodledoが多機能ツールだということになるのですが、ハッキリいってこの機能は満足のいかない機能です。

左ページの図のように、まだスタートしていないタイマーは音楽の再生ボタンのようなアイコンで表示されています。このアイコンをクリックすると「タイマーカウントアップ」が始まります。

ただこれだけです。これ以上のことは何もできず、これ以外のこともほとんど何もできません。たとえばこれを使うことによって、開始・終了時刻を自動的に計算してくれるとか、リピートタスクに関してはログをとって平均所用時間を出してくれるというのなら意味がわかるのですが、そうした機能は一切ありません。ただのタイマーなのです。

活用したいが現状では機能不足

したがってこれを使ってできる唯一のことは、タスク中に、どのくらいそのタスクに時間をかけているかをリアルタイムで知ることだけです。それだけでも便利といえば便利ですが、机の上にキッチンタイマーを置いて使ってもやれることです。

個人的にこのタイマーを使う機会はめったにありません。ただ「タスク管理ツールにタイマーが付いていてもいいはずだ」という問題提起をしているという点で評価できます。実際、もっと活用したいところのものです。

タイマーをスタートしていない状態

Start Date / Time	Context	Task	Timer
@ 04-08			
no date at 4:10	04-08	早朝スケジューリング	
no date	No Context	Taskforceをチェック	12:14
no date	No Context	カレンダーにメモを充填	
no date	No Context	4桁の付け替え	
no date	No Context	並べ替える	

計測中

Total Elapsed Timers: 12:14 Displayed Tasks: 1 active and 0 completed.

ゴールの使い方

ゴールの役割とは

「ゴール（Goal）」はプロジェクトを階層化するためのToodledoの機能です。Toodledoでは「フォルダ」をプロジェクトとして使います。しかしプロジェクトを階層化したい人のために「ゴール」という機能がフォルダと別に用意されているのです。フォルダでいわゆる「プロジェクト」を管理するのと、「ゴール」で管理するのとの違いは次のようになります。

- フォルダではすべての項目の関係は「並列」である
- ゴールでは項目の関係に「上下」を持ち込める

タスク管理システムである「タスクシュート」（200ページ参照）は優れたツール

ですが、「人生の目標」を管理しようというような場合、直感的には見えにくいところもあります。そもそもそれが管理できるものなのか、という疑問がないとはいませんが、今日一日、そして「プロジェクト」を超えた先にあるものや、「自分の人生全体を意識した上で、今これをやっている場合なのだろうか?」という疑問を持つこともあるでしょう。

1つ1つの行動の上位概念にあるものが「プロジェクト」であるなら、プロジェクト同士の「上下関係」を検討し、「最上位に来るプロジェクト」が人生全体に大きな影響を与えているように表現させた方が便利です。図示すると下のようになります。

実際、Toodledoのゴールとはこのような考え方になっています。

◉ゴールとプロジェクトの関係

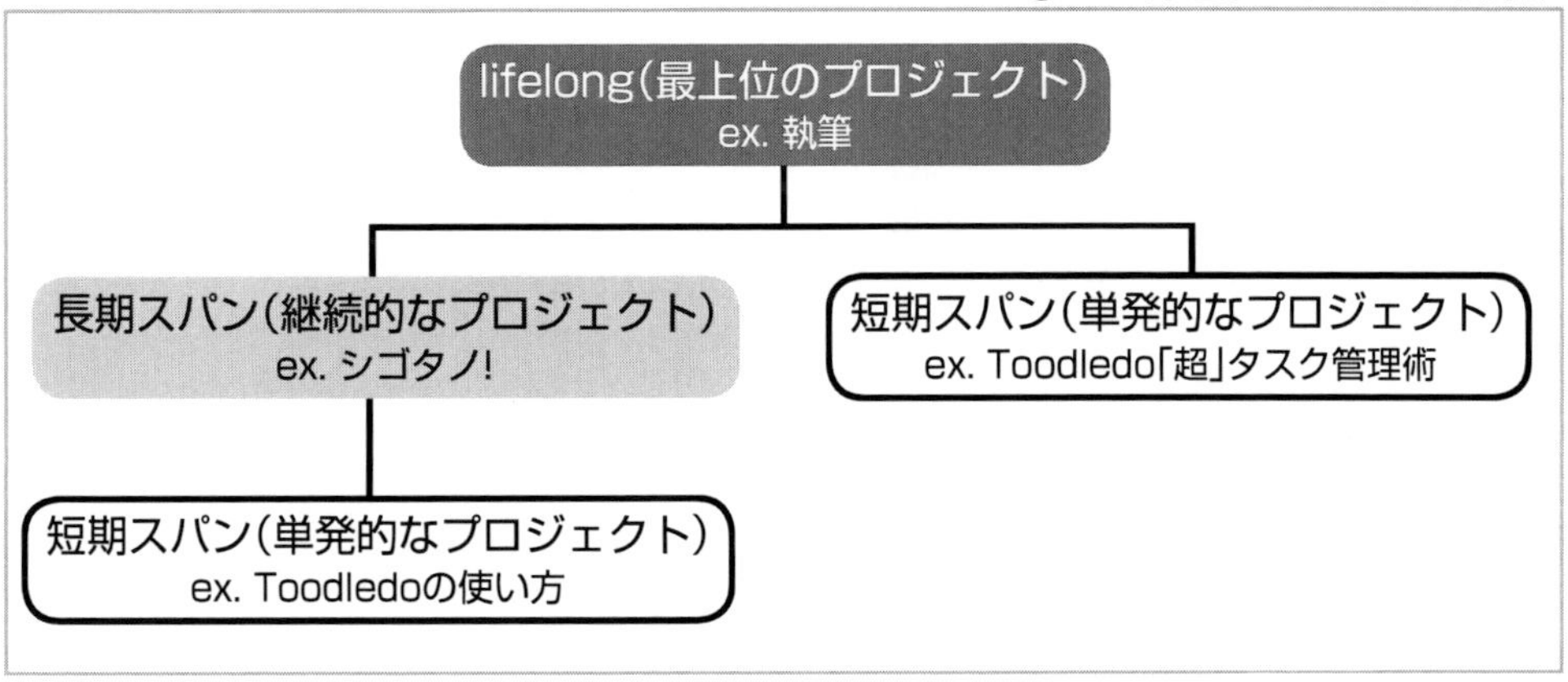

- Lifelong（最上位）
- 長期スパン（第2位）
- 短期スパン（第3位）

このようなカテゴライズをプロジェクトに持ち込み、Lifelongに属するプロジェクトのタスクを完了させれば、Lifelongの鎖が1日分、伸びます。

Lifelongの場合にはそれだけです。しかし、長期スパンに属するプロジェクトのタスクを完了させれば、その長期スパンに属するプロジェクトの鎖が1日分延びると同時に、関連するLifelongのプロジェクトの鎖も1日分延びます。

◉ゴールの設定画面

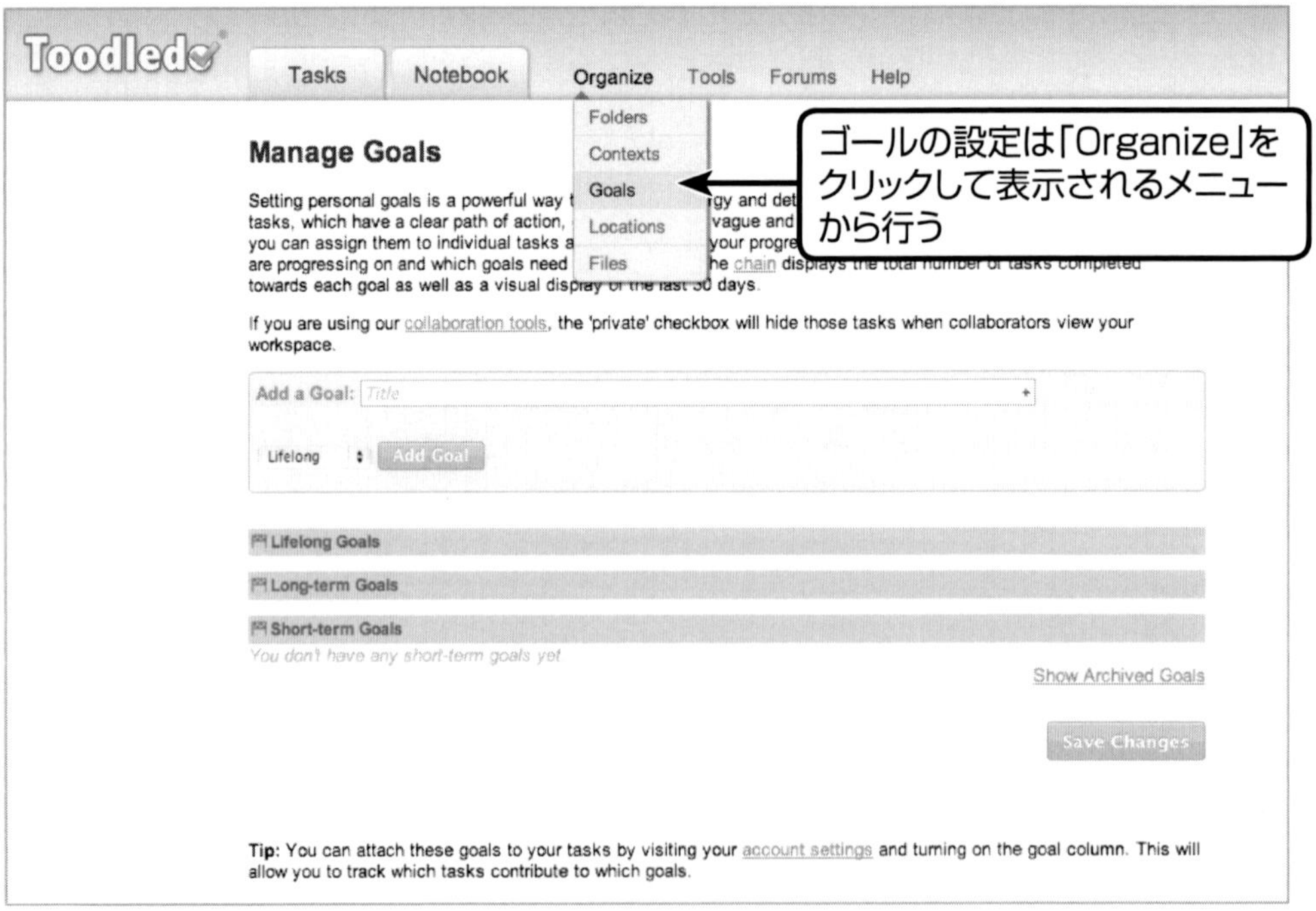

ゴールの設定は「Organize」をクリックして表示されるメニューから行う

どうやって、あるLifelongのプロジェクトとある長期プロジェクトを関連させるかというと、「Contributes to」の選択項目から1つ、上位の項目を選べるようになっているわけです。

私(佐々木)には、「メンテナンス」という「Lifelong」のプロジェクト項目があります。「メンテナンス」は私にとって非常に重要な項目で、なるほど人生全体に大きな影響を与えているし、またこれに従事していると非常に落ち着くということがわかってきました。一言でいうと「メンテナンス」が好きなのです。

もちろん私はメンテナンスだけやって生きているわけではなく、食事もすれば、睡眠もします。今挙げた項目が私にとって「Lifelong」なのです。これらはたぶん一生つきあっていくし、これらが好きな方が、私の場合には満足のいく人生が送れるでしょう。

◉「Lifelong」の画面

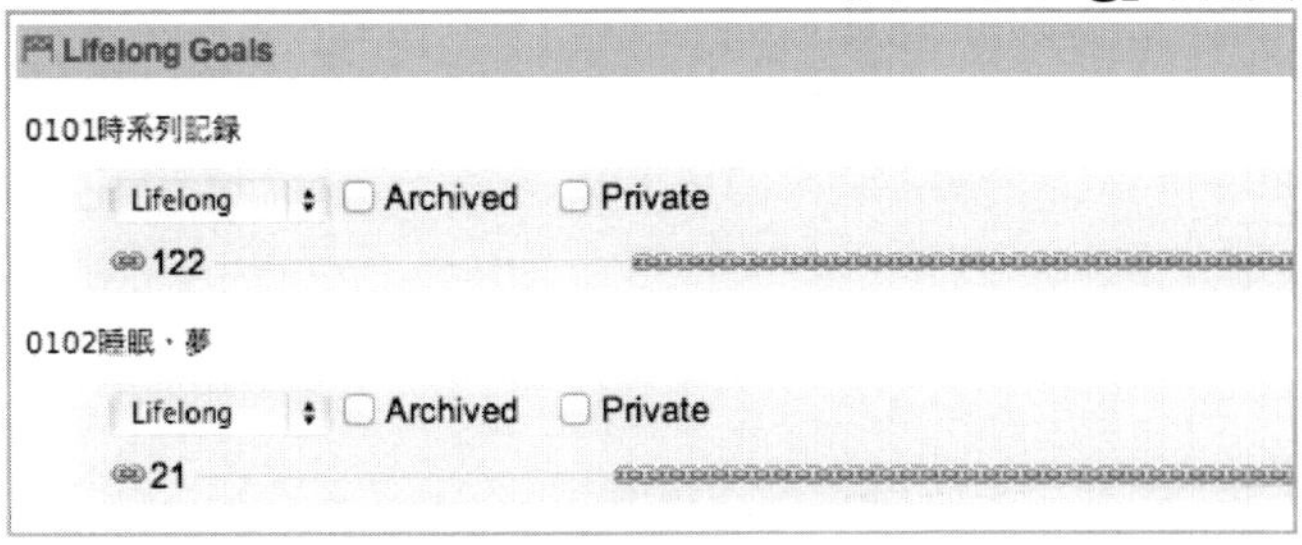

Lifelong Goals
0101時系列記録
Lifelong Archived Private
122
0102睡眠・夢
Lifelong Archived Private
21

◉「long-term Goles」

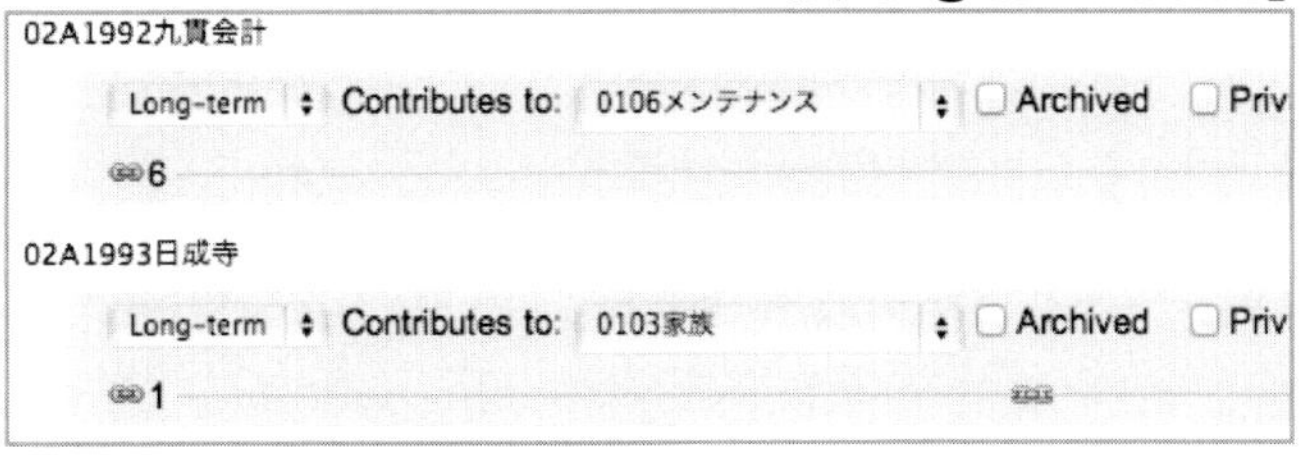

02A1992九貫会計
Long-term Contributes to: 0106メンテナンス Archived Priv
6
02A1993日成寺
Long-term Contributes to: 0103家族 Archived Priv
1

そして、「メンテナンス」の下位に、「長期スパンのプロジェクト」として「会計」を作っています。「会計」に関わるタスク（たとえばクレジットカードの更新手続き）をやれば、「会計」の鎖が伸びると同時に、「メンテナンス」の鎖も伸びます。

あるいは、「執筆」という「Lifelong」の項目があります。これも今のところ一生つきあいそうなプロジェクトなので、Lifelongにしてあるわけです。「執筆」の下位項目には「長期スパンのプロジェクト」として「日経ウーマンオンライン」などがあります。そして「日経ウーマンオンライン」の下位項目の1つとして、「第4クール」という「短期スパンのプロジェクト」があります。「1クール」はだいたい10本の連載記事を書くことになっていますが、この連載記事を1本書けば、「第1クール」の鎖が1つ伸び、「日経ウーマンオンライン」の鎖も1つ伸び、「執筆」の鎖も1つ伸びるわけです。

◉「Short-term Goles」の画面

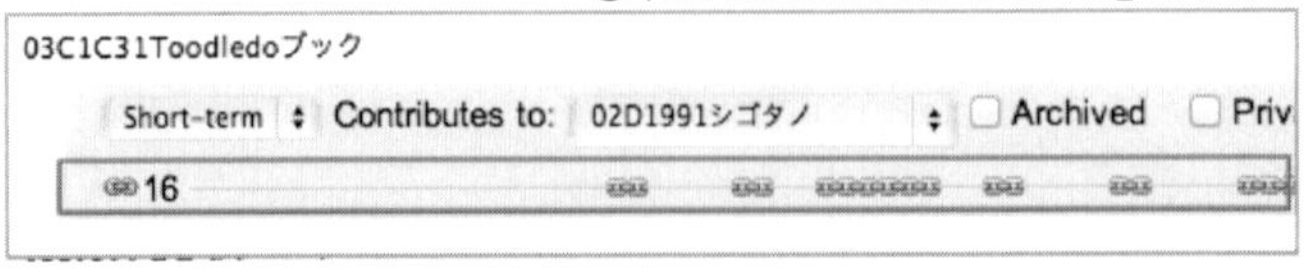

03C1C31Toodledoブック
Short-term Contributes to: 02D1991シゴタノ Archived Priv
16

現実を「見える化」する

この鎖に、それほど多くのことを期待できないと思うかもしれません。非常に素朴な機能ともいえます。ただ、妥当な下位項目をプロジェクトとしておいた場合、トップであるLifelongにぶら下げるようなアクションはほとんどなくなります。もちろんゼロにはなりませんが。

どういうことかというと、「シゴタノ！」の下に直接「執筆」と置くよりも、「Toodledoの使い方」のようなプロジェクトを置き、そのさらに下に「執筆」と置くようになるはずなのです。実際にとる行動というのは、「人生の企画」のような大プロジェクトに対して、ある意味「間接的」な意味を持つことが多いのです。

そんな「間接的」な行動の結果として、Lifelongではどんな意味の行動を多くとっているかを知るのは、大変興味深いものです。不思議なくらい、特定のプロジェクトの鎖は伸びますし、まったく伸びない項目も出てきます。それが、項目の組み方の問題なのか、それとも日々の過ごし方の問題なのかを週に1度、「週次レビュー」などで検証してみると、とても面白いことが見えてくるでしょう。

サブタスクを活用する

サブタスクとは

「サブタスク」とは、タスクの下にもう一階層タスクをぶら下げることができる機能で、Proアカウントにアップグレードすることで利用可能となります。サブタスクは親タスクの下に入れ子状に表示したり、入れ子を折りたたんだり、通常のタスクと同列で表示することもできます。

うまく活用すれば一連の作業をまとめたり、煩雑さを回避しつつ細かなタスク管理を行うことができるようになります。また、サブタスクは入れ子状に表示された状態であればドラッグ&ドロップで移動できるため「XX資料作成」というタスクをサブタスクに分解したのち、実行順に並べ替えることも容易です(この機能を使用するためには「Setting」の「Subtasks」で「Sort nested subtasks manually by drag and drop.」を設定する必要があります)。

サブタスクの利用

●入れ子状のサブタスク表示

Task	Folder	Context	Goal
@ a.朝（6:00-9:00）			
初校3章	執筆活動	a.朝（6:00-9:00）	No Goal
初校4章	執筆活動	a.朝（6:00-9:00）	No Goal
差し替え画像作成	執筆活動	a.朝（6:00-9:00）	No Goal
日次計画ー手帳に今日の予定を書き込む	ルーチン	a.朝（6:00-9:00）	目標に…
身だしなみ	ルーチン	a.朝（6:00-9:00）	No Goal
鼻毛を切る	ルーチン	a.朝（6:00-9:00）	No Goal
ひげをそる	ルーチン	a.朝（6:00-9:00）	No Goal
眉毛をそる	ルーチン	a.朝（6:00-9:00）	No Goal
つめを切る	ルーチン	a.朝（6:00-9:00）	No Goal

●入れ子状のサブタスクを閉じる

Task	Folder	Context	Goal
日次計画ー手帳に今日の予定を書き込む	ルーチン	a.朝（6:00-9:00）	目標に…
身だしなみ	ルーチン	a.朝（6:00-9:00）	No Goal
@ b.午前(9:00-12:00)			

●リスト表示のサブタスク

Task	Folder	Context	Goal
日次計画ー手帳に今日の予定を書き込む	ルーチン	a.朝（6:00-9:00）	目標に…
鼻毛を切る	ルーチン	a.朝（6:00-9:00）	No Goal
ひげをそる	ルーチン	a.朝（6:00-9:00）	No Goal
眉毛をそる	ルーチン	a.朝（6:00-9:00）	No Goal
つめを切る	ルーチン	a.朝（6:00-9:00）	No Goal
@ b.午前(9:00-12:00)			

●入れ子状の中でドラッグ&ドロップ

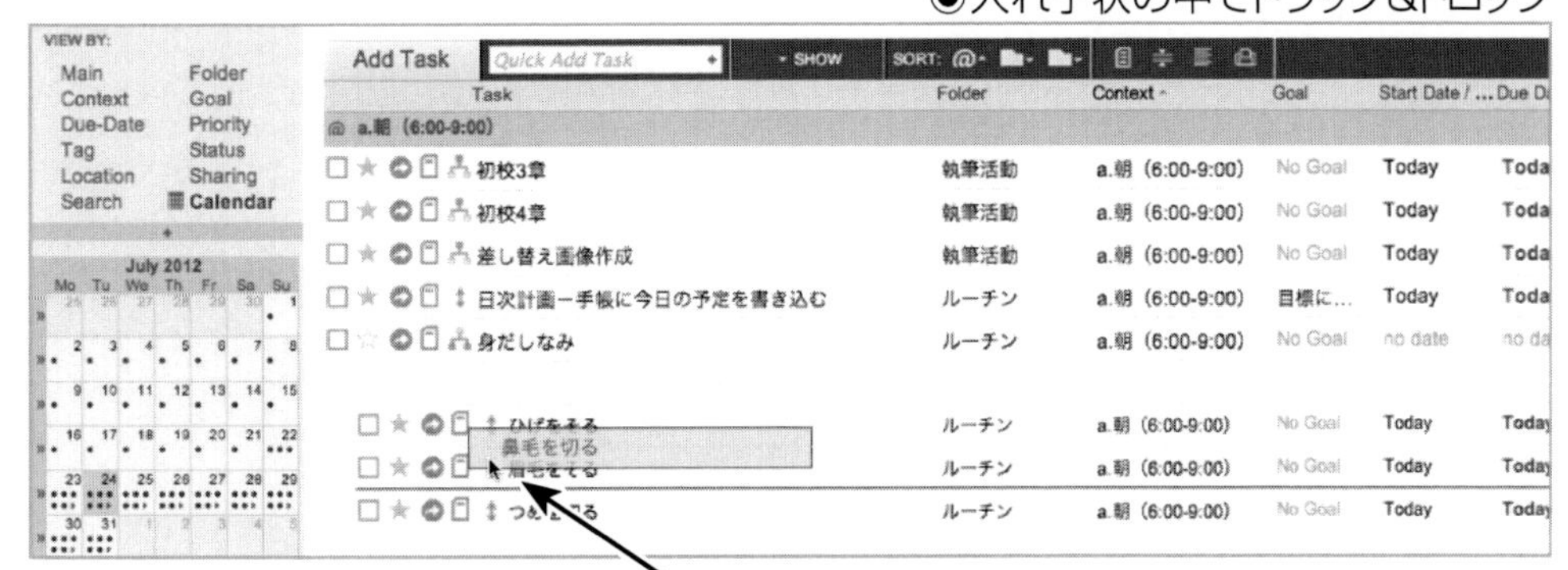

サブタスクはドラッグ&ドロップで
表示順序を変更できる

WBS的にサブタスクを使う

私はシステムエンジニアという職にあるため、タスクの洗い出しや細分化については WBS（Work Breakdown Structure の略）のアプローチによってしまうため、サブタスクという概念がとてもしっくりきます。

WBSでは、まずプロジェクトの成果物をできるだけ細かい単位に分解していく。その際、全体を大きな単位に分割してから、それぞれの部分についてより細かい単位に分割していき、階層的に構造化していく。成果物の細分化が終わったら、それぞれの部分を構成するのに必要な作業（1つとは限らない）を考え、最下層に配置していく。

WBSとは【Work Breakdown Structure】－意味／解説／説明／定義：IT用語辞典

Toodledo上で行うタスク管理においては、実際のWBSのように何度も細分化できるわけではありませんが、まずはタスクを文書や資料というアウトプットの単位で洗い出し、サブタスクをアウトプットができるまでの工程として洗い出すことが可能となります。

セクション18で挙げた例を再掲すると「A社向けのプレゼン資料作成」というタスクをまずは洗い出し、そこから以下の工程をサブタスクとして分解していきます。実行上3時間ぶっ通しで作業をすることはないので、同じタスクであっても1時間程度の作業に分割を行うなどの工夫を行うとよいでしょう。

- プレゼン資料の情報収集：1h
- プレゼン資料の構成を考える：2h
  ↓2つに分解
- プレゼン資料のアウトラインを作成：2h
  ↓2つに分解

◉Toodledoに入力してみた例

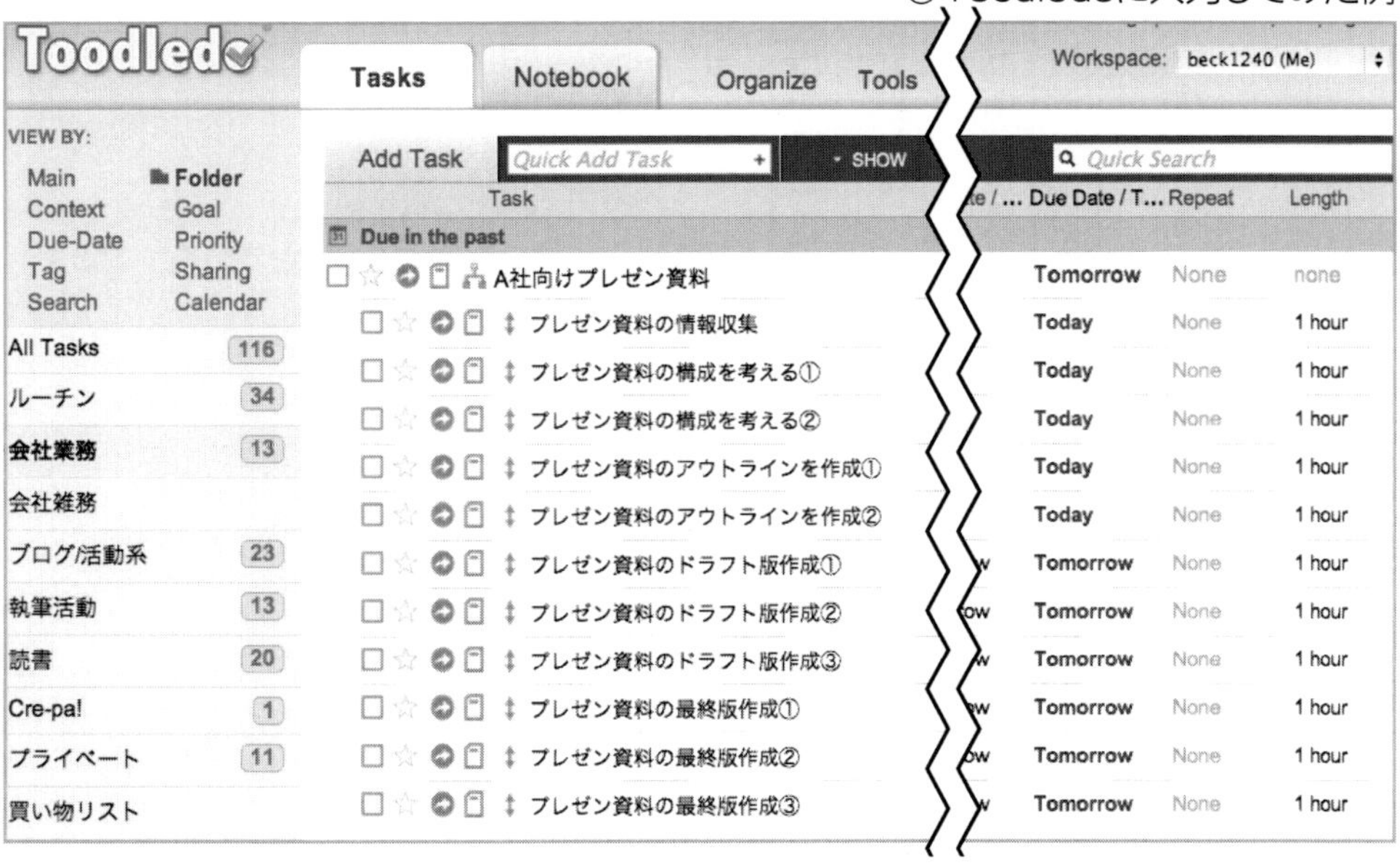

- プレゼン資料のドラフト版作成：３ｈ↓３つに分解
- プレゼン資料の最終版作成：３ｈ↓３つに分解

お決まりのパターンをサブタスクで織り込む

私は無精な性格なので、放っておくと眉毛や爪などをついつい伸ばし放題にしてしまいます。人前に出ることも多い職業柄、爪や眉毛の手入れなどはきちんとしておく必要があるので、細かいですがこういった事柄もタスク管理ツールに放り込んでいます。

ただ、タスクの粒度的に非常に細かなものになってしまうので、「身だしなみ」という親タスクの下に一連の身だしなみを整える作業を入れておき、普段使わないときはタスクを折りたたんで画面表示をスッキリさせています。

このように、多少細かいルーチンタスクであっても、サブタスクを用いることで管理の煩雑さを多少なりとも軽減することができるのです。

SECTION 25

キーボード・ショートカットでToodledoの操作をスピーディにする

キーボード・ショートカットを使えるようにする

Toodledoにはかなり豊富なキーボード・ショートカットが用意されています。覚えるとタスク管理をスピーディにこなせるようになるので、ぜひ覚えてください。

まず、186ページの手順に従って、ショートカットを使えるように設定する必要があります。

それでは以下にショートカット一覧リストを示し、簡単に説明します。なおこうした一覧リストはToodledoの画面でも「?」で確認できます。ただしすべて英文での表記となります。

タスク操作のキーボード・ショートカット

タスク操作に関するショートカットは次のようになります。

キーボード・ショートカットを使えるようにする

標準の設定では、キーボード・ショートカットは利用できないようになっています。下記の操作で利用可能にする必要があります。

1 全体の設定画面の呼び出し

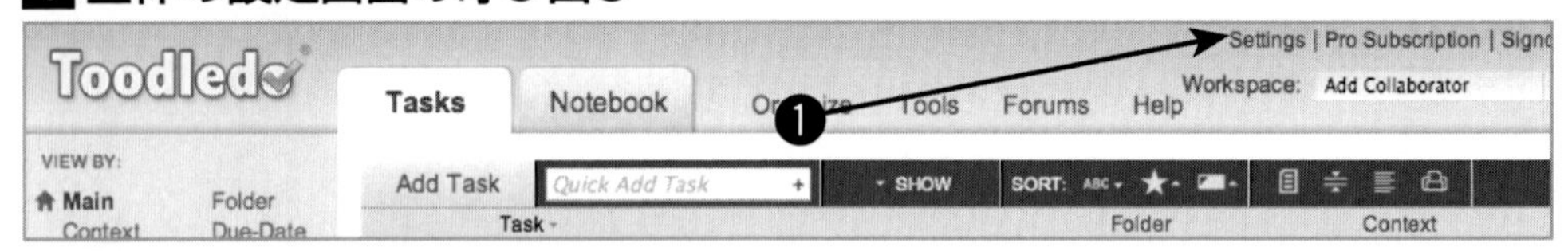

❶「Settings」をクリックします。

2 キーボード・ショートカットの設定画面の呼び出し

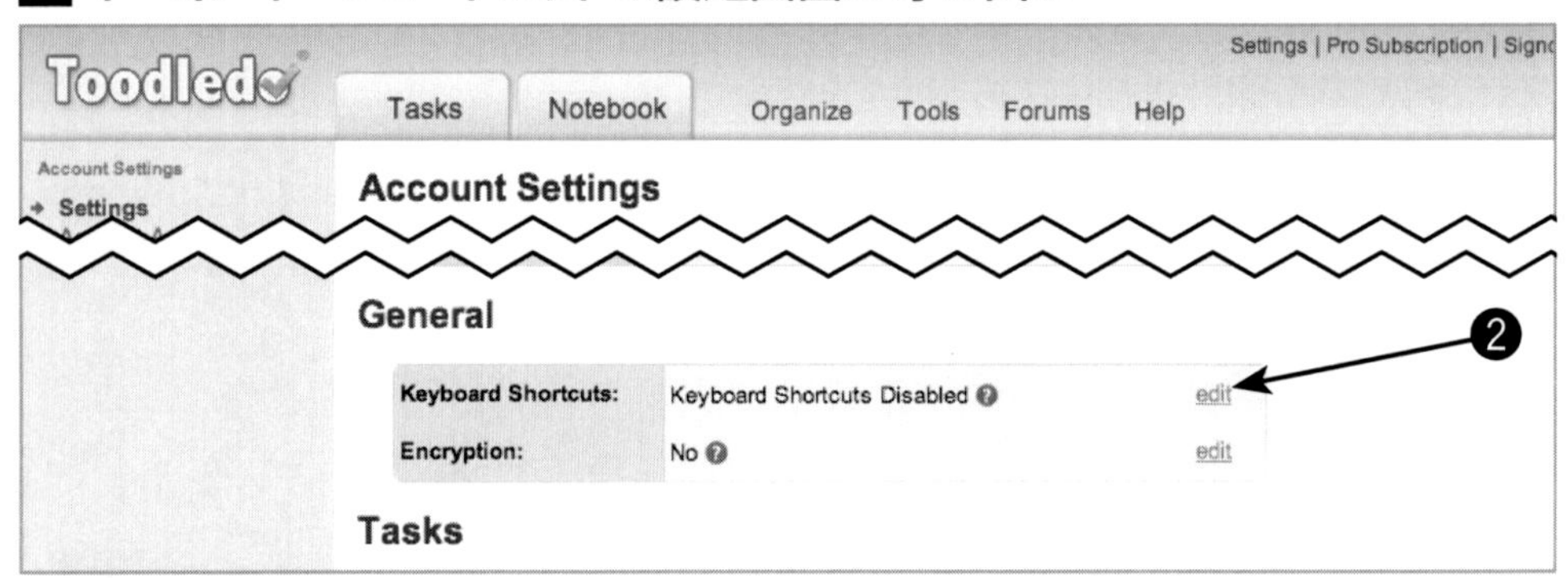

❷「Keyboard shortcut」の「edit」をクリックします。

3 設定画面の呼び出し

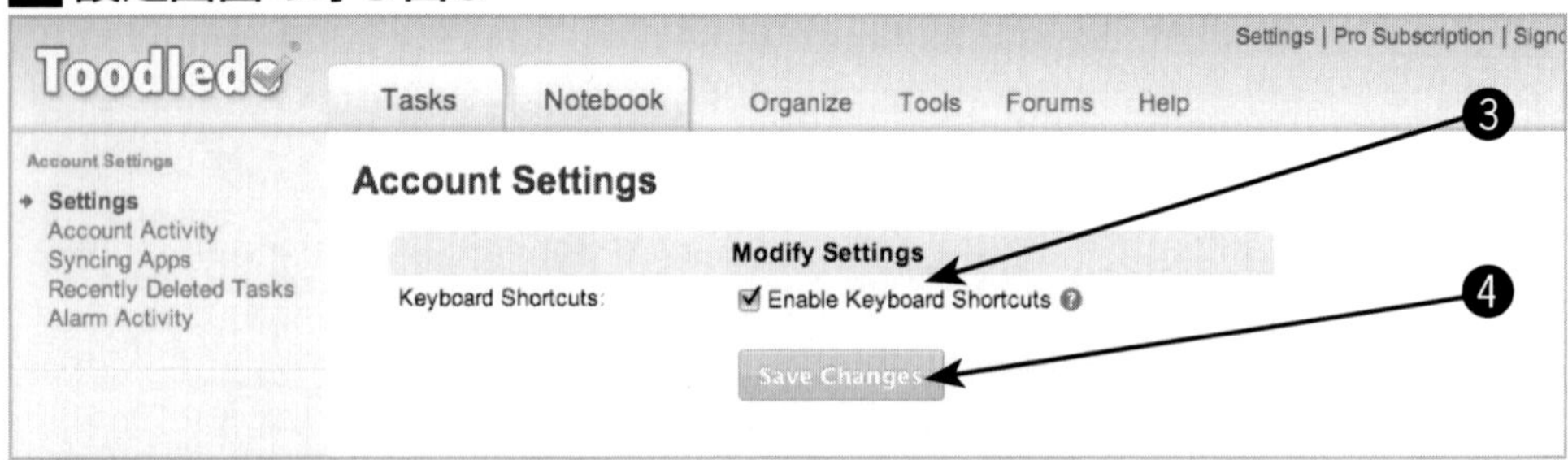

❸「enable Keyboard Shortcuts」をONにします。
❹「Save Changes」をクリックします。

● f　表示されている画面の中から、該当するテキストを検索します。リストがたくさん並んでいるときにはよく使う機能です。
● n　新規タスク入力モードを呼び出します。これは必ず覚えてしまいましょう。
● z　Toodledoではタスクにノートを付けることができます。ノートを表示するためにはzキーを押します。リスト中、ノートを持っているタスクのすべてのノートが展開されます。もう一度押すとすべて閉じます。
● w　階層の開閉。日付ごと、フォルダごと、コンテクストごとでタスクが分けられていたら、大項目表示以外はすべて隠します。
● r　ページのリロード。再読み込みです。

画面切り替えのキーボード・ショートカット

画面切り替えに関するショートカットは次のようになります。

● m　メインリストビューに切り替えます。
● o　フォルダビューに切り替えます。

●c　コンテクストビューに切り替えます。
●d　締め切り日時ビューに切り替えます。
●g　ゴールビューに切り替えます。
●p　優先順ビューに切り替えます。
●y　タグビューに切り替えます。
●x　ロケーションビューに切り替えます。
●s　ステータスビューに切り替えます。
●h　共有画面に切り替えます。
●e　検索画面に切り替えます。
●b　カレンダービューに切り替えます。

なお、各画面においてサイドのタブ画面をスイッチするには数字キーを押します。上から1から9番目まで対応しています。

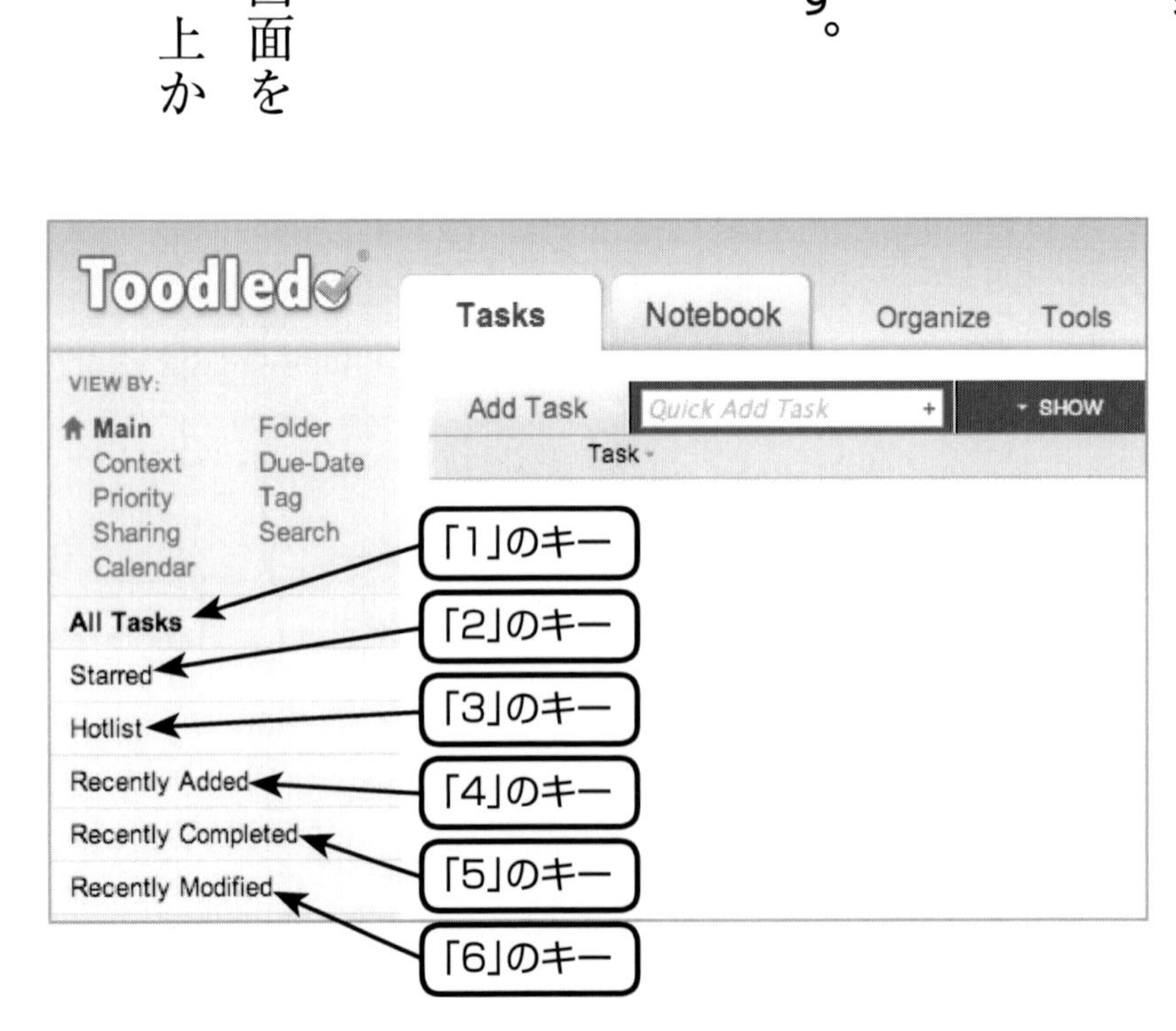

リマインダーの使い方

Toodledoにおけるリマインダー機能

カレンダーサービスなどでは、任意の時間に対象となる予定の時刻が近づいたことを知らせる「リマインダー」という機能があります。たとえば、10時からの打ち合わせについて5分前に「10：00～XX会議@会議室1」という形でiPhone上にアラームを表示したり、メールで予定を通知することができます。

Toodledoにもこのリマインダー機能が用意されていて、締め切り日時が近づいてきたタスクをメールやTwitterに通知することができます。リマインダーを通知したい場合は、Due Dateをクリックした際に表示される「Due Date and Time」という締め切り日設定画面の「Alarm」をONにして通知する時間を設定します。時間指定のリマインダーを行う場合は、タスクの締め切り時間(Due time)を設定する必要があるので注意してください。

リマインダーの通知の設定

リマインダーを通知する先の設定を行うには、「Tools」の「Alams & Reminders」を選択します。設定できる送信先はメール、Twitter、SMSの中から選ぶことができ、最大5箇所に通知を送ることができます。

リマインダーはメールやTwitterのDMに対して1件ずつ通知されます。タスクを数分単位の細かな粒度で管理している場合は、アラームでメールやTwitterが埋まってしまうので、ある程度リマインドするタスクを限定した方がよいでしょう。

●Alarmを設定

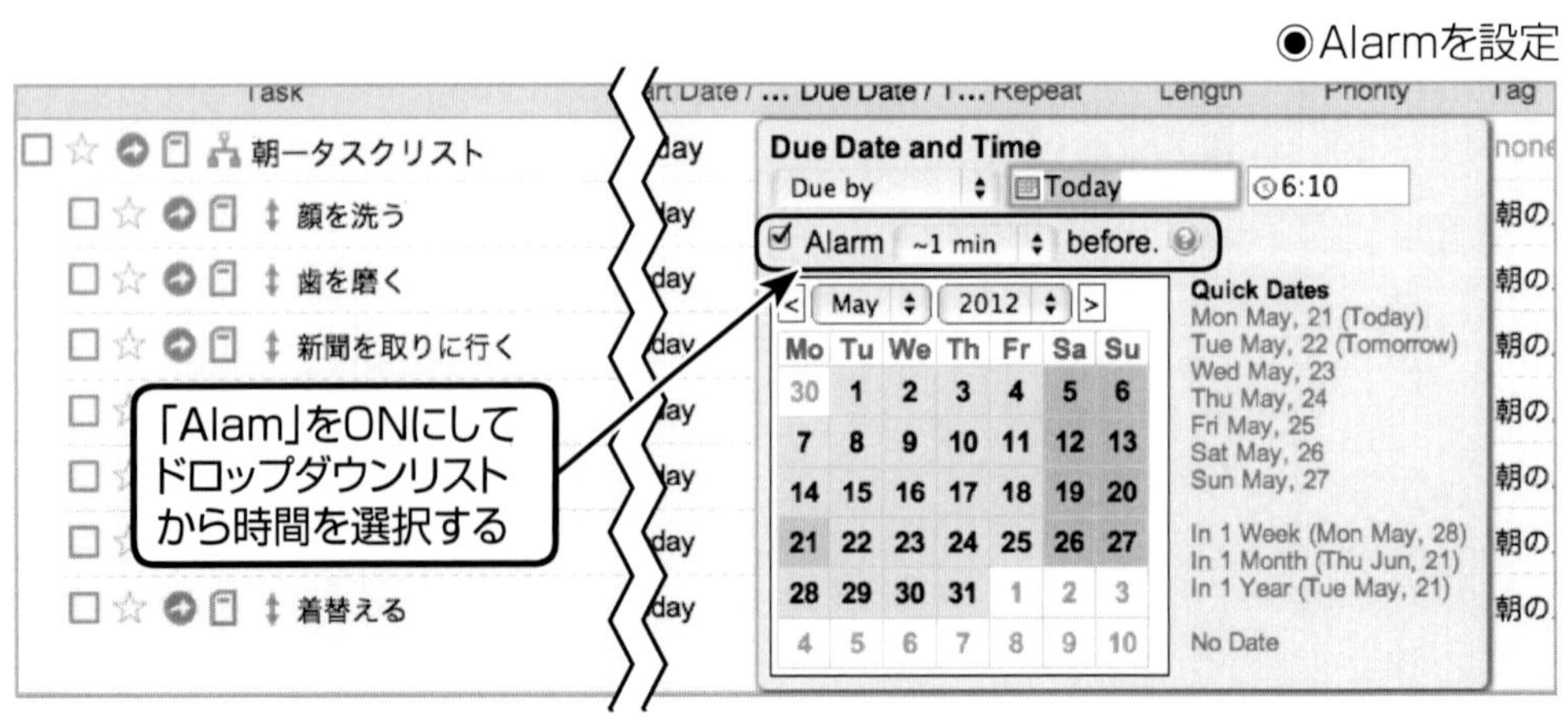

リマインダーの通知を設定する

リマインダーを利用するには、次のような設定を行います。

1 全体の設定画面の呼び出し

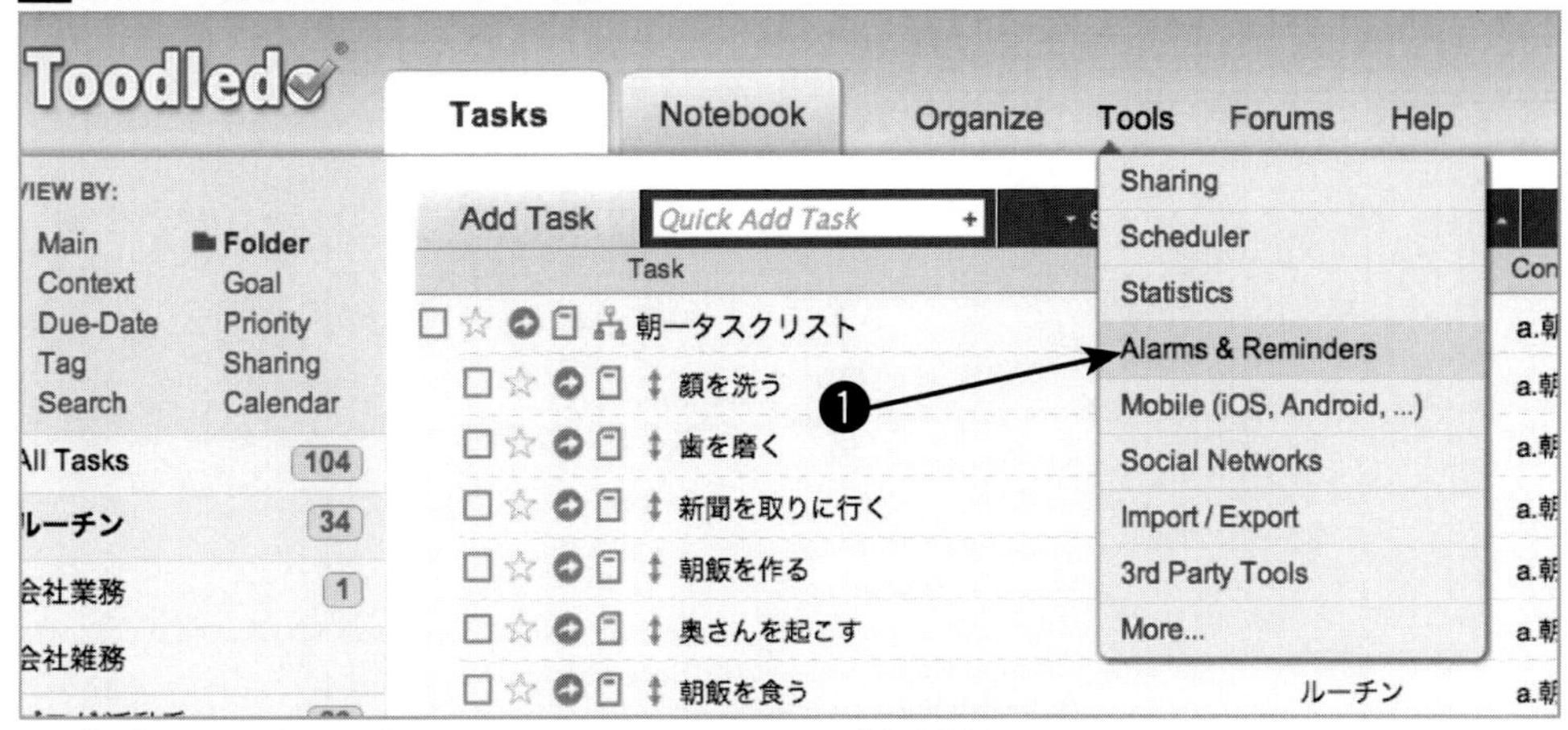

❶「Tools」から「Alams & Reminders」を選択します。

2 キーボード・ショートカットの設定画面の呼び出し

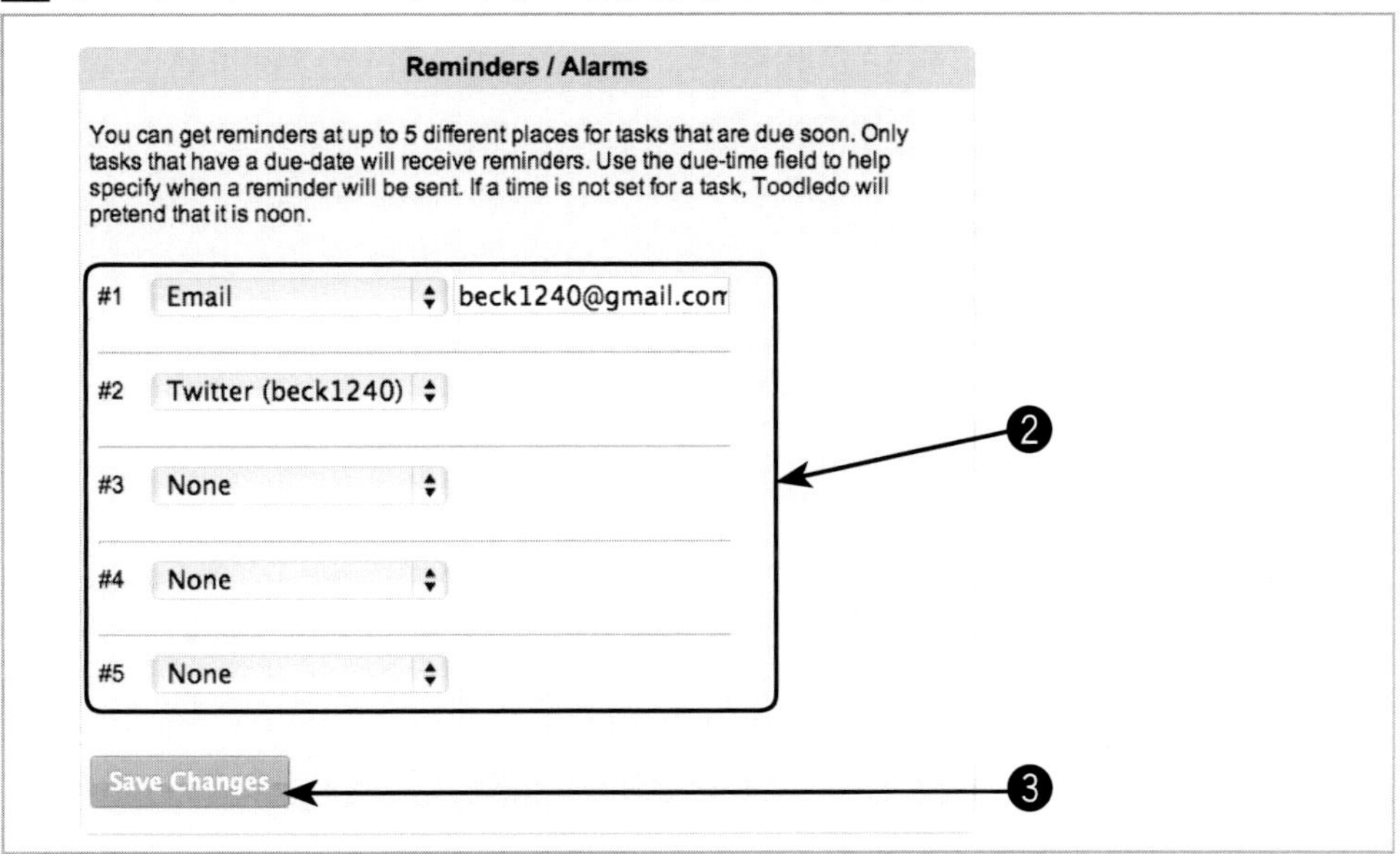

❷5件まで送付先を登録できます。
❸「Save Changes」をクリックします。

リマインダーの実行例

●メールの表示例

●Twitterの表示例

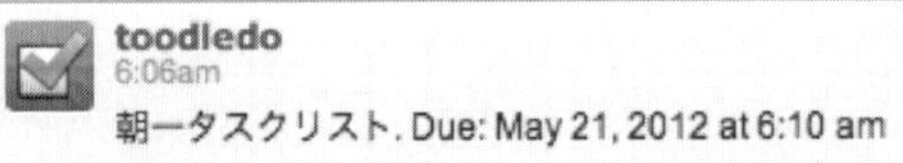

●メールがたくさん来た表示例

優先度の使い方

優先度とは「タスクに取り組む順番」を意味する

優先度というのはタスク管理においては要するに「タスクに取り組む順番」です。これは113ページで取り上げた「タスクを取り組む順に並べ替える」と同じ意味になるでしょう。

なお、単純に「並べ替え」がしたいのであれば、たとえば「開始時刻」を使って並び順を換えるという方法もあります。ここでは「並べ替え」より「重要度」や「優先順位」という概念の説明をすることにしましょう。

スターと優先順位

すでに述べた通り、Toodledoでは優先順位をタスクごとに決められます。全部で5段階です。

- 3 Top
- 2 High
- 1 Medium
- 0 Low
- -1 Negative

そしてToodledoはタスク管理ツールとしては最高峰のデータベース管理を可能にしてくれますから、これとスターを掛け合わせることも可能になるわけです。すると、全部で10段階評価が可能になるということもすでに述べました。

どの項目で並べ替えるかを決める

ただし、その場合「何を基準として」並べ替えるかを決めておく必要もあります。そうしないといくら優先順位やスターを設定しておいても、それらの基準は無視され、アルファベット順で並べ替えられてしまったりするからです。

これもすでに述べたことですが並べ替えの基準はたくさんあります。プロジェクト（フォルダ）ごとなのか、開始日が近い順なのか、締め切り日が近い順なのか。

第1の基準を「スター」にしておけば、「スター」が付いたタスクが上に来ます。この辺の設定については113ページをご覧ください。

ロケーションの使い方

ロケーションの設定

Toodledoの特徴の1つとしてタスクに対して「ロケーション（Location）」という属性を付与することができる点が挙げられます。ロケーションは「Organize」の「Locations」から設定を行えるのですが、場所名のほかに地図から精細な座標位置を登録することができます。

パソコンなどから使う分にはフォルダやコンテクストと同様に分類項目の1つとして用いることができ、「Location」ビューでその場所の地図を表示しながらその場所で行うべきタスクの一覧を見ることができます。

たとえば、会社の仕事であれば、サーバのトラブル解析はデータセンターでなければ行えませんし、事務手続きはイントラネットに接続可能な自席があるフロアでしか行えない、という具合にタスクと場所が1対1に紐付く場合などにロケーショ

ロケーションの設定

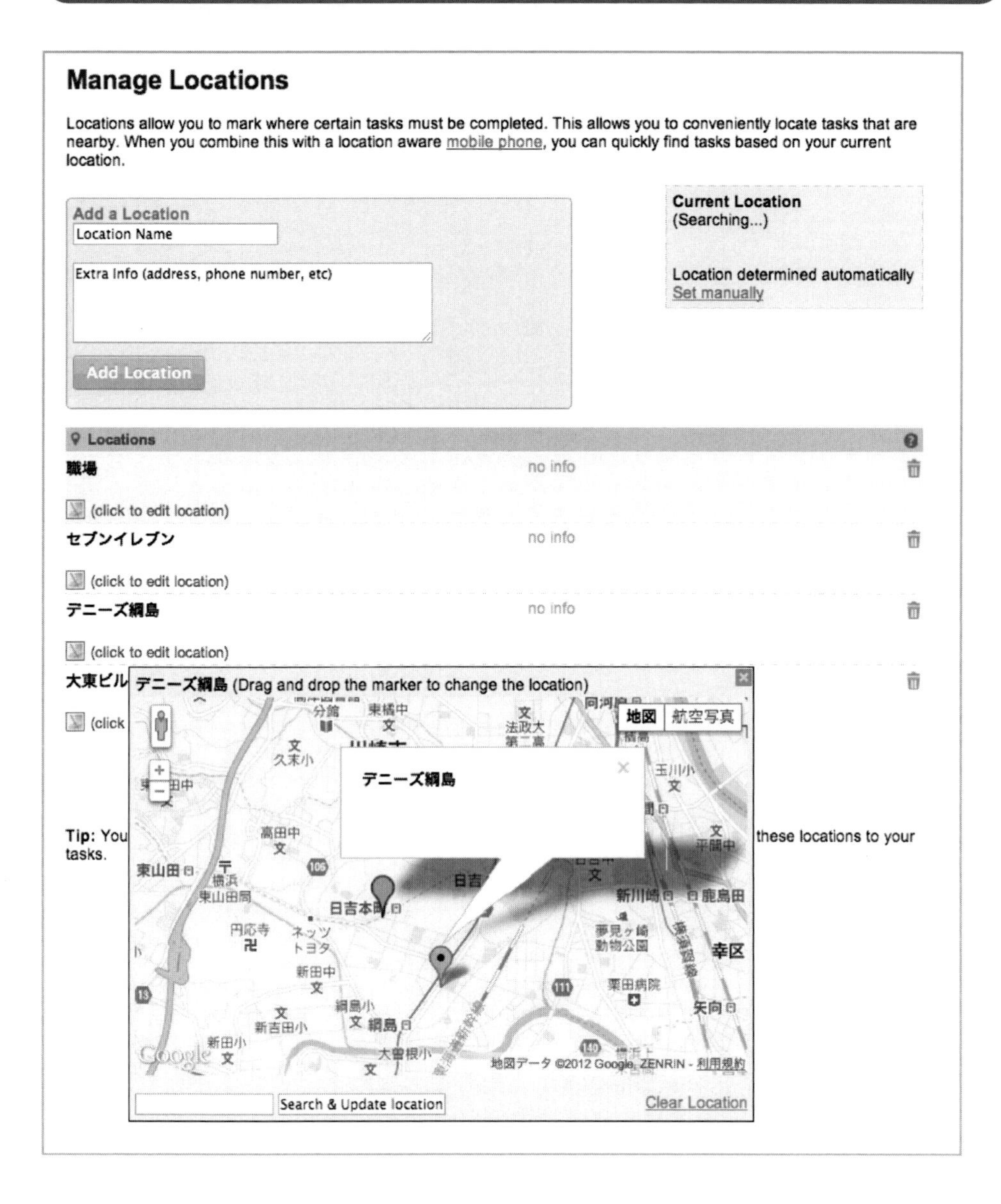
Manage Locations
Locations allow you to mark where certain tasks must be completed. This allows you to conveniently locate tasks that are nearby. When you combine this with a location aware mobile phone, you can quickly find tasks based on your current location.
Add a Location
Location Name
Extra Info (address, phone number, etc)
Add Location
Current Location
(Searching...)
Location determined automatically
Set manually
Locations
職場
no info
(click to edit location)
セブンイレブン
no info
(click to edit location)
デニーズ綱島
no info
(click to edit location)
大東ビル
デニーズ綱島 (Drag and drop the marker to change the location)
地図
航空写真
デニーズ綱島
Tip: You
tasks.
these locations to your
Search & Update location
Clear Location

ンという分類項目が活きてくるのです。

その場所が近くなったらアラームを鳴らす

iPhone版のToodledoアプリを用いれば、タスクが登録されている場所の近くを通った際に通知を表示する便利な機能があります。

通知が送られてくる範囲はもっとも小さくても半径1キロメートルと決して精度が高いわけではありませんが、たとえば、「最寄り駅に着いたら帰りがけにコンビニで牛乳を買って帰る」程度の使い方であれば充分に現実的な精度で利用することができます。

●Locationビューでタスクを確認

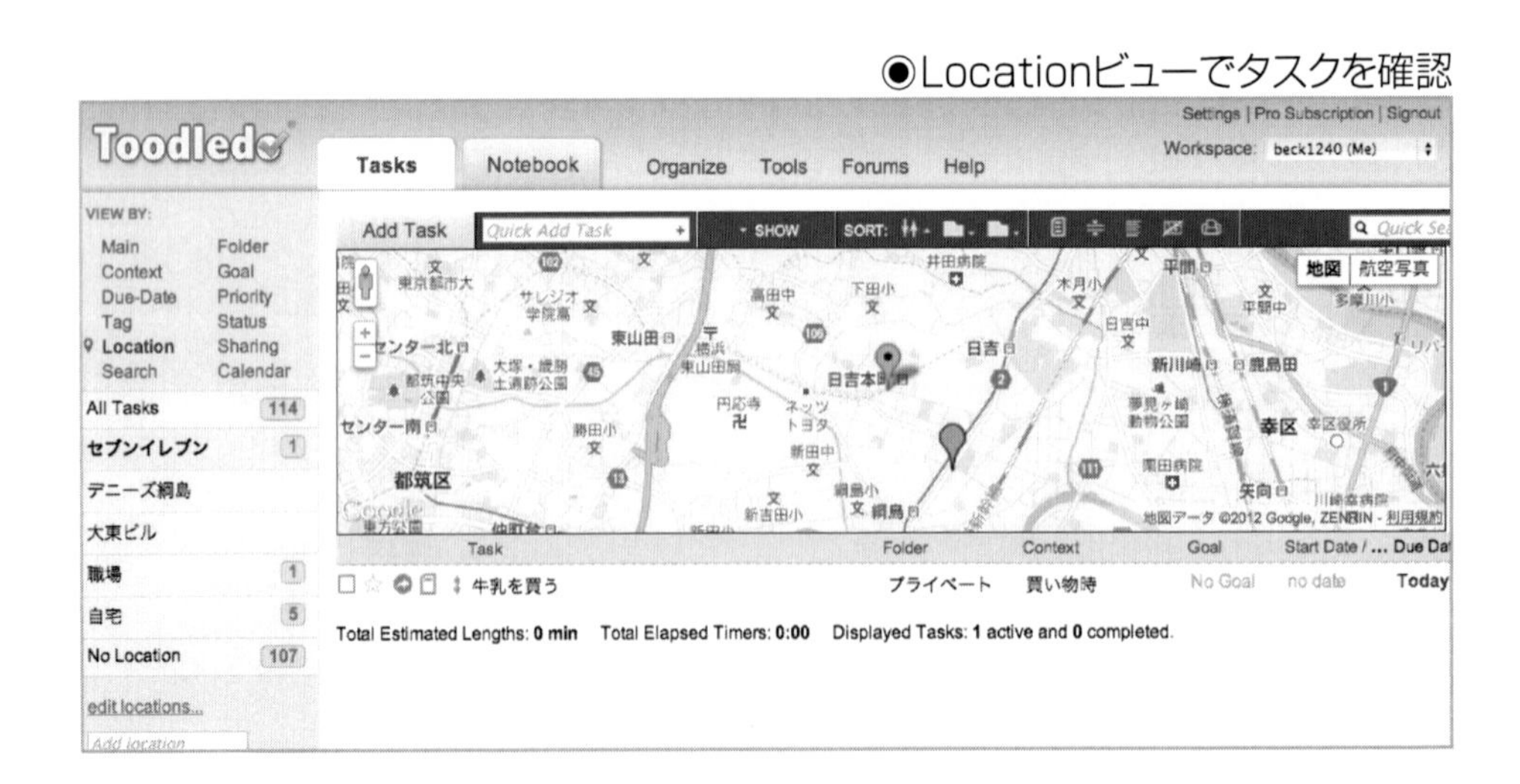

◉タスクの設定

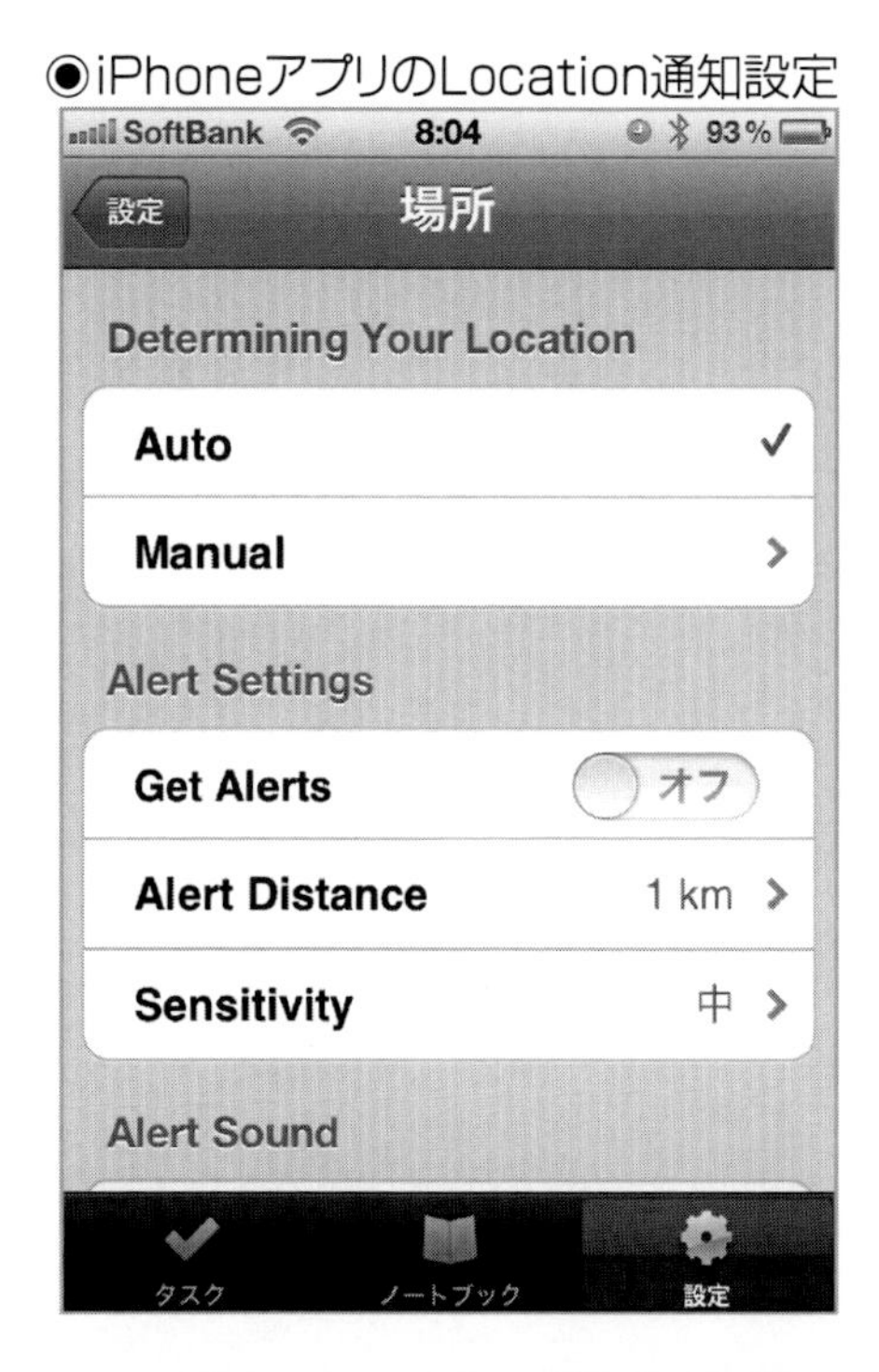

◉iPhoneアプリのLocation通知設定

◉通知の画面

タスクシュート式にToodledoを使う

「TaskChute」の概要

「TaskChute」とは、シゴタノ！の管理人である大橋悦夫さんが、エクセルベースで開発された、タスク管理ツールのことです。

そして、「タスクシュート式」とは、TaskChuteに盛り込まれている設計思想に基づいたタスク管理方式のことです。「タスクシュート式」を実践するためには、必ずしもTaskChuteを使う必要はありません。Toodledoでもよいわけです。

TaskChuteを使わなくても「タスクシュート式」を実践することはできますが、最低限度は守らなければ「タスクシュート式」にはならないという、いくつかの基本原則があります。それは以下の7つの原則です。

● タスク処理のログをとること

- タスクに時間の見積もりを設定し、タスク終了時の時間を先読みしていること
- タスクを「1日ごと」に処理しきってしまうこと
- タスクを処理する順番を先に決めること
- 1日を時間帯ごとに複数のセクションに分けること
- 「予定」と「タスク」を別のものと認識すること
- タスクをルーチン的に処理すること

断っておきますが、以上の7つの原則を墨守しなければ「タスクシュート式」といわないわけではありません。たとえば、すべてのタスクがルーチンで処理できるわけではありません。仕事が回ればいいのです。

ただ、この7つの原則を、少なくとも志向する方針でのぞまなければ「タスクシュート式」ではなくなっていくだけのことです。

タスクシュートの設計思想は大変ユニークなもので、それだけに誤解されやすいものです。タスクシュート式には確かに欠点もあり、向かない人もいるでしょう。

タスクシュート式の発想は別に難しいものではありませんが、やってみないとわ

からないところが確かにあります。やらなくてもかまわないものですが、やらなくて「わかる」ことはあり得ないものです。

では、1つ1つ見ていきましょう。そしてそれぞれを、Todoledoではどのように処理していけばいいのかを説明していきます。

タスク処理のログをとること

もともとTaskchuteはタイムログをとるためのツールといっても間違いではありません。Taskchuteの基本的な考え方は、徹底的なボトムアップ方式です。やったことをベースにすべてを組み立てていきます。

ですからToodledoでいえば、下図のようなログリストが非常に大事なのです。事前の意

◉タスク処理のログ

	優先度	ゴール	タスク	コンテキスト	時間
☑★	3 Top	0107風呂	シャワー	A=4-6	20 mins
☑☆	-1 Nega…	0110記録	記録スプレッドシート	B=6-8	1 min
☑☆	2 High	0106メンテ…	Airをリビング設置	B=6-8	2 mins
☑☆	2 High	0106メンテ…	充電開始	B=6-8	3 mins
☑☆	0 Low	No Goal	iPad	B=6-8	none
☑★	0 Low	0105スケジ…	Everカレンダーの整理	B=6-8	4 mins
☑★	2 High	0102睡眠	夢ログをとる	B=6-8	5 mins
☑★	2 High	0106メンテ…	メールの整理	B=6-8	5 mins
☑☆	-1 Nega…	0112生理ケア	手の爪を切る	B=6-8	5 mins
☑☆	0 Low	0104社交	ReederからTwit or Insta	B=6-8	14 mins
☑★	1 Medium	02E1C31ス…	日記対応	B=6-8	15 mins

図がどうであれ、私はこの図のように実際に行動したのです。だから今のような結果に至っているわけです。

もし現在の状況に大きな問題がなければ、もう一度図のように行動すればよいわけで、極端にいえば、チェックを外してもう一度それをタスクリストにしてしまえばいいのです。結果も悪くないし、一度やったのであればもう一度やることもできるはずです。

タスクシュート式とは、ログをベースに行動のリストを用意することなのです。

タスクに時間の見積もりを設定し、タスク終了時の時間を先読みしていること

Taskchuteにおいてもっとも印象に残りやすい機能がこれです。この機能があるゆえに、タスクシュート式における「タスク」は、「タスク」というよりも「アクション」とでもいった方がわかりやすくなります。

簡単にいえばこういうことなのです。

「これ」と「それ」と「あれ」と「あれ」をやったら、何時になっている?

今が朝の9時で、「これにかかる時間」+「それにかかる時間」+「あれにかかる時間」=4時間だとすると、終了の時刻はいつになるでしょうか。

9+4=13

だから13時?

そうはいきません。

なぜなら「これとそれとあれとあれ」をやる間に、他にもいろいろなことをしなくてはならず、省くことができないからです。この理由だけでも、「あらゆるアクションにかかるであろう時間」を全部決めて足し合わせる必要があります。

全部の行動足し合わせた結果を見るためには、Toodledoを使うならEndTime2というブックマークレット(URLの代わりにウェブブラウザのブックマークに登録で

◉EndTime2

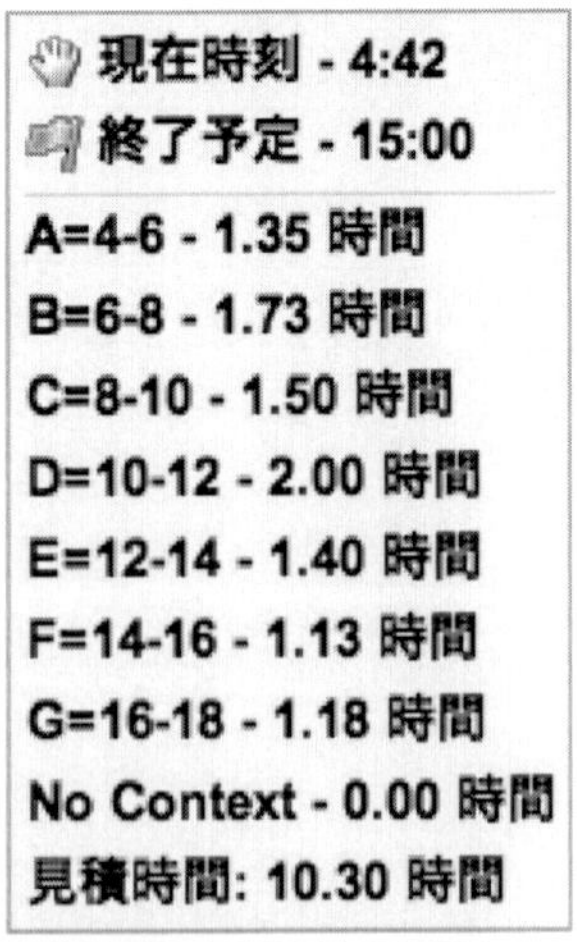

現在時刻 - 4:42
終了予定 - 15:00
A=4-6 - 1.35 時間
B=6-8 - 1.73 時間
C=8-10 - 1.50 時間
D=10-12 - 2.00 時間
E=12-14 - 1.40 時間
F=14-16 - 1.13 時間
G=16-18 - 1.18 時間
No Context - 0.00 時間
見積時間: 10.30 時間

「EndTime2」の実行結果。「EndTime2」はToodledoTips Blogから入手できる

きるJavaScriptのプログラムのこと）が必要です。EndTime2は、タスクリストの終了予定を表示することができるプログラムで「ToodledoTips Blog」(http://blog.toodledotips.jp/)から入手できます。結果は右ページの図のように表示されます。

「これとそれとあれとあれ」をやって何時になっているかがわかるということは、途中のすべての時間経過もわかっていくことを意味します。はたして「これとそれ」をやった時点で午後16時になっていて、そのあと「あれとあれ」ができるのか？

知らずにやっても知ってやっても、この問いには絶対に直面することになるでしょう。

タスクを処理する順番を先に決めること

この原則は次の2つの原則と実は同じです。

- タスクを「1日ごと」に処理しきってしまうこと
- 1日を時間帯ごとに複数のセクションに分けること

この2つの原則は同じことなのです。ただ、サイズが違うだけです。

たとえば下図は、「セクションG」すなわち16時から18時の間に処理するタスクリストですが、この中の処理順はどうでもいいように思われるかもしれません。もちろん好きなようにやってかまいません。

しかし、もしこのセクションをさらに小さく割っていったら、どうなるでしょう?

今は2時間のセクションです。しかしそれをさらに1時間。さらには30分。そして15分と割っていったら?

最後には、1つのセクションには1つのアクションしか入れることができなくなるはずです。すなわちそれが、GTD流にい

◉ある日の「セクションG」の予定

@ G=16-18		
2 High	0105スケジ…	インボックスゼロ
1 Medium	0106メンテ…	43フォルダー処理
3 Top	0105スケジ…	レビュー「家計」
2 High	0110記録	MindMapの素材日記作成
0 Low	0110記録	記録スプレッドシート
0 Low	03C1A30D21	企画を練り直す
0 Low	0105スケジ…	来週の同じ曜日の計画
0 Low	03C1C31T…	校正＋編集後記＋アップ
0 Low	03F1A30東…	スライド作成
-1 Nega…	0106メンテ…	MBP-MBA-iPhoneの同期
-1 Nega…	0112生理ケア	しょせんは考えに過ぎない
-1 Nega…	0105スケジ…	Toodledoのバックアップ

えば、ネクストアクションです。「順番を入れ替える」というのは「先送りする」ということです。よく考えてみれば、そういうことのはずです。

前後の依存関係がなくても、ある仕事は午前中が向いていて、別の仕事は夕方がいい、ということはあるでしょう。ここで午前中だとか夕方だというのは、それが認知しやすい「時間帯」だからです。でもそれを厳密につきつめていけば、ある仕事は別の仕事より前がいいし、ある仕事は夕方17時頃がいい、というようになっていくはずです。

絶対にやることだけをリストアップしてみて、しかも二度と順番を動かせない、動かすたびに1万円の罰金が発生する、と思ってみてください。タスクを並べる順序は極めて合理的なものにせざるを得なくなります。

今度はサイズを逆に大きくしてみます。つまりセクションの束である「1日」をまたぐようなアクションを考えるわけです。そのようなアクションは、少なくとも2つ以上に分ける必要が出てきます。ほとんどの場合、これが「プロジェクト」というものになります。

ここでもやはり「先送り」とは順番を変えることなのです。「今日絶対やる」はずのものを、「今日やるすべてのアクション」より後ろにもっていこうとするのが「先送り」です。

今日やるすべてのことの中に、今日やらなければいけないものを混ぜ合わせ、それを一日のどの時間帯にやるかを割り当て、最後にセクション内部の順番を決める。そのリストの一番上に来たものに、取り組む以外の選択肢はないわけです。あるいは選択肢がないような組み合わせ方にするべきなのです。

「予定」と「タスク」を別のものと認識すること

すでに何度か述べてきたように、「予定」と「タスク」はタスクシュートでは異なる概念です。そして理想的には、「セクション」は「予定」で区切るべきです。

実際に私には8時に「朝食」、12時に「昼食」、18時に「お風呂」という予定があります。だからこそ、「セクションB」は8時に終わり、「セクションC」は12時に終わり、全セクションは18時に終わるわけです。

「予定」は開始時刻を他人と約束したものですから、守るべきものです。「予定」と「予定」の間にタスクが入るだけ入ります。これが「セクション」の原型なのです。

「セクションE」のトップである12時からには「昼食」が入っています。これも「予定」です。

セクションはこのように予定で始まり、次の予定の前で切れるべきなのです。なお、私はスターと優先順位でタスクの順番を決めていますから、予定の多くはスター付きの「3Top」になっています。

タスクをルーチン的に処理すること

Toodledoのルーチン機能については、152ページで詳しく紹介しているので、使い方はそちらを参照してください。

タスクをこなしていく上ではどうしても『「これとそれとあれとあれ」をやる間に、他にもいろいろなことをしなくてはならず、省くことができない』という事実を頭に止めておく必要があると思って

◉ある日の「セクションD」と「セクションE」の予定

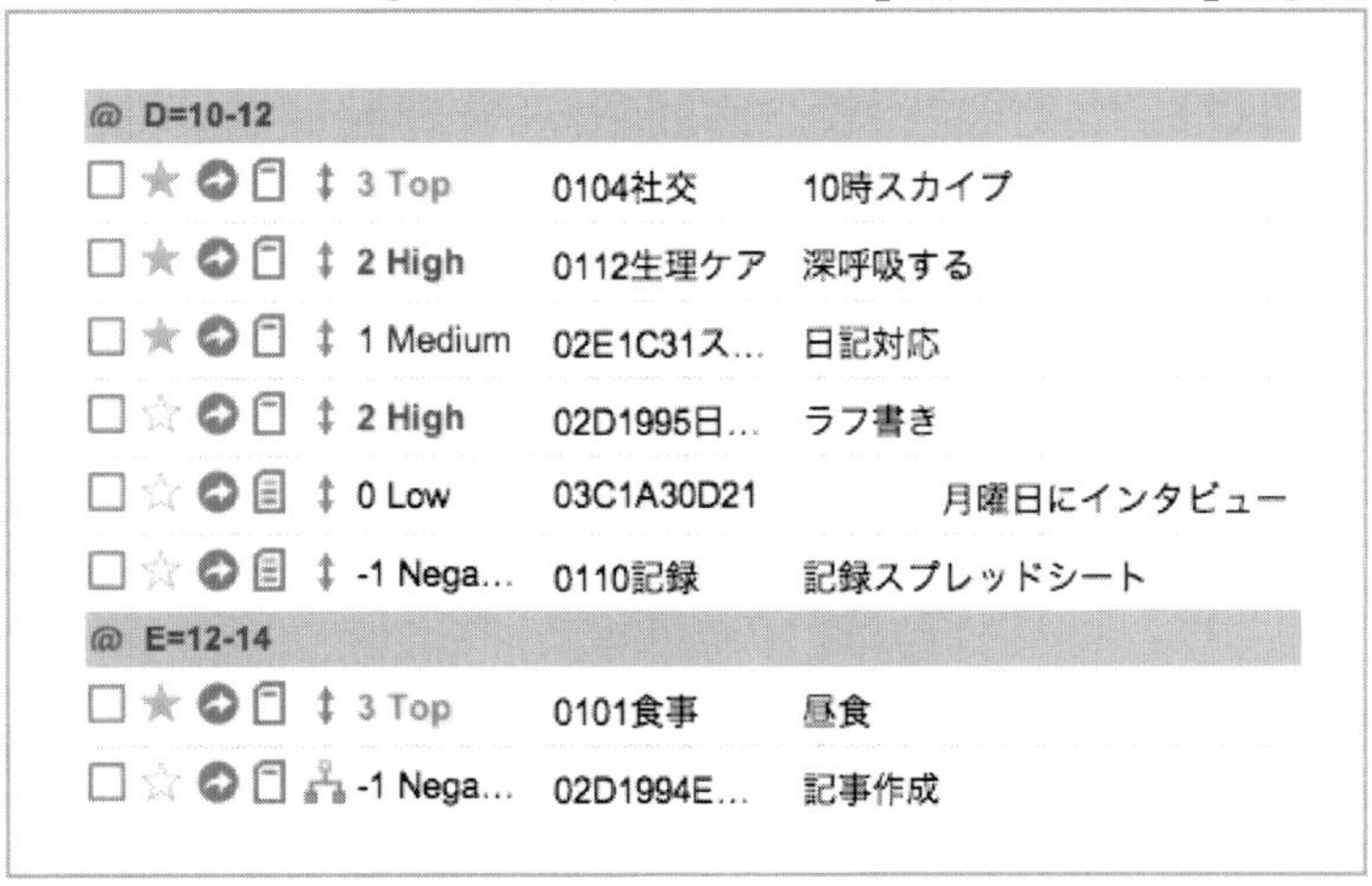

優先度	フォルダ	タスク
@ D=10-12		
3 Top	0104社交	10時スカイプ
2 High	0112生理ケア	深呼吸する
1 Medium	02E1C31ス…	日記対応
2 High	02D1995日…	ラフ書き
0 Low	03C1A30D21	月曜日にインタビュー
-1 Nega…	0110記録	記録スプレッドシート
@ E=12-14		
3 Top	0101食事	昼食
-1 Nega…	02D1994E…	記事作成

います。

人は食事をとりますし疲れますし意味のあることだけをやり続けると無理が来ます。その無理を押してやらなければいけないとなぜか信じ切っている人もいますが、その無理を押してやってはならないと私は信じています。

タスクをルーチン的に処理することで、流れは読みやすくなりますし、アクションをこなしやすくなります。そもそも毎日一定量の仕事をこなすためには、どうやっても削ることのできないルーチン的なアクションと、それらをいかに摩擦なく組み合わせるかという発想が必須です。

同じセクションで、同じ時間をかけ、ほぼ同じ位置で確実にこなせることが多いほど、他のアクションも遂行できる確率が高くなります。時間に切れ目がないように、アクションも本当は連鎖しています。何かが狂うと、連動しておかしくなってしまう行動が発生します。

「一日」を安定稼働させるには「ルーチン」の取り扱いが鍵を握るのです。

SECTION 30

ソーシャルメディアとの連携機能を使う

TwitterやFacebookとの連携

ToodledoにはTwitterやFacebookと連携する機能が用意されています。ソーシャルメディアとの連携機能についての便利な使い方を見ていきましょう。

Twitterとの連携

Twitterとの連携機能はリマインダー（189ページ参照）でも登場しましたが、これ以外にも3つのTwitter連携機能が提供されています。

- Twitterからのタスク登録
- Twitterからタスク取得
- Twitterへの投稿（iPhoneアプリのみ）

Twitterとの連携の設定

Twitterとの連携の設定は、「Tools」の「Social Networks」から行うことができます(次ページ参照)。「Authorize Toodledo on Twitter」を選択するとTwitterの画面に移動し、「Toodledoがあなたのアカウントを利用することを許可しますか?」と確認のメッセージが表示されるので認証を行います。しばらくすると自動的にToodleoのTwitterアカウントと相互フォロー状態となり、ダイレクトメッセージを使ってタスクの追加や一覧の取得、リマインダーをダイレクトメッセージで受け取られるようになります。

Twitterからのタスク登録

ToodledoのTwitterアカウントに対して「タスク名 付加情報」の形式でダイレクトメッセージを送信することでTwitterからタスク登録を行うことができます。設定できる付加情報は144ページのメールの場合と同じです。

142ページのメールでの投稿のところでも触れましたが、後から追加が可能な付加情報は付けないか、よく使うものを2〜3個ピックアップして覚えておきます。

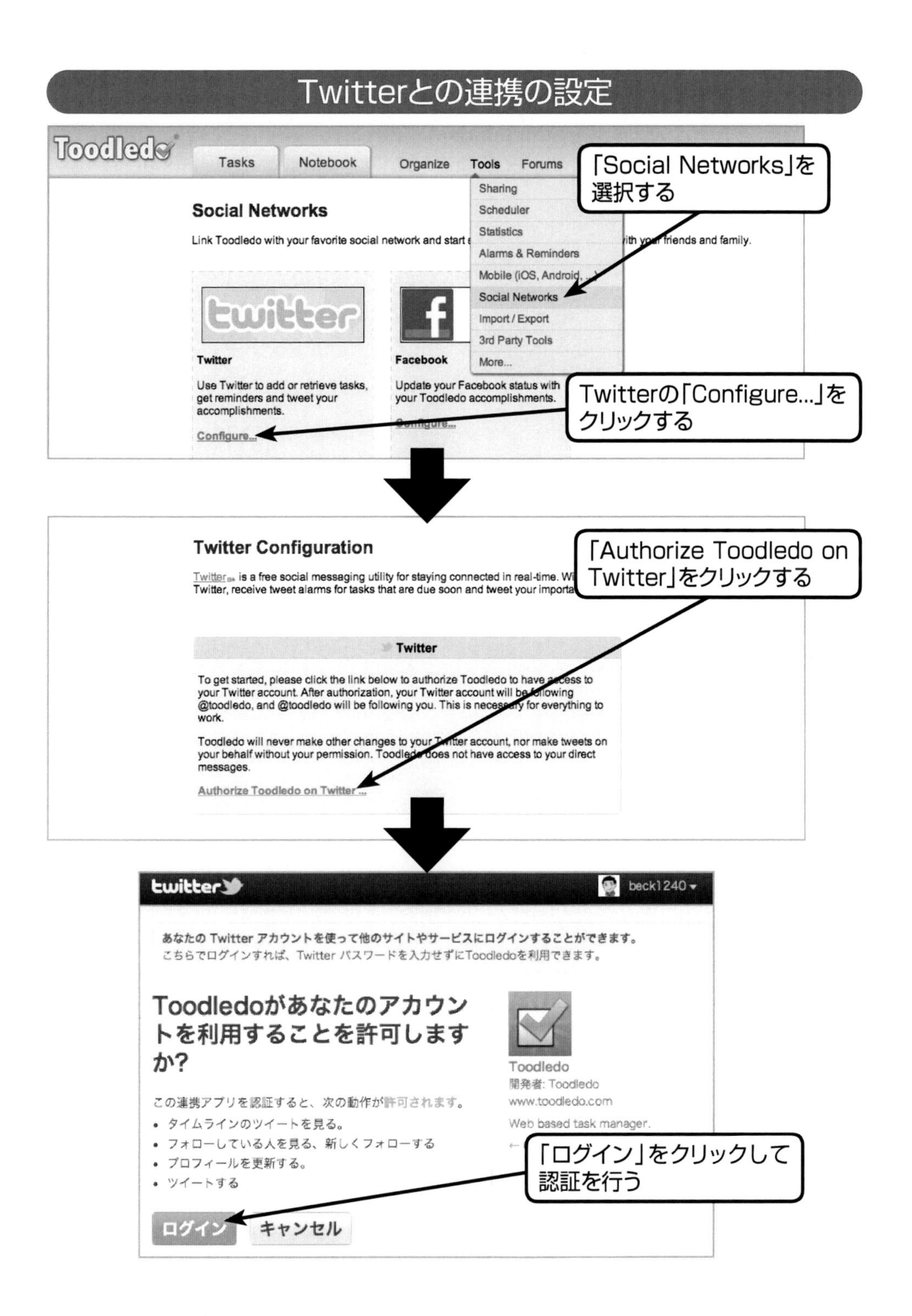

Twitterとの連携の設定
「Social Networks」を選択する
Twitterの「Configure...」をクリックする
「Authorize Toodledo on Twitter」をクリックする
「ログイン」をクリックして認証を行う

私の場合は、締め切り日、フォルダ、コンテクストをよく使うので、「牛乳を買う #today ＊プライベート @買い物時」という形だけ覚えておくようにしています。

Twitterからタスク一覧を取得

Toodledoの Twitterアカウントに対して「?：付加情報」の形式でダイレクトメッセージを送信すると、Twitterから条件指定を行ってタスク一覧を取得できます。たとえば、「d toodledo ?#today ＊」とDMを送信すれば、今日締め切りでスターが付与されたタスクの一覧が取得

◉Twitterからのタスクの登録

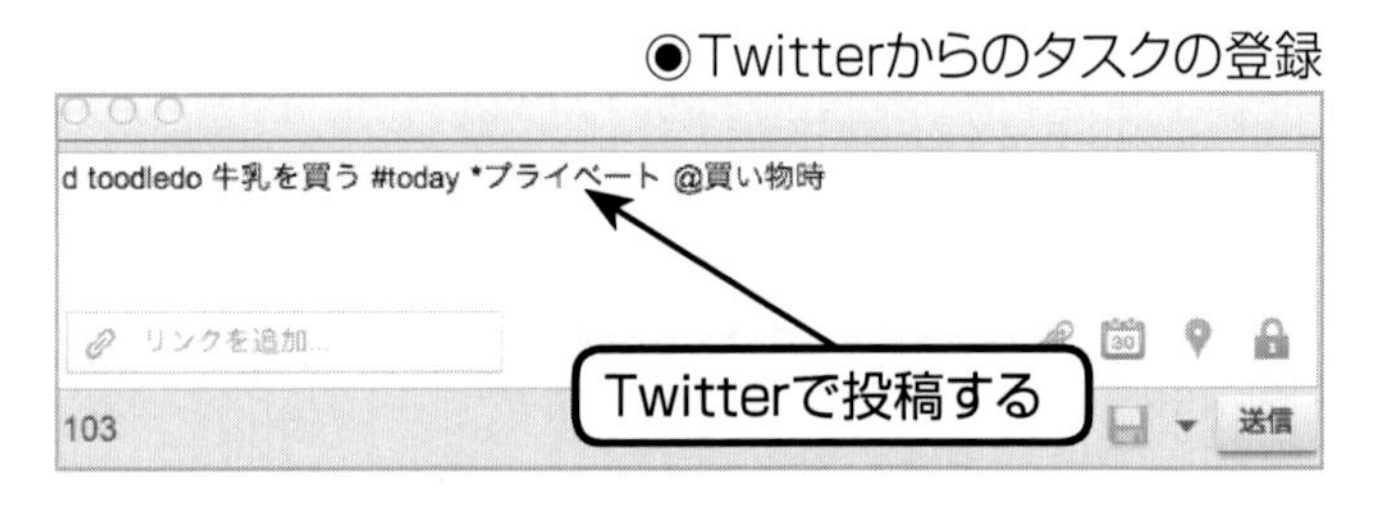

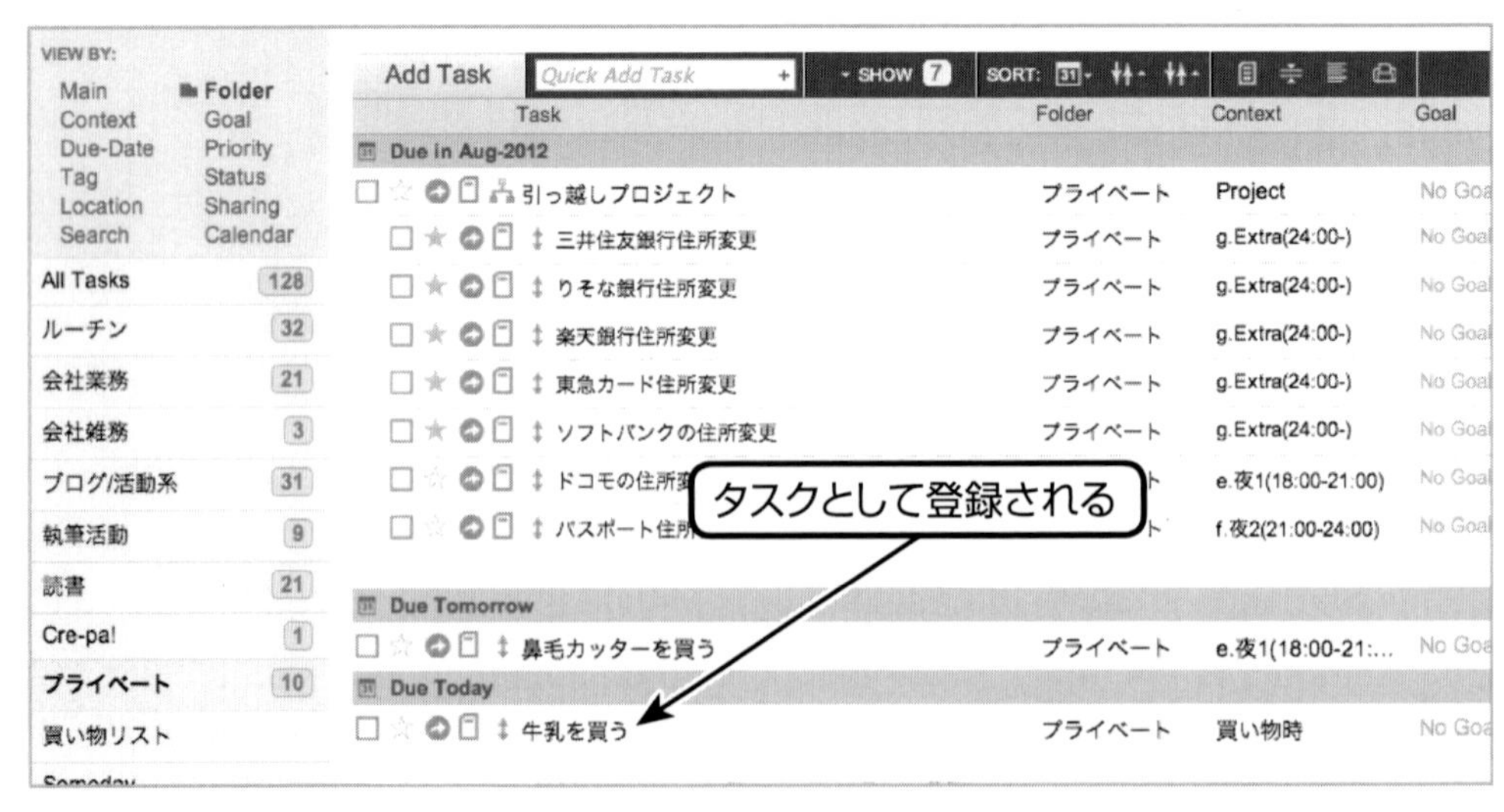

できます。設定できる情報は次の通りです（詳細はタスク登録の内容と同様）。

- Priority
- Due-Date
- Start-Date
- Folder
- Context
- Goal
- Status
- Tag
- Star
- Location

なお、142ページで解説した投稿用のメールアドレスを使用しても、タスクのリストを取得することができます。この場合は、投稿用のメールアドレスに「?#today

＊」という本文のメールを送信すると、今日締め切りでスターが付与されたタスクの一覧のメールが返信されます。

Twitterへの投稿

IPhone版のToodledoアプリでは、タスク名をTwitterに投稿する機能が用意されています。重要なタスクを完了するときなどにTwitterに投稿するなどの使い方ができそうです。

Facebookとの連携

Facebookとの連携方法は、Twitterに投稿する機能と似ていますが、Toodledoのタスクを Facebookに書き込む機能が

◉iPhoneアプリからの投稿

Twitterとの連携の設定

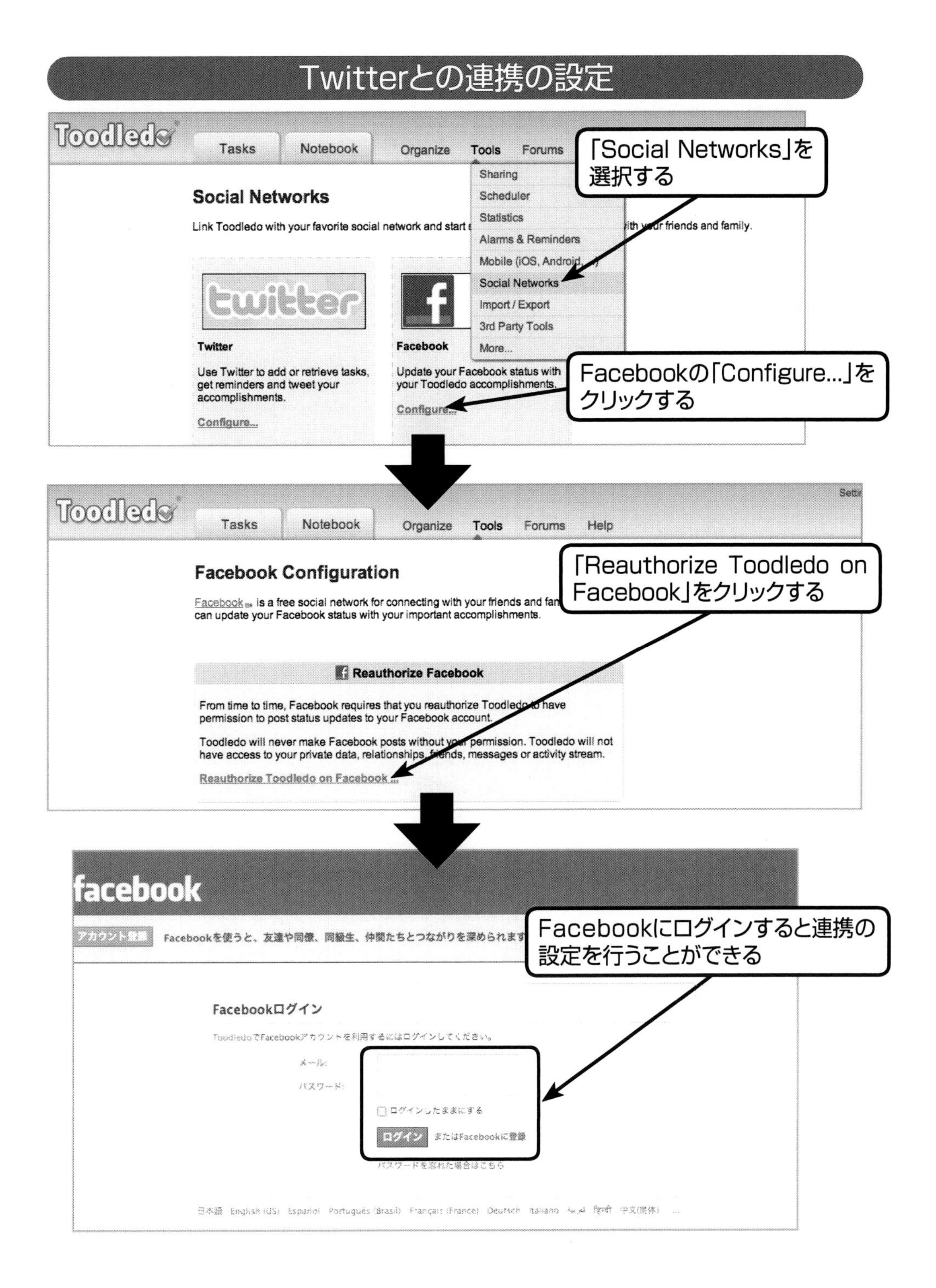

提供されています。

Twitterへの投稿はiPhoneアプリでしか行えませんでしたが、Facebookへの投稿はウェブブラウザから行うことができます。タスクリストの左側にある矢印マークをクリックして表示されるメニューから「Update Facebook Status…」を選択することで投稿が行えます。

Facebookとの連携設定はTwitterと同様に、「Tools」の「Social Networks」から行うことができます。

●Facebookとの連携

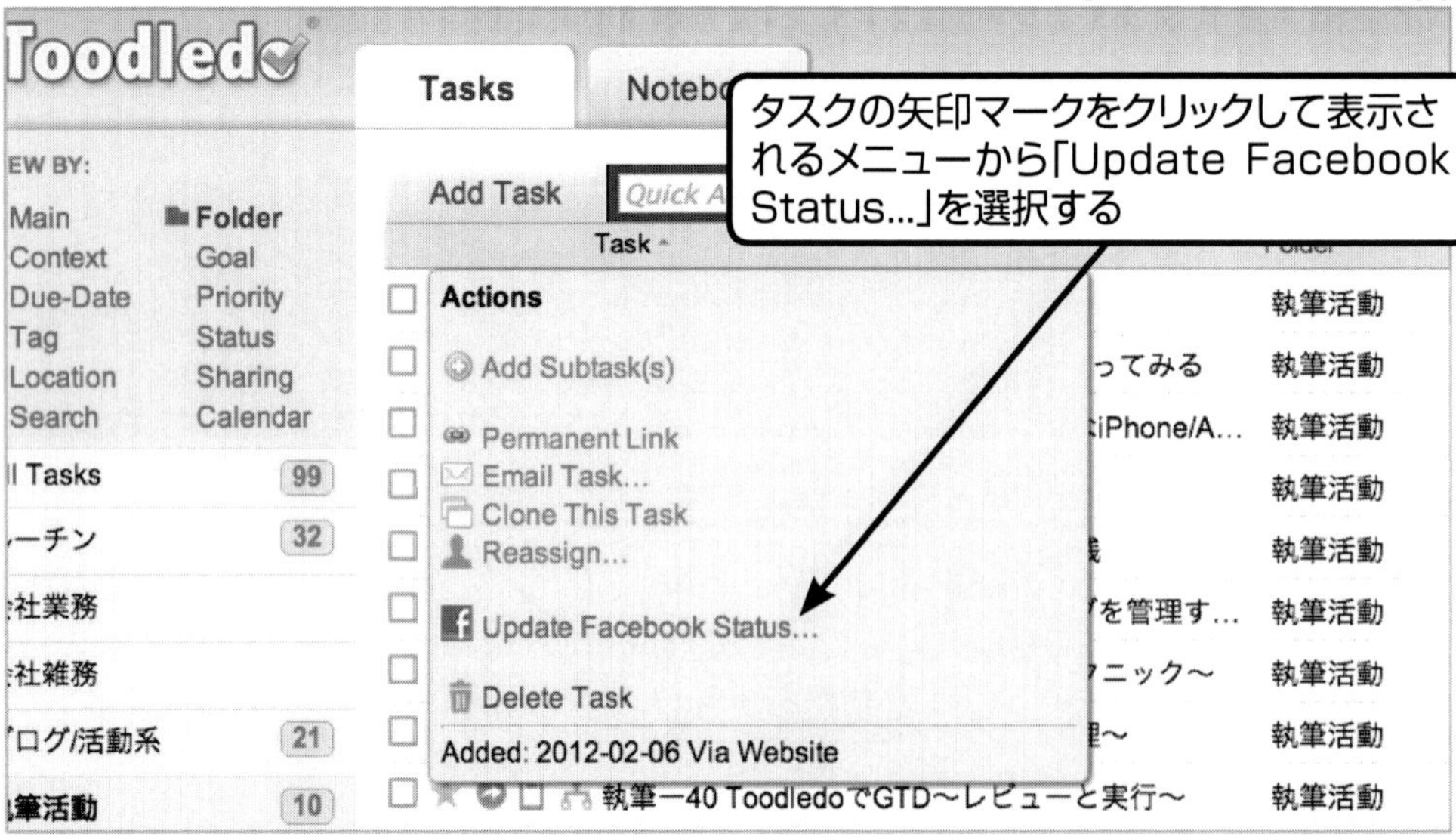

Toodledoと連携するiPhoneアプリを活用する

Toodledoと連携可能で便利な3つのiPhoneアプリ

Toodledoと連携可能なiPhoneアプリはいろいろありますが、ここでは私が標準のToodledoアプリ以外で活用している「即Todo for Toodledo」「TaskportPro」「Pocket Informant」の3つのアプリを紹介します。

高速タスク追加「即Todo for Toodledo」

「即Todo for Toodledo」はその名が表す通り、即時にToodledoへタスクを追加することだけを目的としたツールです。やるべきことを思い付いたその場でタスクをスピーディに入力でき非常に重宝します。追加するタスクには締め切り日、コンテクスト、プロジェクトの3つの情報を付与することができます。

「即Todo for Toodledo」を使ったタスクの追加

◉「即Todo for Toodledo」で入力

◉Toodledoで確認

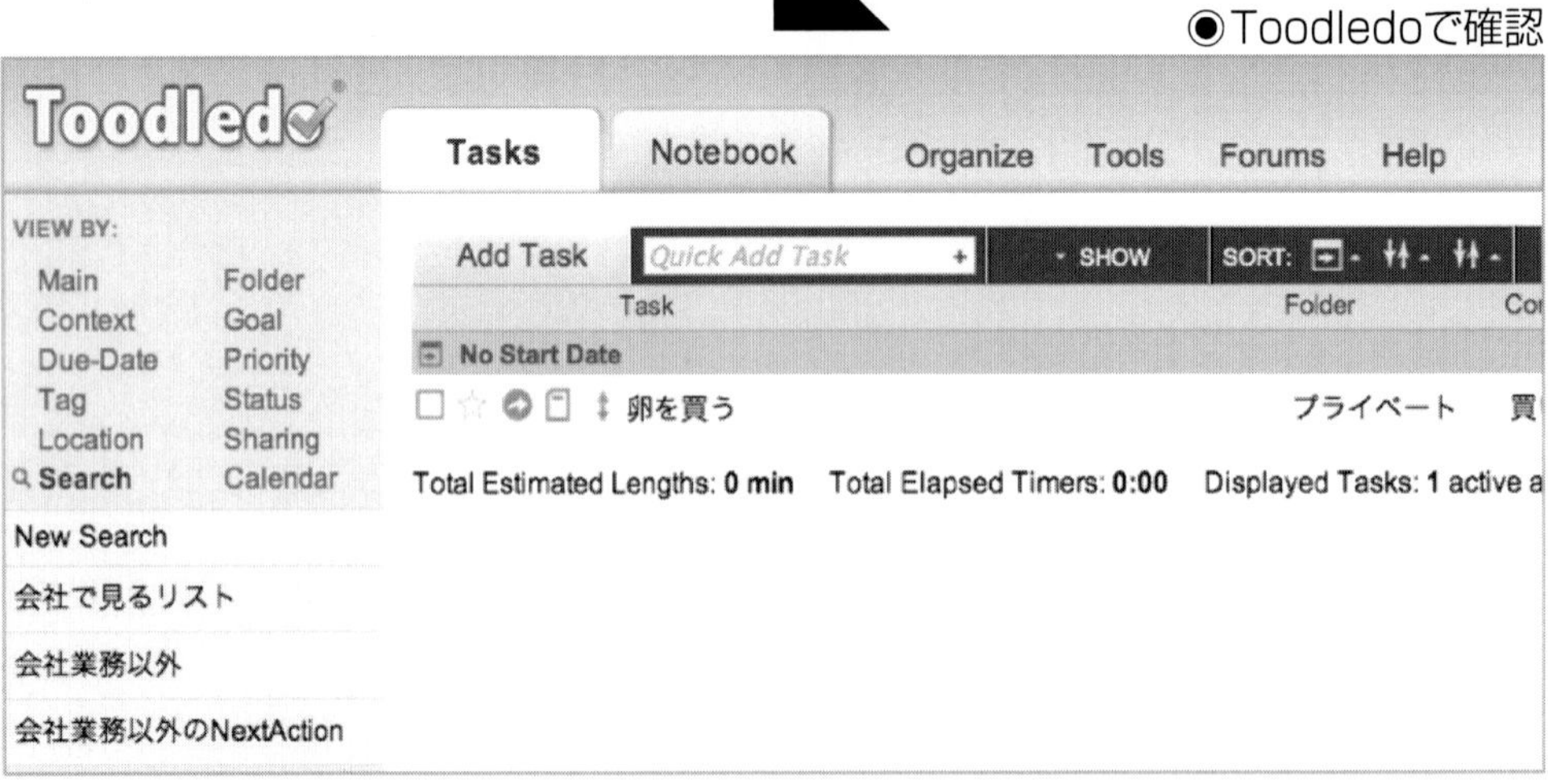

Googleカレンダーとの同期が可能な「Pocket Informant」

「Pocket Informant」はGoogleカレンダーとToodledoとの連携が可能な高機能PIM(Personal Infomation Management)アプリです。iPhone版だけでなくAndroid版も提供されているので、Android端末をお使いの方にもオススメです。

サブタスクやアラームを含めてToodledoのほとんどの機能が利用でき、動作も軽快で複数のタスクをまとめて選択して締め切り日やスター付与の変更ができるなど使い勝手も良好です。何よりもGoogleカレンダーと同期可能なカレンダー、Toodledoと同期可能なタスクリストが統合されており、今日のスケジュールとタスクをToday画面などで一望し、一箇所で管理ができる点が素晴らしいです。

ゴールやロケーションという一部の機能は利用できませんが、Googleカレンダーと Toodledoをお使いの方で

◉タスクリスト

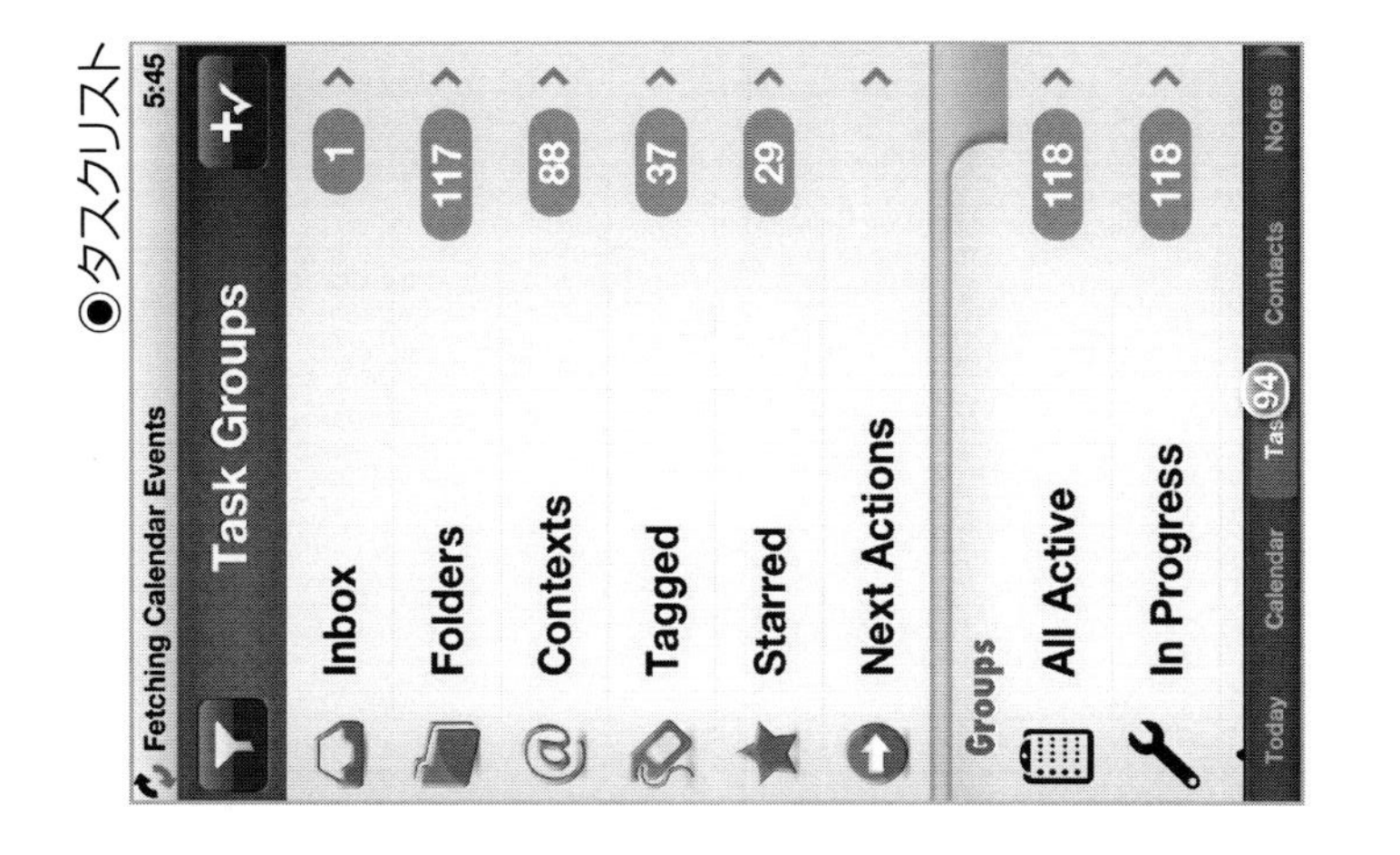

あれば一度試してみる価値があるアプリといえそうです。

「TaskPortPro」

TaskPortProは、いわゆる「Doingリスト」アプリです。今からやることだけをリストに書き出し、それぞれの実行時間を見積もり、実行順に並べ替え、粛々とリストの上から時間計測を行いながらタスクを実行していきます。わざと今取り組んでいる仕事以外を見えなくし、さらにタイムプレッシャーを自らに与えることでその仕事に自ずと集中できるようになります。

タスクを実行した結果はタスクの予定時間と実績時間が併記される表形式と、時系列の折れ線グラフでレポートにまとめられ、そのレポートも任意の場所にメール送付することが可能です。私はこういった情報をすべてEVERNOTEにまとめているので、メールの送付先としてEVERNOTEの投稿用メールアドレスを設定してい

◉タスク入力画面

◉見積時間の入力

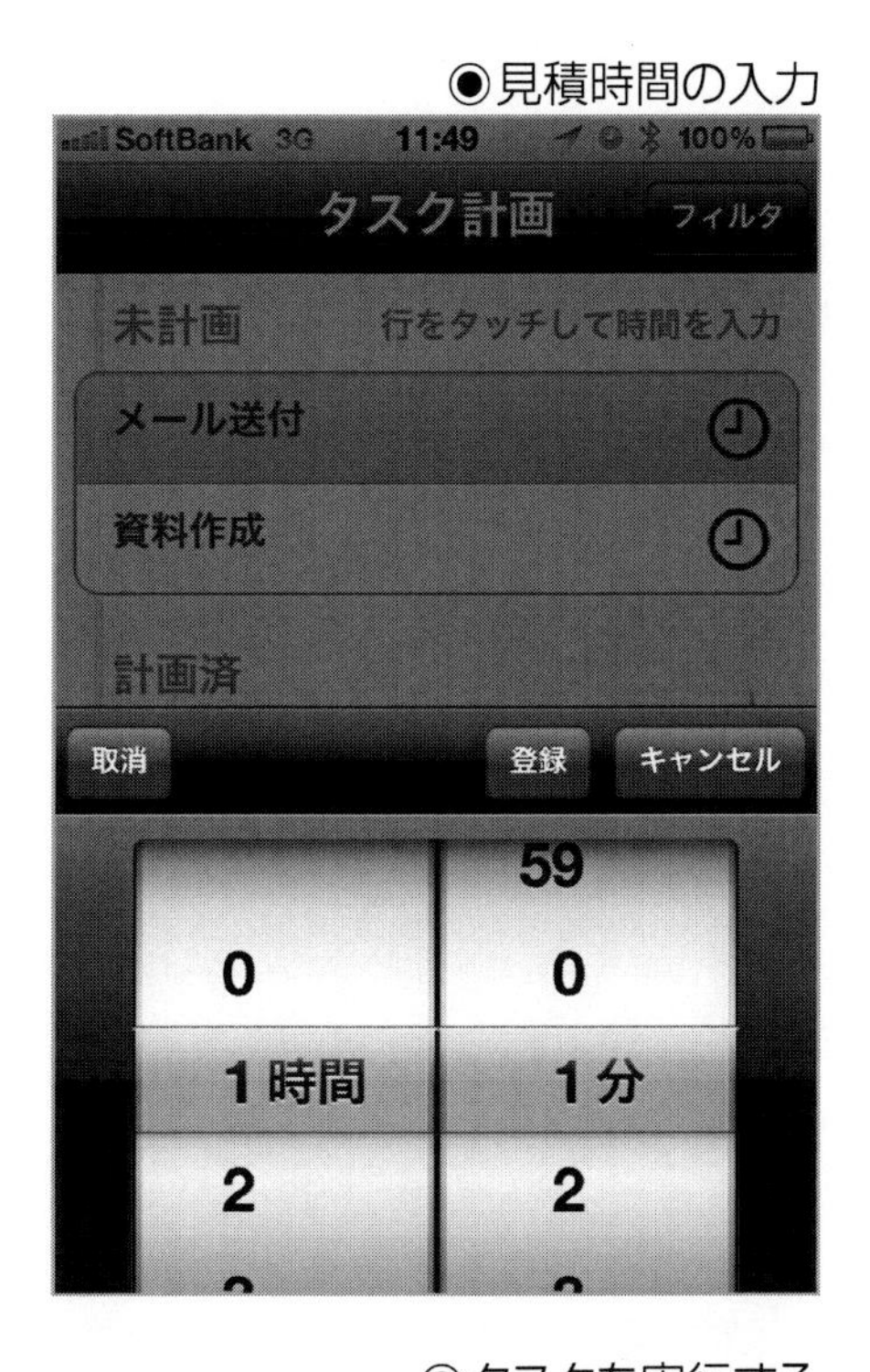

◉リストへの書き出し

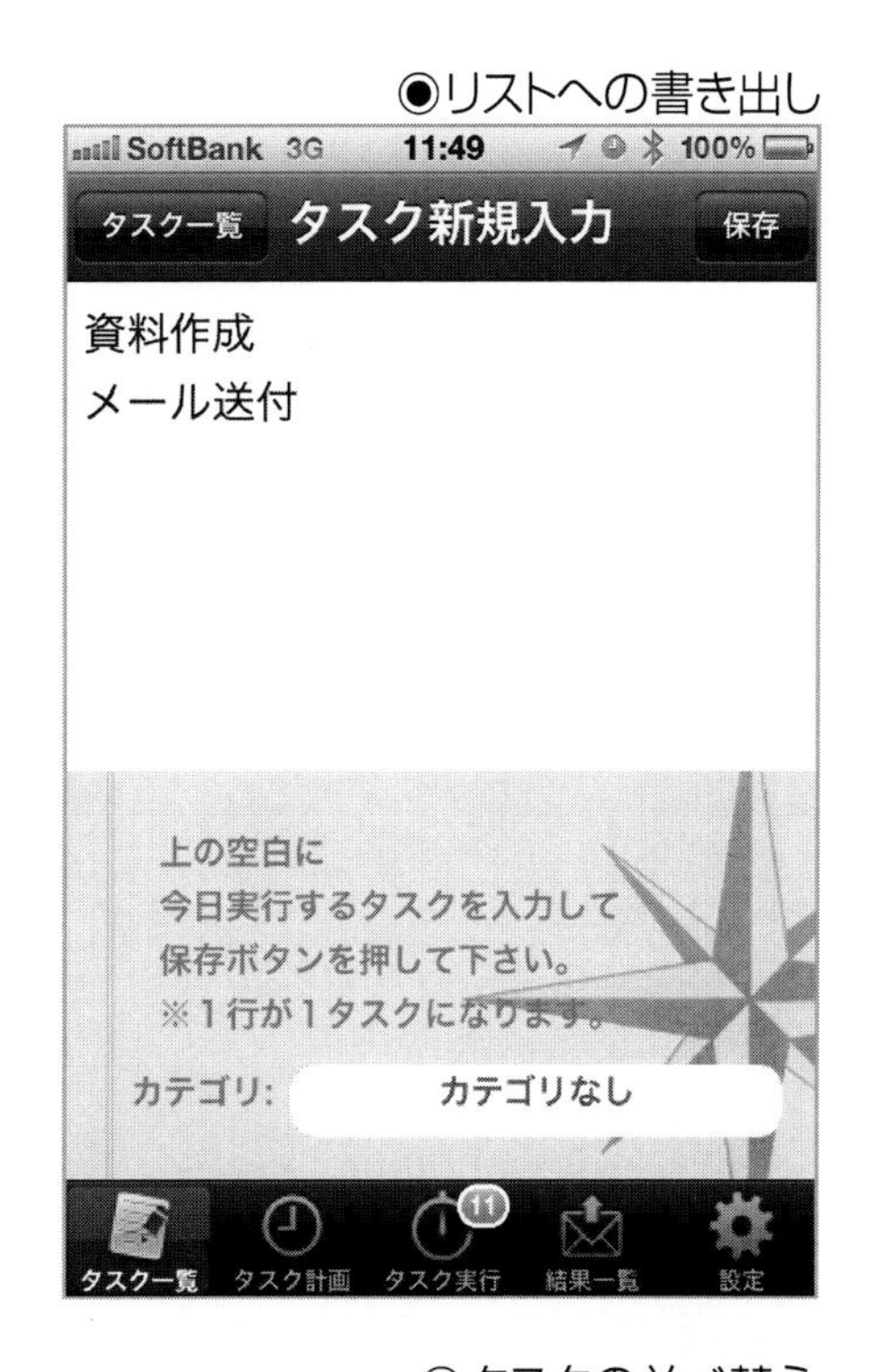

◉タスクを実行する

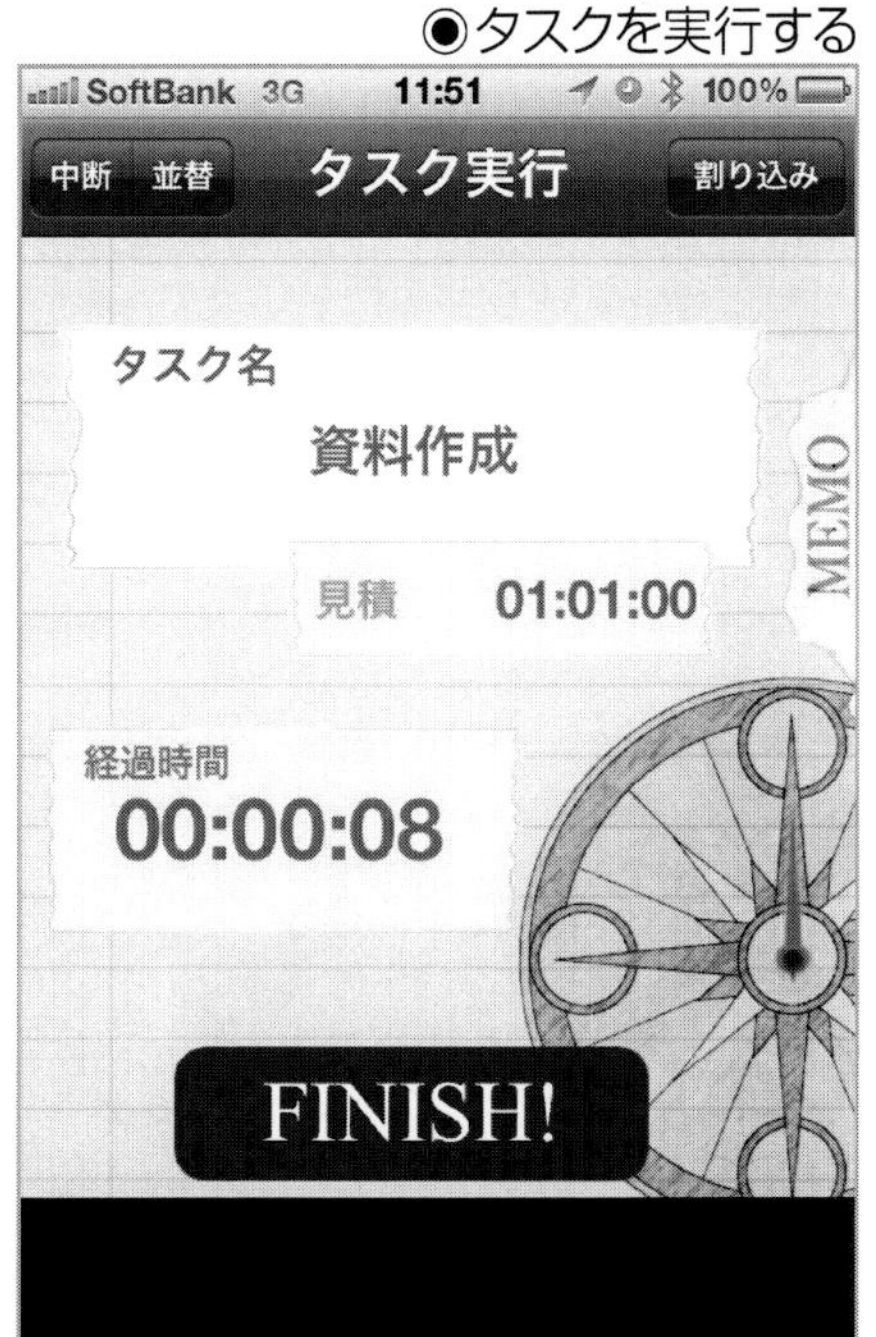

◉タスクの並べ替え

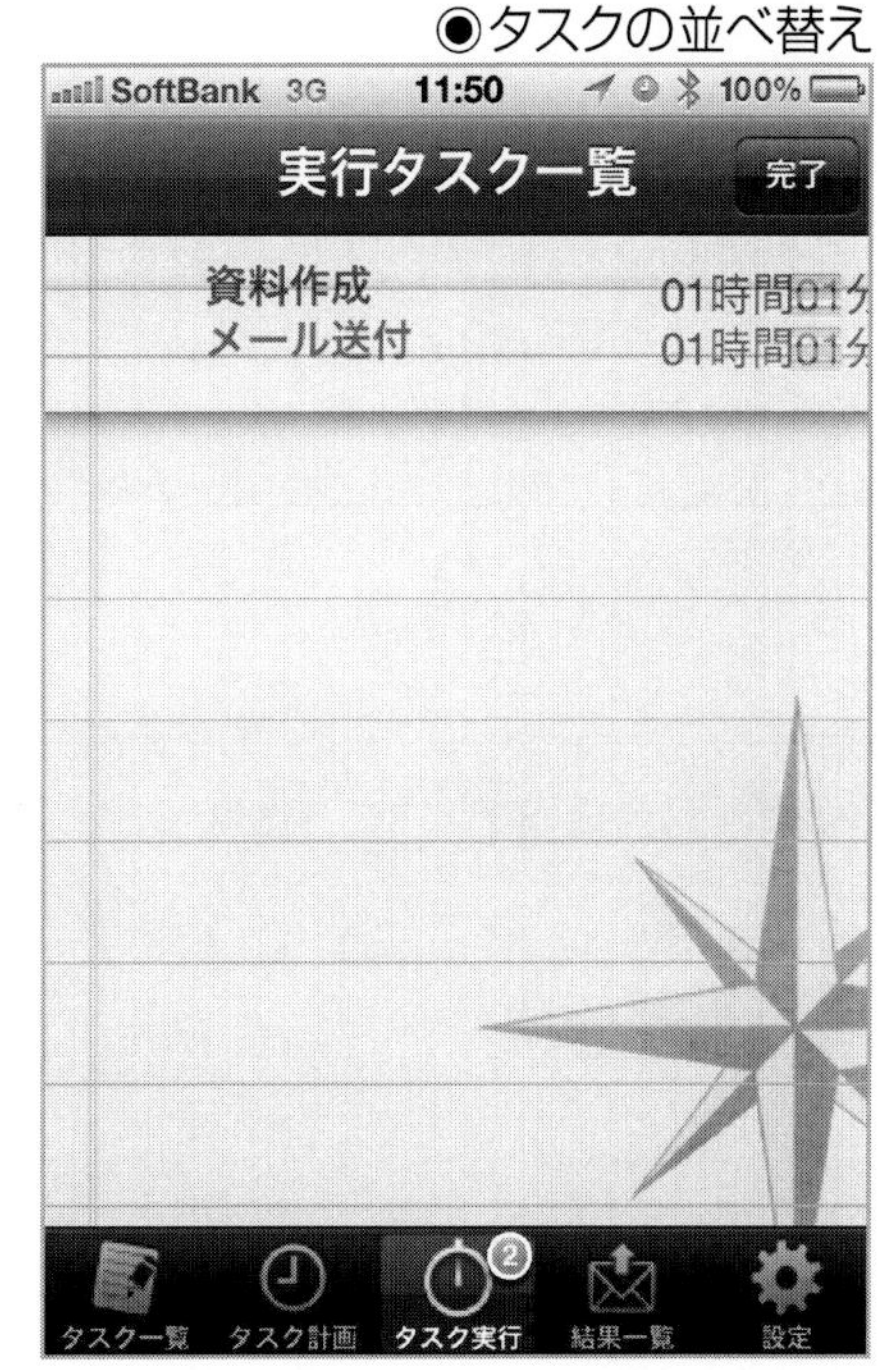

TaskPortProとEVERNOTEとの連携

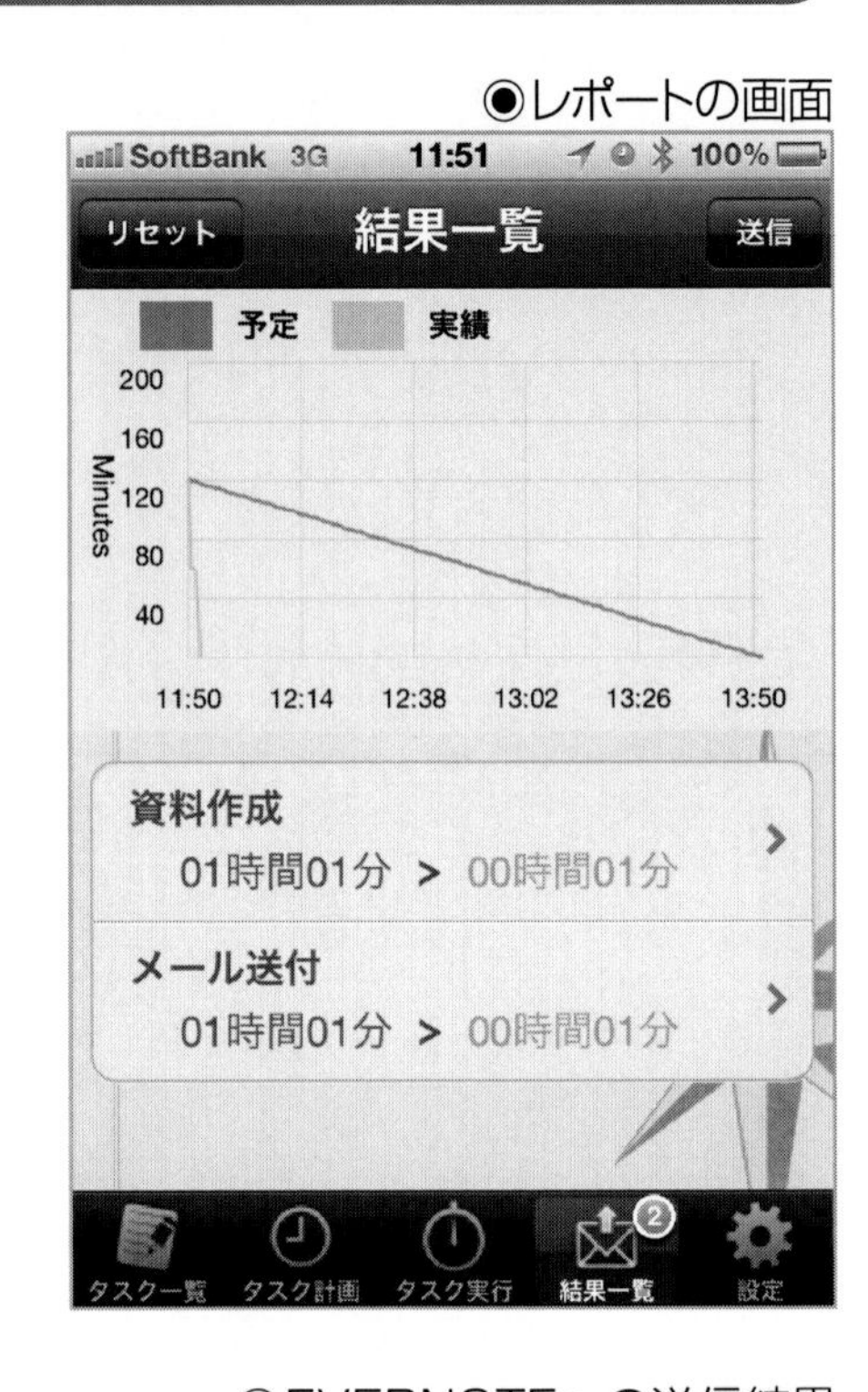

◉レポートの画面

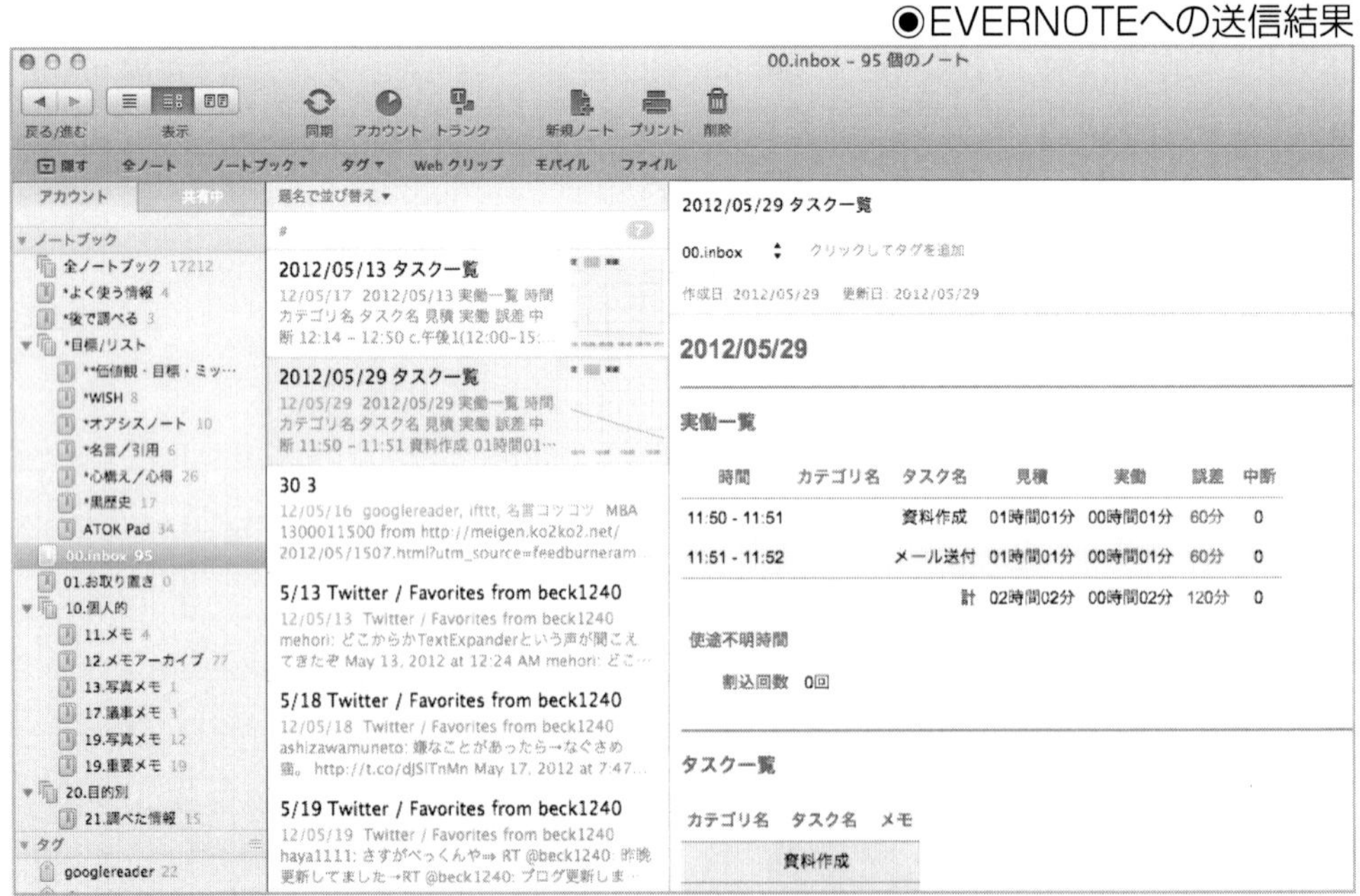

◉EVERNOTEへの送信結果

ます。

このアプリの面白いところは、今日実行予定のタスクの見積時間の総和から、何時にすべてのタスクが完了するかを表示できるところにあります。たとえば、朝の9時の時点で今日やろうと思っていたタスクの実行時間をすべて足しあわせた結果、18時間が必要であれば深夜3時までタスクを実行し続ける必要があることがわかります。こういった結果から「この計画に無理がある」と容易に気付くことができるため、先送りできるタスクを先送りしたり、誰かに依頼したりという対応をとることも可能となります。

また、Toodledoからタスクのインポートが可能で、Toodledo上におけるタスク名、コンテクスト、見積時間を引き継ぐことができます。TaskPortPro上でタスクを完了させればToodledo上のタスクも完了させる設定も用意されているので、TaskPortProで完了したタスクを

◉見積時間の総和

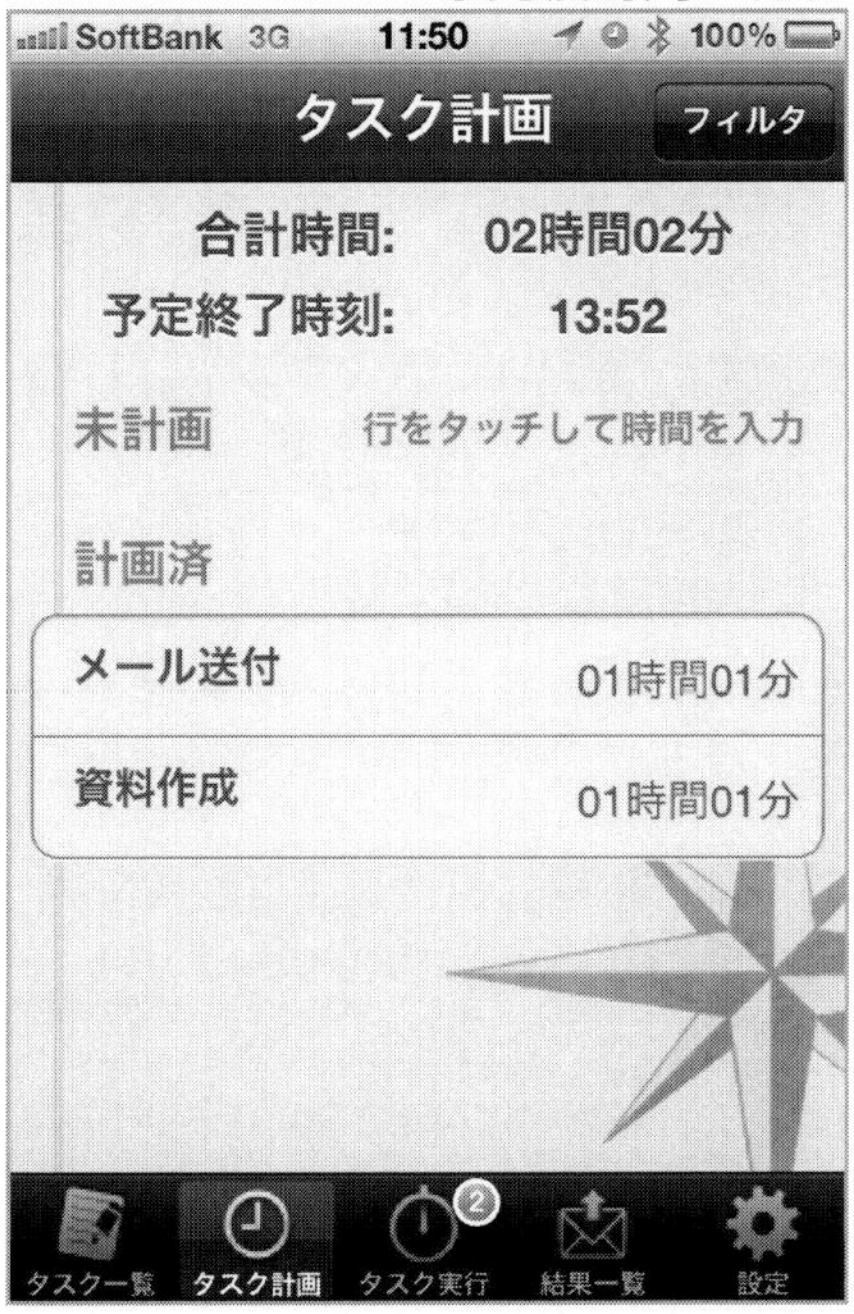

TaskPortProとToodledoとの連携

●インポートされたタスク一覧

SoftBank 3G 11:56 100%

タスク計画　フィルタ

合計時間:　06時間33分

予定終了時刻:　18:29

未計画　行をタッチして時間を入力

計画済

a.朝（6:00-9:00）
つめを切る　00時間01分

a.朝（6:00-9:00）
ランニング/トレーニング　00時間30分

a.朝（6:00-9:00）
日次計画ー手帳に今日の予定を書き込む　00時間15分

タスク一覧　タスク計画　タスク実行　結果一覧　設定

●Toodledoからのインポート

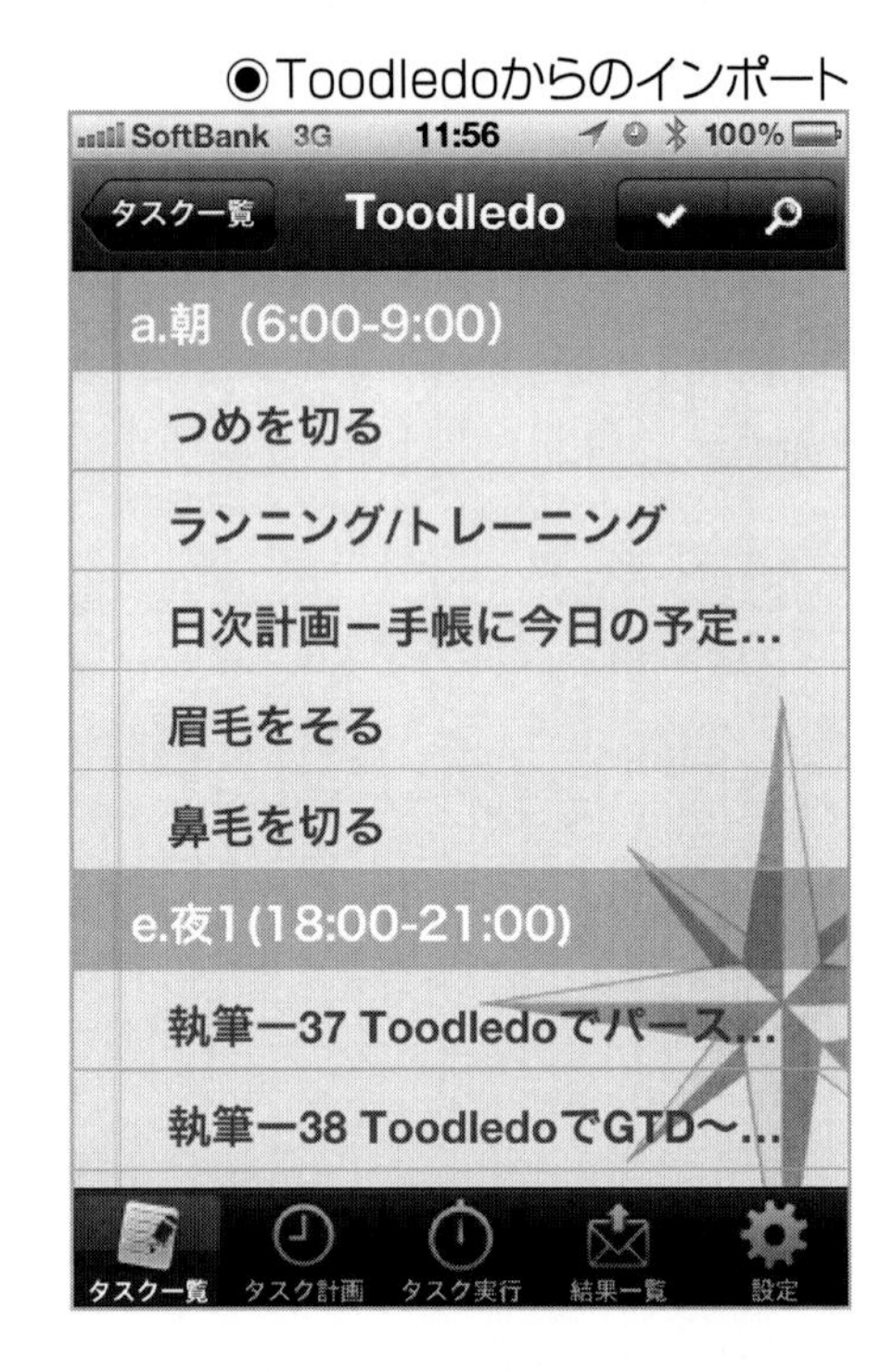

●「Stared」ビュー

Toodledo　Tasks　Notebook　Organize　Tools　Forums　Help

VIEW BY: Main / Folder / Context / Goal / Due-Date / Priority / Tag / Status / Location / Sharing / Search / Calendar

All Tasks 91 / Starred 17 / Hotlist 36 / Recently Added / Recently Completed 106 / Recently Modified 67

Add Task　Quick Add Task　SHOW　SORT:

Task	Folder	Context	Goal	Start Date
a.朝（6:00-9:00）				
ランニング/トレーニング	ルーチン	a.朝（6:00-9:00）	No Goal	Today
日次計画ー手帳に今日の予定を書き込む	ルーチン	a.朝（6:00-9:00）	目標に...	Today
鼻毛を切る	ルーチン	a.朝（6:00-9:00）	No Goal	Today
眉毛をそる	ルーチン	a.朝（6:00-9:00）	No Goal	Today
つめを切る	ルーチン	a.朝（6:00-9:00）	No Goal	Today
e.夜1(18:00-21:00)				
英語の勉強(duo)	ルーチン	e.夜1(18:00-21:00)	世界で...	Today
執筆ー37 Toodledoでパースペクティブを管理す...	執筆活動	e.夜1(18:00-21:00)	世界を...	Today
執筆ー38 ToodledoでGTD〜収集のテクニック〜	執筆活動	e.夜1(18:00-21:00)	世界を...	Today
f.夜2(21:00-24:00)				
【書評】IDEA HACKS!2.0	ブログ/活動系	f.夜2(21:00-24:00)	No Goal	Today
Eye-Fiでバックアップの意義BLOG記事	ブログ/活動系	f.夜2(21:00-24:00)	No Goal	Today
執筆ー39 ToodledoでGTD〜処理・整理〜	執筆活動	f.夜2(21:00-24:00)	世界を...	Today
執筆ー40 ToodledoでGTD〜レビューと実行〜	執筆活動	f.夜2(21:00-24:00)	世界を...	Today

改めてToodledo上で完了させる必要はありません。

タスクのインポートは特定のコンテクストやスターの有無などさまざまなフィルタ条件を使って絞り込みをかけられるため、私の場合はToodledo上で「今日やるタスク」にスターを付与して、TaskPortProにはスターが付いているタスクをすべて取り込むようにしています。

IFTTT＋天気予報で「傘持って帰る」タスクをToodledoへ自動登録

IFTTT（http://ifttt.com/）の天気情報（Weather）チャネルを使うと、Toodledoへタスクを自動的に登録することができます。翌日の天気予報が「雨」の場合は、「傘を持って帰る」というタスクをその日のタスクとして自動的に登録したりできます。IFTTTを使うと他にもGmailにスターを付けるだけでToodledoに新規タスクを追加したり、GoogleReaderの記事にスターを付けるだけで新規タスクを追加したりできます。

実際の操作は次ページからの手順に従います。なお、「IFTTTのアカウント作成とメールの転送設定」が済んでいることが前提となります。

IFTTTでタスクを作成する

IFTTTで以下の手順に沿ってタスクを作成していきます。なお、「IFTTTのアカウント作成とメールの転送設定」が済んでいるものとします。

1 タスク作成の画面の呼び出し

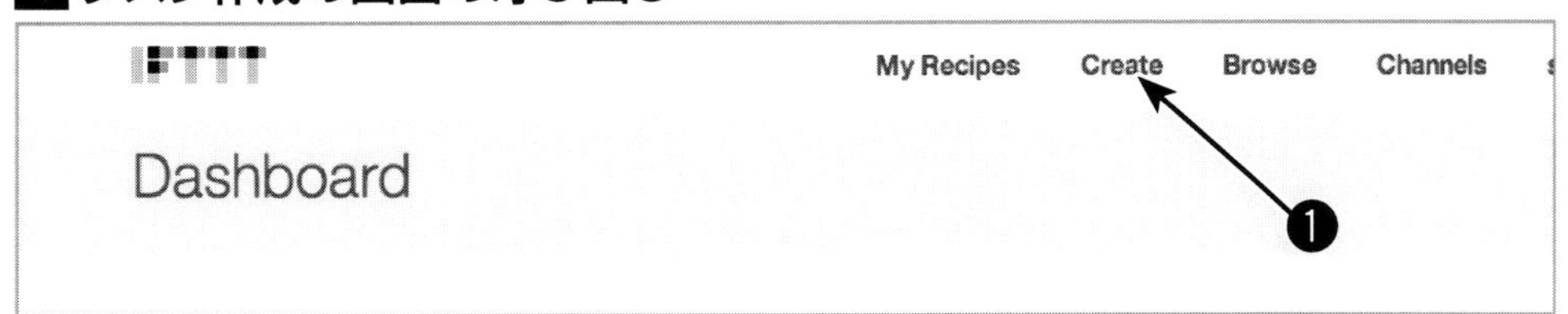

❶ IFTTTログインして表示される画面で「Create」をクリックします。

2 トリガー設定画面の呼び出し

❷「this」をクリックします。

3 トリガーの選択

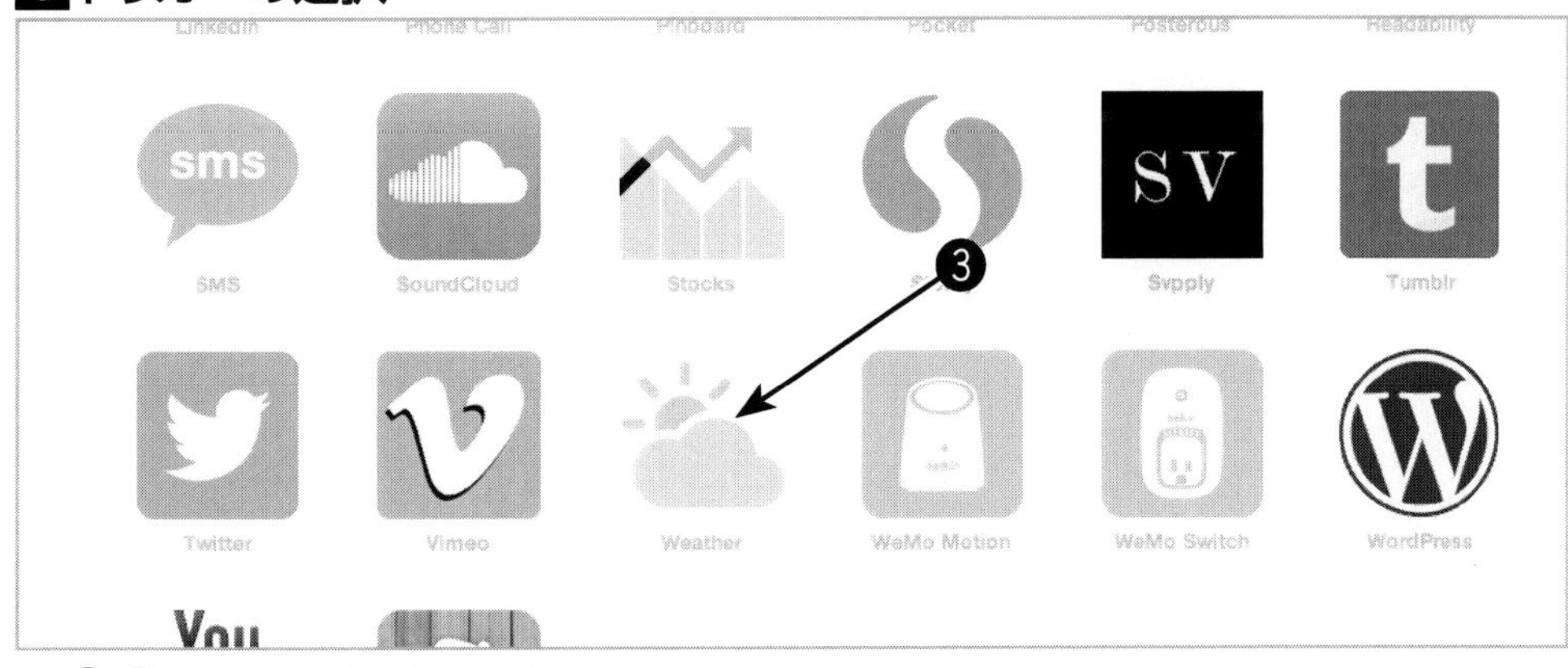

❸「Weather」をクリックします。

4 Weather Channelの設定画面の呼び出し

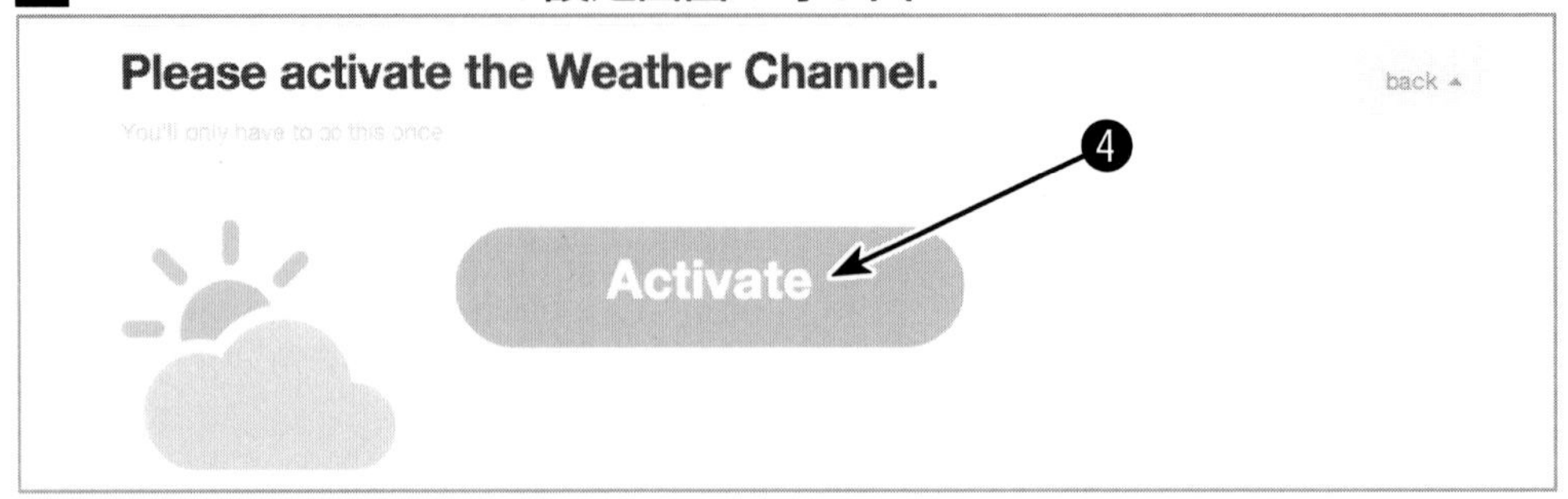

❹住所が関連付けられていない場合は、この画面が表示されるので「Activate」をクリックします。

5 地域の設定

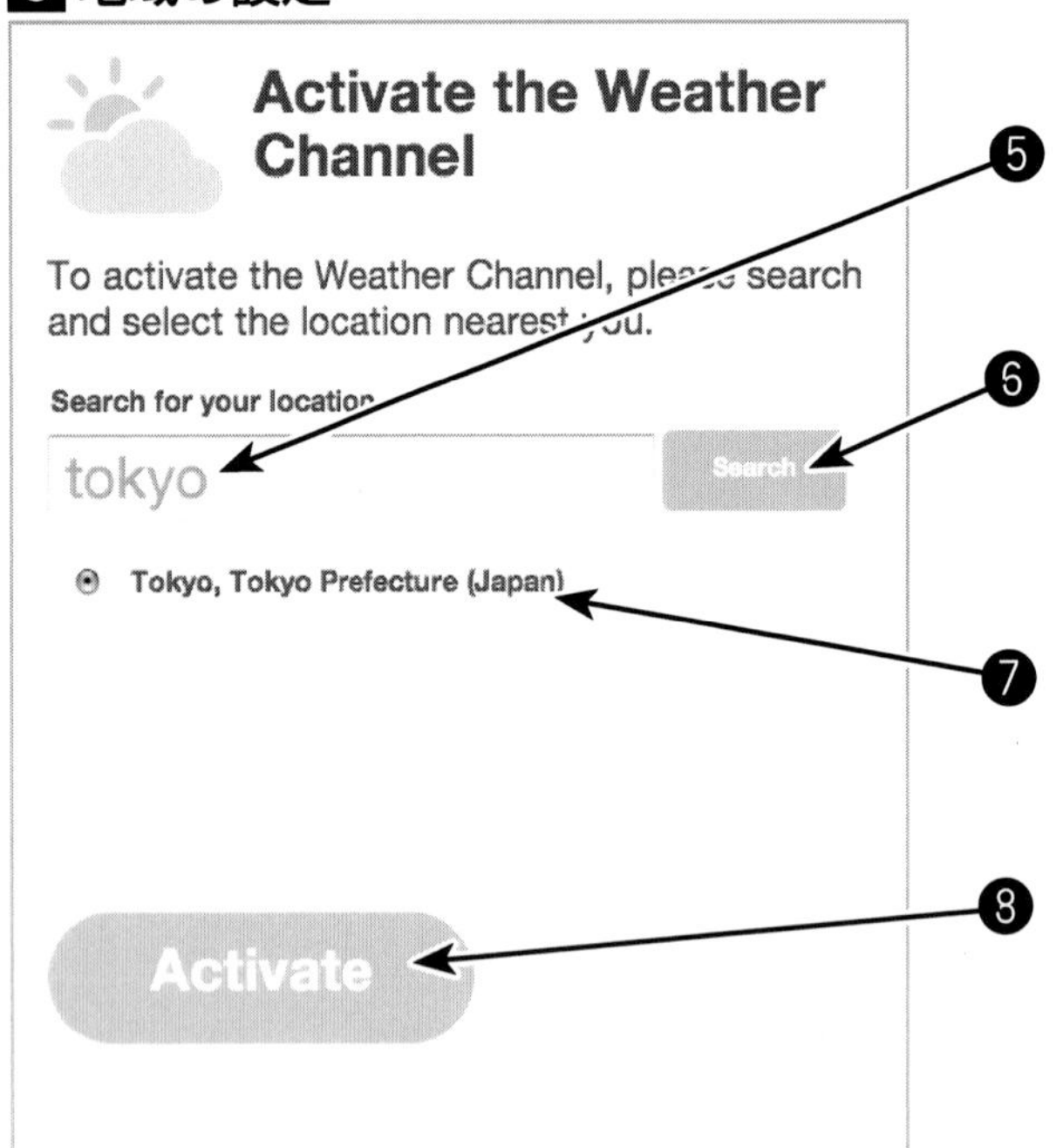

❺「Search for your location」に英字で都市名を入力します。
❻「Search」をクリックします。
❼検索結果が表示されるので、一致した都市を選択します。
❽「Activate」をクリックし、画面が切り替わったら「Done」をクリックします。

6 Weather Channelの設定完了

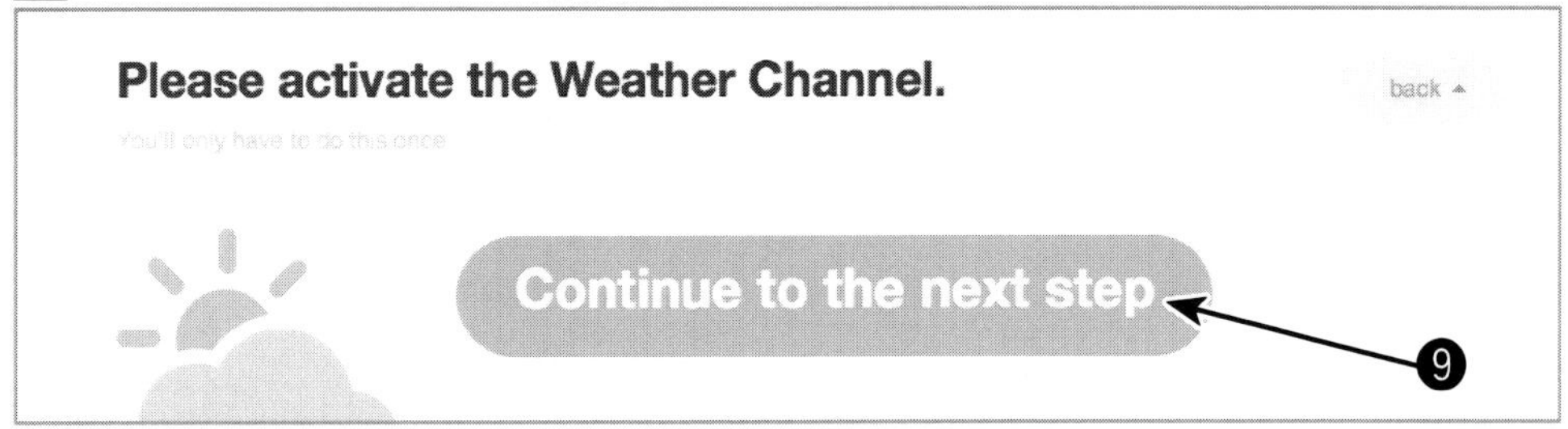

❾「Continue to the next step」をクリックします。

7 トリガーの動作の選択

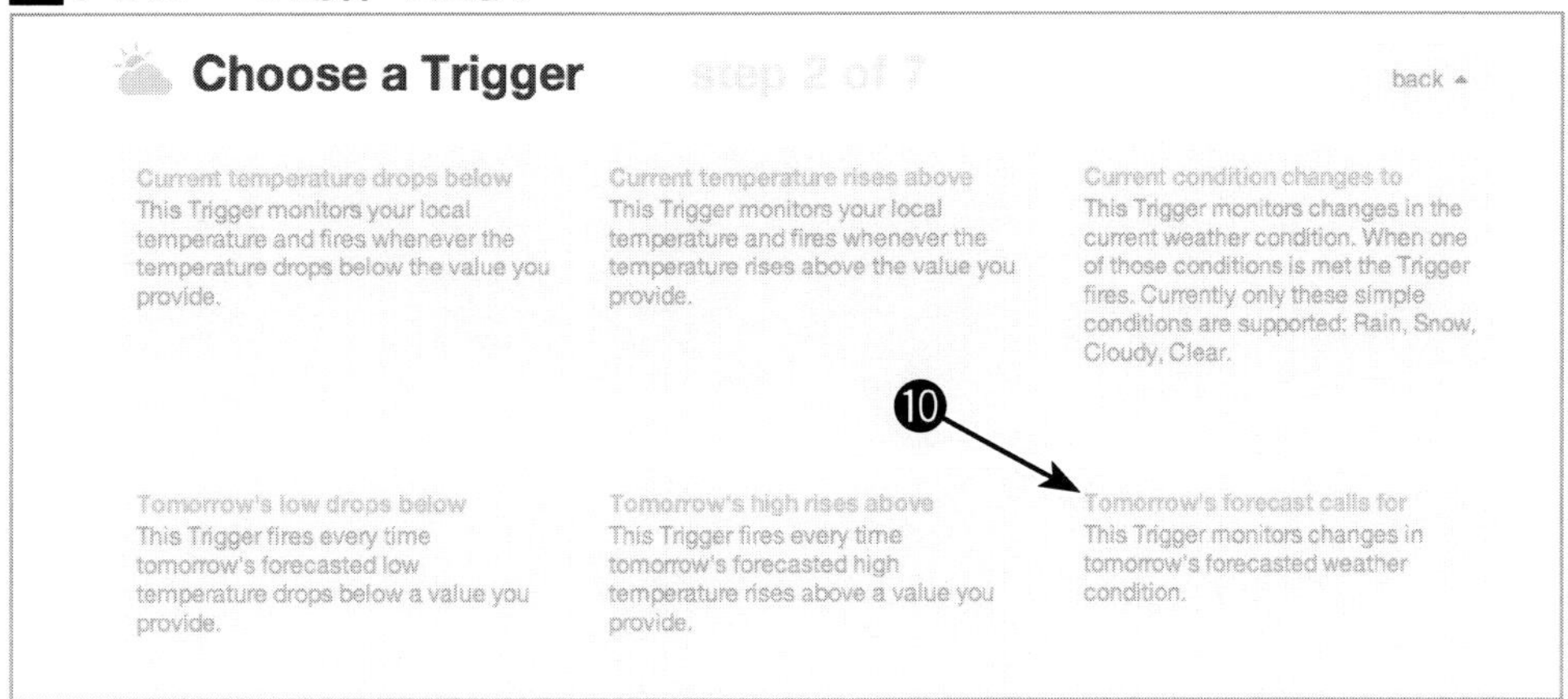

❿今回の例では翌日の天気予報をチェックするので「Tomorrow's forecast calls for」をクリックします。

8 トリガーの条件の設定

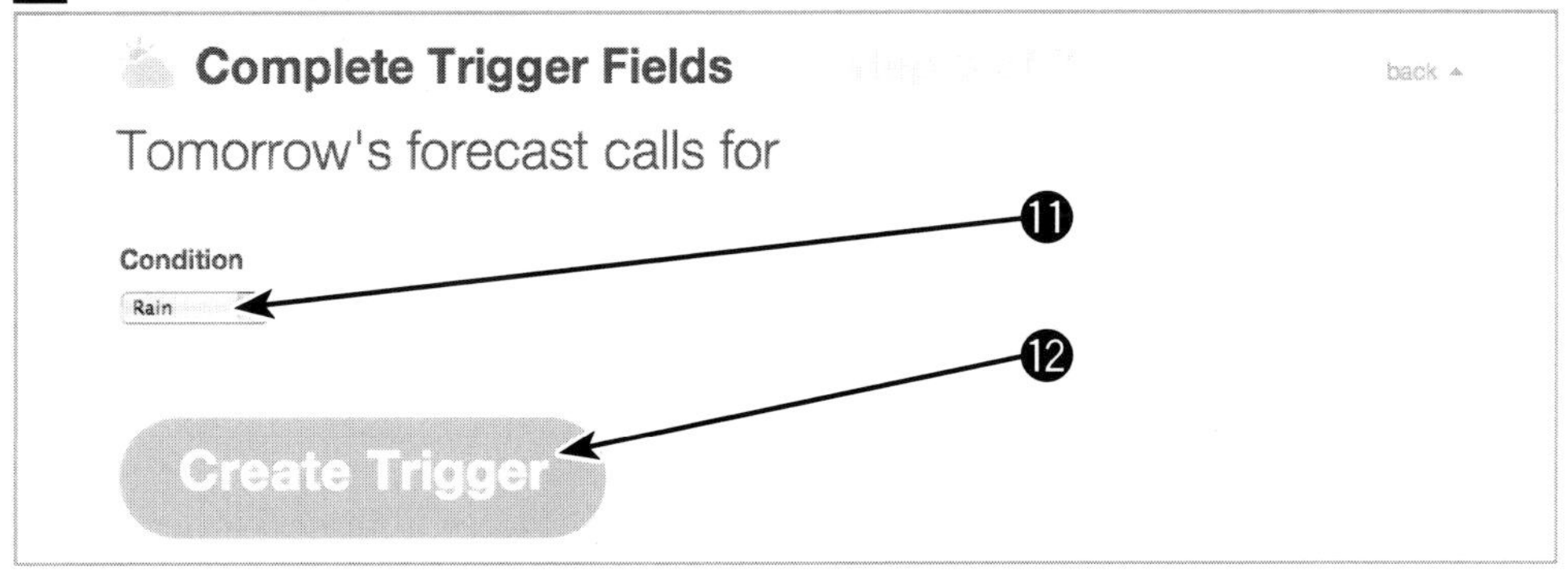

⓫「Condition」のプルダウンメニューで雨(Rain)を選択します。
⓬「Create trigger」をクリックするとトリガーが設定されます。

9 アクションの選択画面の呼び出し

⑬「that」をクリックします。

10 アクションの選択

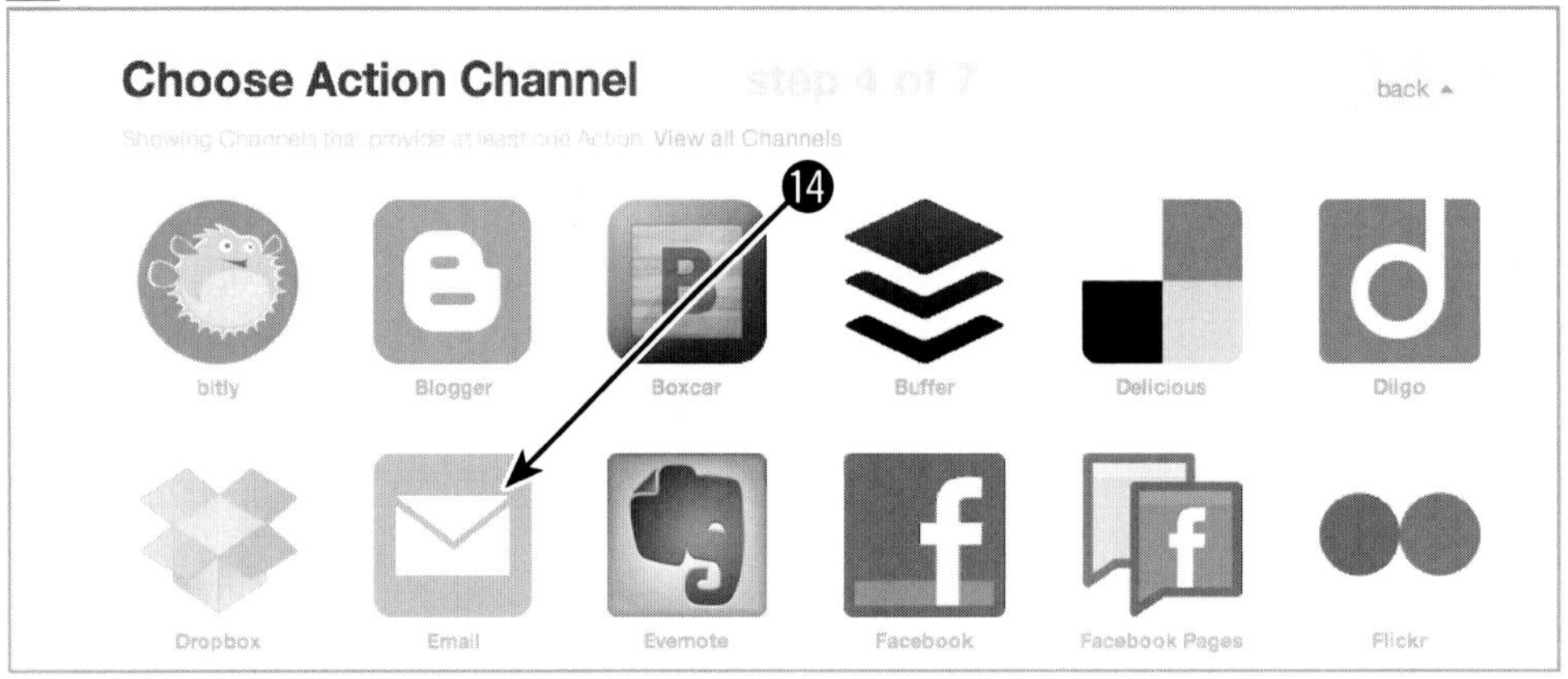

⑭「Email」をクリックします。

11 アクションの内容の設定

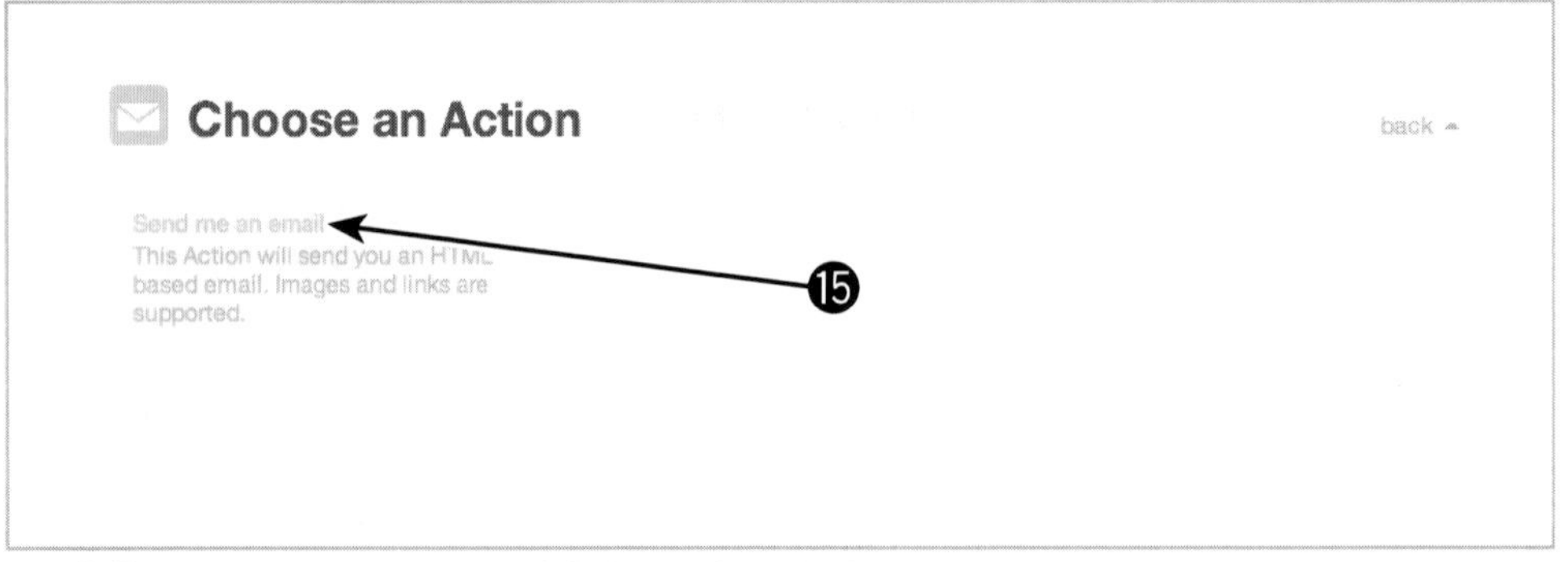

⑮「Send me an email」をクリックします。

12 アクションの詳細の設定

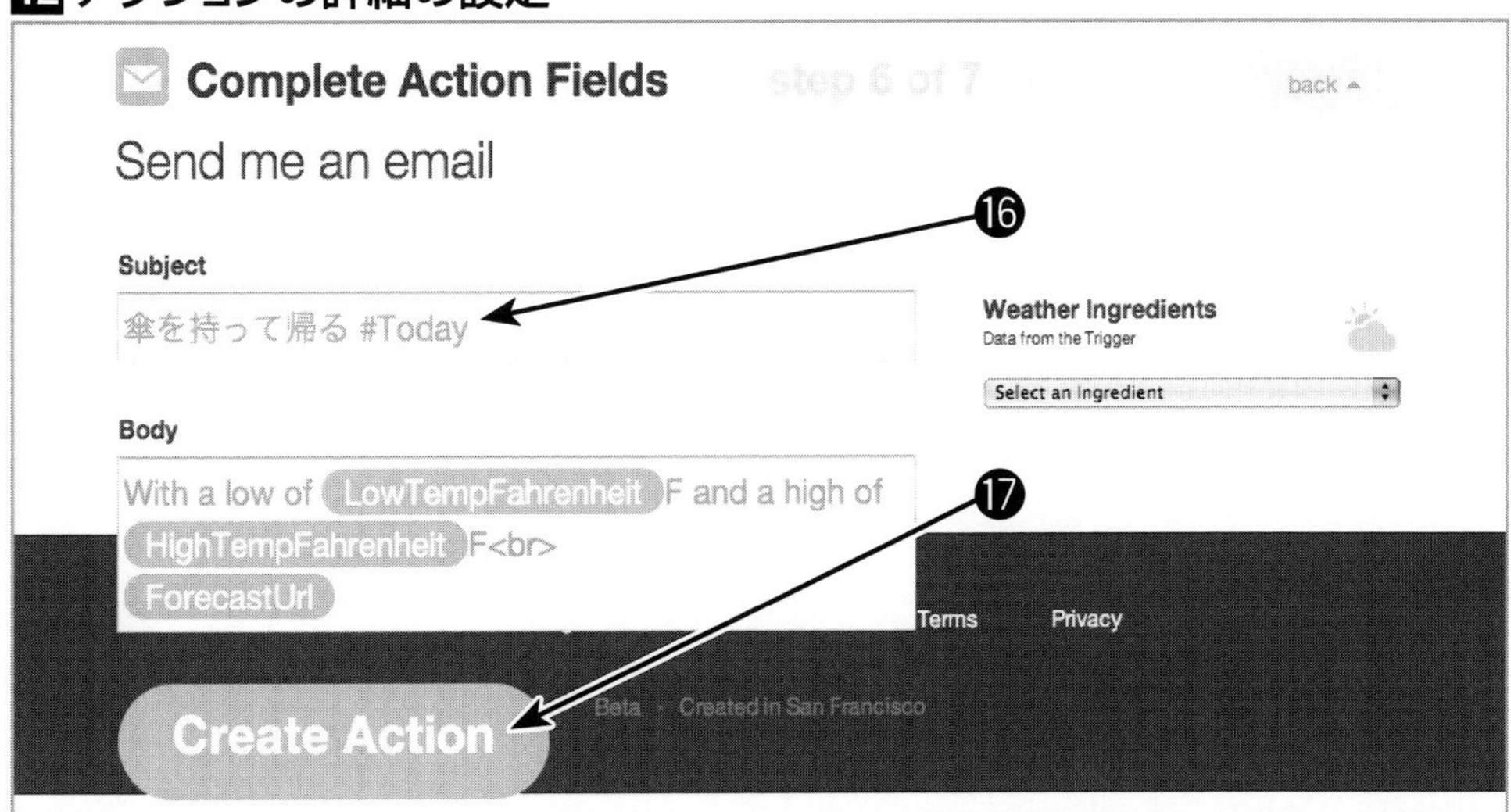

⑯「Send me an email」をクリックして、この画面でタスクとして登録される「件名(Subject)」「本文(Body)」を設定します。Subjectには例のように「傘を持って帰る #Today」(Toodledoのタスク名 期日)などと入れておくと良いでしょう。

⑰「Create task」をクリックすると、設定が完了します。

13 設定の完了

共有機能の使い方

共有機能の概要

Toodledoには「タスクの共有」機能があります。この機能で、複数人が関わるプロジェクトでタスクの進捗やステータスを確認したり、タスクの追加・対応依頼を担当者にダイレクトに行うなど、Toodledoをちょっとしたコラボレーションツールとして利用できます。

無料アカウントでは機能の制限がありますが、それでも一部の機能を利用することが可能で、ぜひ利用したい機能です。最近「共有機能」の管理画面が大幅に改修され、今後のアップデートでさらなる機能改善が期待できます。

「Toodledoは「ひとり用」でしか使ってないよ！という人も、将来「タスクを共有したいんだけど……」「プロジェクトに参加してくれないかな？」なんていうオファーがあった時に備えて、基本的な仕組みだけでも理解しておくと良いかもしれません。

タスクの共有機能を使って共同作業を実現する

Toodledoでは他のユーザーにタスク（ToDoリスト）を共有して、簡単に共同作業を行うことが可能です。他のユーザーに対しては、タスクの閲覧・編集権限や新規タスクの登録権限などを自由に付与できるため、必要に合わせて設定します。

設定は、Toodledoのウェブ画面で「Tools」をクリックして表示されるメニューから「Collaboration」を選択します。以下にその詳細について見ていきます。

特定ユーザーへの(タスク)共有

「特定ユーザーへの共有」機能はProアカウントでのみ利用できる機能です。無料アカウントでは、この機能を使って他のユーザーから「共有」されたタスクの閲覧、および後述のタスクの「公開」機能が利用できま

◉共有設定画面の呼び出し

す。共有を許可するユーザーに対しては、個別に閲覧・編集権限や新規タスクの登録権限と、どのフォルダのタスクを表示するか、という設定が行えます。

特定ユーザーへの権限設定

なお、タスクの編集権限(Can edit my tasks)や登録権限(Can assign me tasks)はProアカウントに対してのみ付与できる権限となります。無料アカウントのユーザーに対しては、タスクの閲覧権限(Can view my tasks)のみ付与できます。

付与できる3種類の権限について確認しておきます。

◉ユーザーごとの共有設定

- Can view my tasks（読み取り権限のみ）
この権限では「共有」先のユーザーは、タスクの閲覧のみ可能です。タスクの編集や新規登録はできません。
- Can assign me tasks（タスクの追加権限あり）
この権限では「共有」先のユーザーは、閲覧に加えて、新規タスクの登録が行えます。既存タスクの編集はできません。
- Can edit my tasks（編集権限あり）
この権限では「共有」先のユーザーは、閲覧、新規タスクの登録に加えて、既存タスクの編集・削除が行えます。

「既存タスクの編集」の内容は、タスク内容とコメント（Notes）の編集、完了処理、別のユーザーへの「共有」（reassign）です。削除も可能です。共有後、Private（プライベート）に設定したフォルダに紐付いているタスクは、「共有」先のユーザーには表示されません（「プライベート」フォルダの設定については後述）。

コンテクストやゴールでも、Private設定がされているタスクは表示されないので、「共有したフォルダ内で特定のタスクを見せたくない」という場合には、Privateに設定しておけばよいでしょう。

共有されたタスクの表示方法

タスクを「共有」した場合、Toodledoの右上部に「Workspace」(ワークスペース)が表示されます。Workspaceのプルダウンメニューには、自分に対してタスクを共有しているユーザーの一覧が表示されます。

タスクを表示したいユーザーを選択すると、ページがリロードされて共有されているタスクが自分のタスクと同じようにリストで表示されます。自分のタスク一覧に戻る場合は、「自分のアカウント名(Me)」を選択します。

他のユーザーに対してタスクを追加する(割り当てる)

先の設定で権限さえ付与されていれば、他のユーザーに対し

●共有の表示の切り替え

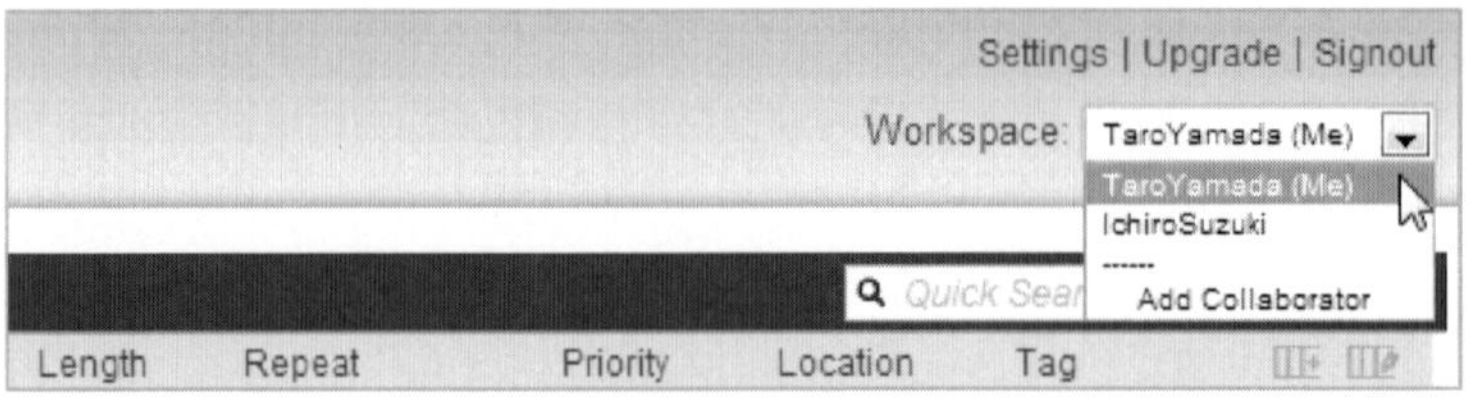

Settings | Upgrade | Signout
Workspace: TaroYamada (Me)
TaroYamada (Me)
IchiroSuzuki

Add Collaborator
Quick Sear
Length Repeat Priority Location Tag

て新しいタスクを追加できます。

タスクの追加方法には、追加したいユーザーのワークスペースで通常と同じように「タスク追加」する方法と、自分のタスクとして登録する際に「Assigned To」でタスクを割り当てるユーザーを選択する方法の2種類があります。

これらの機能を利用するには双方のユーザーがProアカウントである必要がありますが、Toodledoで通常のタスクと同じように追加できます。

自分に割り当てられたタスクの表示

他のユーザーから自分に向けて追加されたタスク(割り当てられたタスク)は、自分で登録したタスクと同様に一覧に表示されます。

誰から登録されたか確認するには、「Sharing」ビューで確認する方法と、一覧画面の「Assignor」(割当元のユーザー)項目で確認する方法の2種類があります。

「Assignor」項目は、デフォルトでは表示されていないので、一覧に表示する設定を行うようにします(49ページ参照)。

自分に割り当てられたタスクを再度他人に割り当てる

割り当てられたタスクをまた別の誰かにコピーしたり、移動して割り当ててしまうこともできます。タスクのアクション アイコンをクリックして、「Reassign…」で割り当て先のユーザーを選択しましょう。

また、このようなタスクの編集作業を行う際、既存のタスクを編集してフォルダやコンテクスト、ゴールなど「none（指定なし）」に変更されてしまう場合があります。この時、タスクを共有する他のユーザーに対して「no folder」（フォルダ指定なし）は表示しないなどの設定をしていると、編集作業後タスクが表示されなくなるので注意します。

タスクの「公開」機能について

Toodledoでは上記の「特定ユーザーへの共有」以外に、URLを知っていれば誰でも見られる「公開」状態にすることも可能です（この機能は無料アカウントでも利用できます）。

この設定を行うと、「プライベート（Private）」フォルダ以外のタスクは、第三者が読み取り専用でToodledoのタスクリストとして表示することができます。

利用する場合はまず、Toodledoのウェブ画面から、「Tools」をクリックして表示されるメニューから「More」→「Publishing」へと進みます。「Enable Public Sharing」(公開機能を有効にする)をONにして、「Save Changes」をクリックして保存します。

「公開」機能は、文字通り誰でもアクセスできます。希望しないタスクリストを不用意に「公開」することが無いよう注意しましょう。

「プライベート(Private)」フォルダの設定

「特定ユーザーへの共有」「公開」機能それぞれで、非表示にするタスクをフォルダ単位で指定することが可能です。

●Privateの設定

Folders		
雑用	☐ Archived	☐ Private
家族	☐ Archived	☐ Private
電話する	☐ Archived	☑ Private
仕事	☐ Archived	☐ Private
サッカー	☐ Archived	☐ Private
趣味	☐ Archived	☐ Private

「Organize」をクリックして表示されるメニューから「Folders」へと進み、公開したくないフォルダで「Private」をONにして、「Save Changes」をクリックします。

フォルダ管理画面でPrivateの設定

Private(プライベート)に設定したフォルダに紐付いているタスクは、自分以外には表示されなくなります。またこの「Private」設定は、コンテクストやゴールでも同じ手順で設定することが可能です。

CHAPTER 4
Toodledoで
GTDを実践する

GTDとは

GTDの概要

GTDとは米国のデビッド・アレン（David Allen）氏が書籍「Getting Things Done」（邦訳『はじめてのGTD ストレスフリーの整理術』二見書房）で提唱した情報管理のためのワークフローです。日本では主にタスク管理の手法として知られています。

GTDの大まかな流れは、自分が気になっていること、メールや渡されたメモなどから自分がやるべきことなどを「収集」し、それをワークフローに沿って「処理」しながら、適切なリストに「整理」し、整理されたリストをメンテナンスする「レビュー」をしながらNextActionリスト（次にやることリスト）を作成して、日々「次にやること」を「実行」していくという形になります。

頭の中にある気になることをすべて洗い出し、信頼のおけるタスク管理システムに預けてしまうことで、「覚えておかなければ」というストレスから脳を解放しつつも、「次にやること」に集中して取り組むことを目指します。やるべきことをいちいち思い出しながら、その中から次にやることを考えながら作業をするのは、脳が記憶・注意・思考をするためのリソース領域である認知リソースを大幅に消耗するため、実際に仕事に取りかかる前に認知リソースをなるべく使わないような環境を作ってしまうGTDのアプローチは非常に理にかなっているのです。

タスク管理を円滑に進める5つのフェーズ

それでは先ほど紹介した「収集」「処理」「整理」「レビュー」「実行」というGTDの基本となる5つのフェーズについてもう少し詳しく見ていきましょう。

収集

「収集」のフェーズでは、思い付いたことを書き留めたメモ、電子メールや口頭で頼まれたことのメモ、ウェブで見かけた気になるイベント情報のクリップデータなど、さまざまな形式で存在する「気になること」「やるべきこと」を集めます。また、メモやメールという形で記録が残っていない、自分の頭の中にだける「気になること」「やるべきこと」をいったんすべて紙などに書き出すことも、このフェーズでは重要な作業となります。

電子メールや、メモ、EVERNOTE、書類トレイなど、集まってくる情報を一時的に受け止めておく場所を「INBOX」と呼びます。まずは自分にとってのINBOXは何かを明確にし、「収集」のフェーズではそれらINBOXを1つずつ洗っていきましょう。

処理

「処理」のフェーズでは、収集してきた情報に対して「これは何か?」と問いかけ、あるべき場所を明らかにしていきます。

「これは何か?」と考えた結果、その情報が行動を伴わない場合で今後も不必要な場合は「ゴミ箱」フォルダ、いつか使うかも知れない情報であれば「参考資料」フォルダという具合に情報の配置場所が決まります。また、その情報が行動を伴う場合はタスクとして扱い、タスクの実行タイミングに応じた場所がどこかをジャッジします。

整理

「整理」のフェーズでは、処理した結果、行き先が明らかになった情報をその保管場所に配置します。たとえば、今日すぐに実行する必要があるものは「次にやることリスト（NextActionリスト）」に配置され、実行が先のものは「カレンダー」に配置されるという具合です。

処理と整理の流れは、後ほどGTDのワークフローの説明のところで詳しく説明します。

レビュー

「レビュー」のフェーズでは、タスクリストのメンテナンスを行います。1日の終わりや始まりに、INBOXに集まっているタスクを再度処理・整理し、プロジェクトリストから次にやるタスクを洗い出して「次にやることリスト」の更新を行います。

タスクの中長期的な管理は「プロジェクト」や「カレンダー」というタスクリストで行い、実行する前段階で管理用のタスクリストから「次にやることリスト」へとタスクを移すところがGTDにおけるタスク管理の妙です。こうすることで、自分がやるべきことをすべて書き出しつつ、今やるべきことを明確にすることが可能となるのです。

実行

「実行」のフェーズでは、これまでの「収集」〜「レビュー」までの過程でできあがった「次にやることリスト」に書き出されたタスクを実行に移します。ただし、例外的にすぐにできるもの、GTD風にいえば2分以内にできることは処理／整理の過程ですぐに実行してしまいます。

GTDのポイントはワークフローを決めること

GTDでは5つのフェーズを実行するに当たって、「処理」の判断基準と「整理」する先を明確にするためにワークフローを策定します。原典の書籍「Getting Things Done」では左ページのようなワークフローが掲載されています。

ポイントは大きく2つで、「行動を起こす必要がある?」という問いかけに対して「Yes」であればタスク、「No」であれば不要な情報か、今すぐには必要のない情報ということになります。「あとでやる?」というのも重要で、このときに「次にやること

GTDのワークフロー図

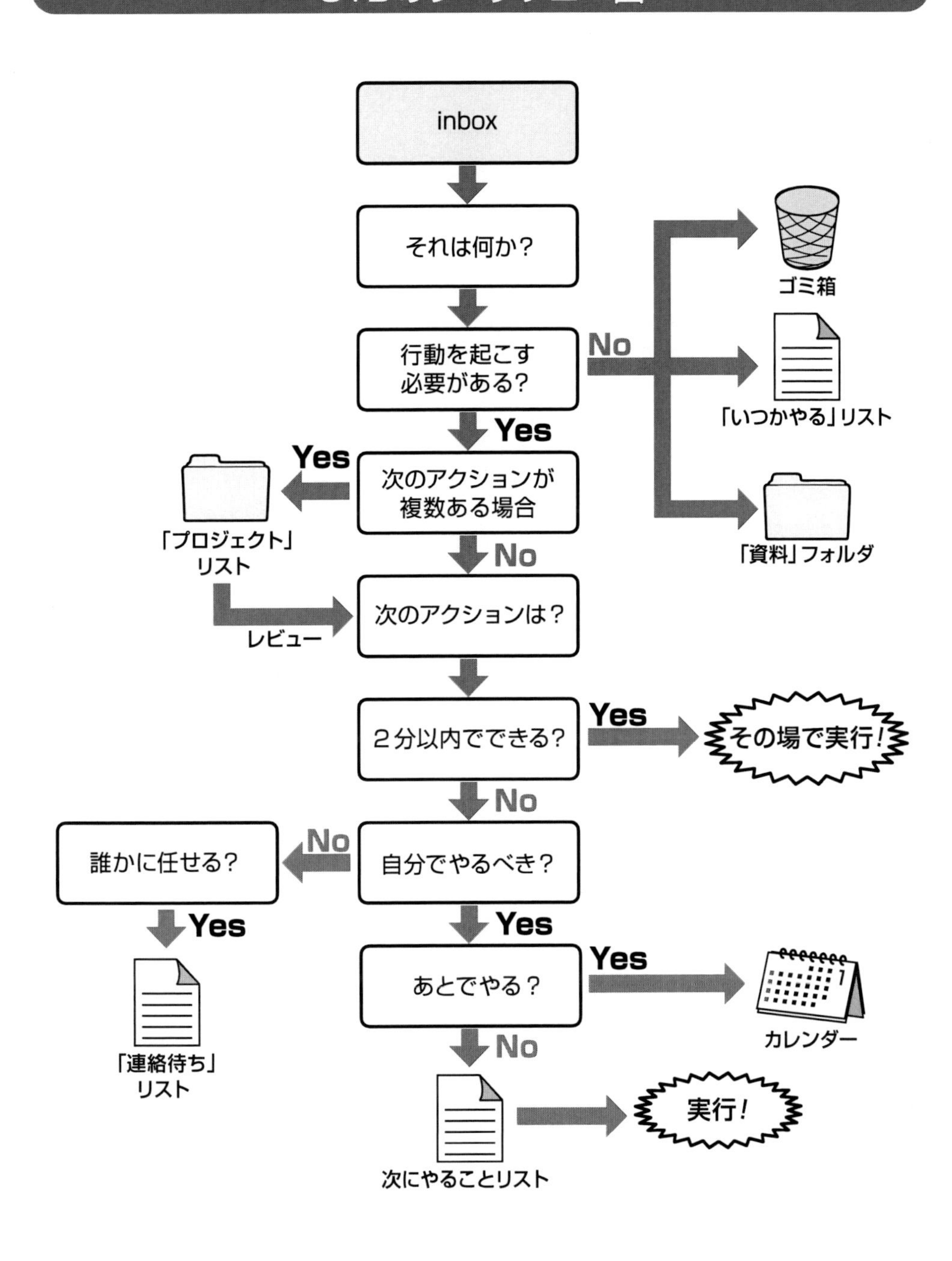

GTDのワークフローと5STEPのマッピング

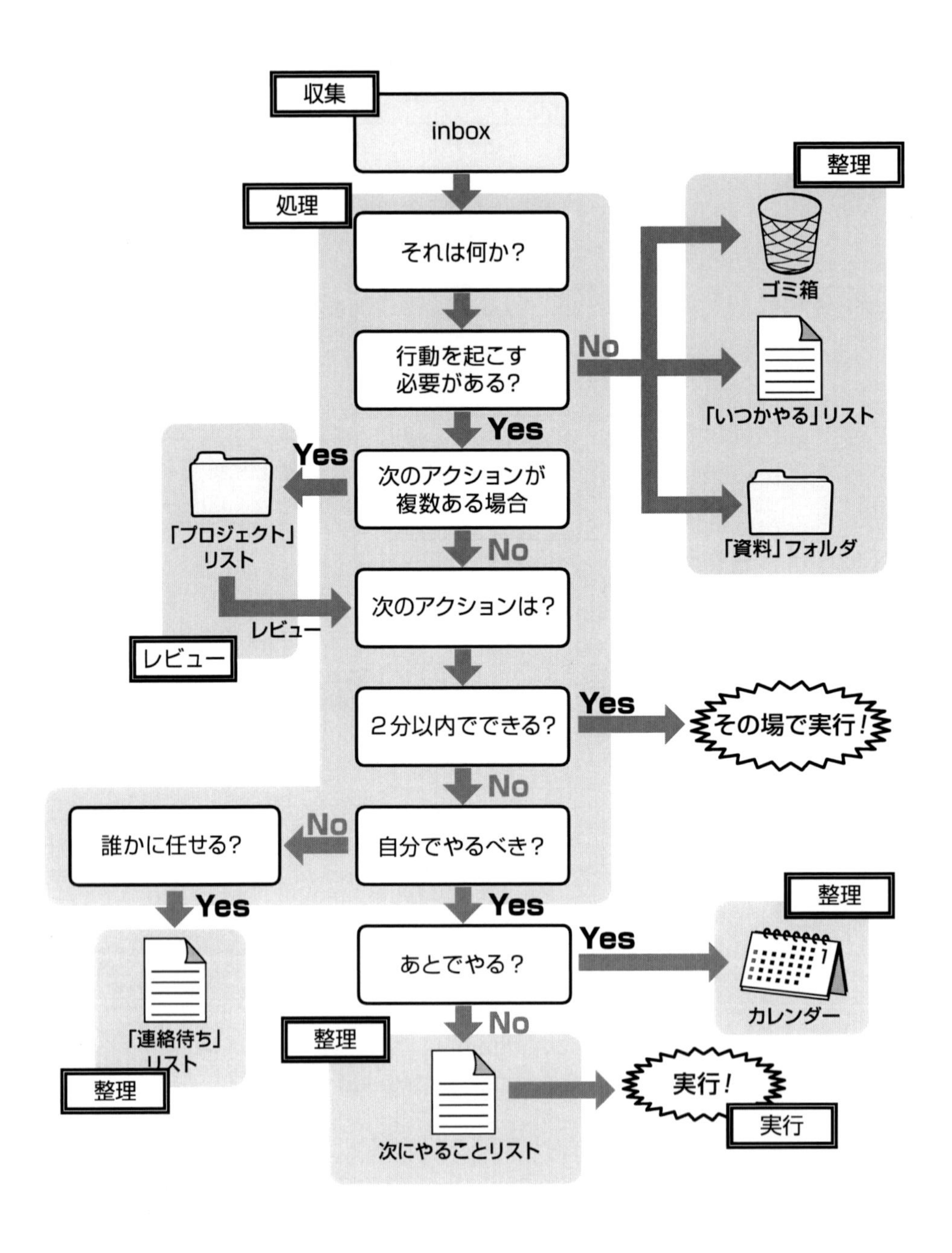

リスト」に配置されなかったタスクについては、いったん実行の対象外として留め置かれることになります。前述の5つのフェーズとワークフローの関係がわかりやすいよう、ワークフロー図に各フェーズをマッピングしたものを右ページに載せておきます。

GTDのワークフローを100パーセント真似る必要はないと思います。重要なことは「情報をどうやって処理するか?」「処理した情報をどこに整理するか?」を事前にワークフロー化しておくことで、タスク管理が非常にやりやすくなるところです。最初はGTDのワークフローを真似つつ、使いにくいところは少しずつカスタマイズして自分のワークフローを作り上げていくとよいでしょう。

SECTION 35

Toodledoでパースペクティブを管理するには

「プロジェクト」を管理する

GTDにおける「収集」のフェーズで気になることを書き出していると、複数のタスクに分解可能なタスクに出会うことがあります。

たとえば、「A社向けのプレゼン資料を作る」というタスクを書き出した場合、「市場調査を行う」「アウトラインを決める」「資料作成」……という工程に分けることができます。こういった複数のタスクから構成されるタスクをGTDでは「プロジェクト」と呼びます。２４９ページのGTDのワークフロー図でいうところの「プロジェクトリスト」がこれにあたります。

Toodledoではフォルダがプロジェクトの概念にあたります。プロジェクト内のタスクがすべて完了した時点でフォルダを完了(Archive)することで、プロジェクトのライフサイクルを管理することができます。また、複数のタスクから構成されるタスクという意味では、サブタスク機能もまたプロジェクトの概念を管理するのに適した機能といえそうです。

たとえば私の場合、フォルダを「仕事」や「家庭」「サークル活動」という自分が担っている役割（ペルソナ）ごとに区切っていて、この役割のフォルダは基本的に閉じられることがありません。その役割の下に個別のタスクも、プロジェクトも同列に扱い、プロジェクトの場合はその配下にサブタスクがくる関係となります（下図参照）。

◉タスクのツリー図

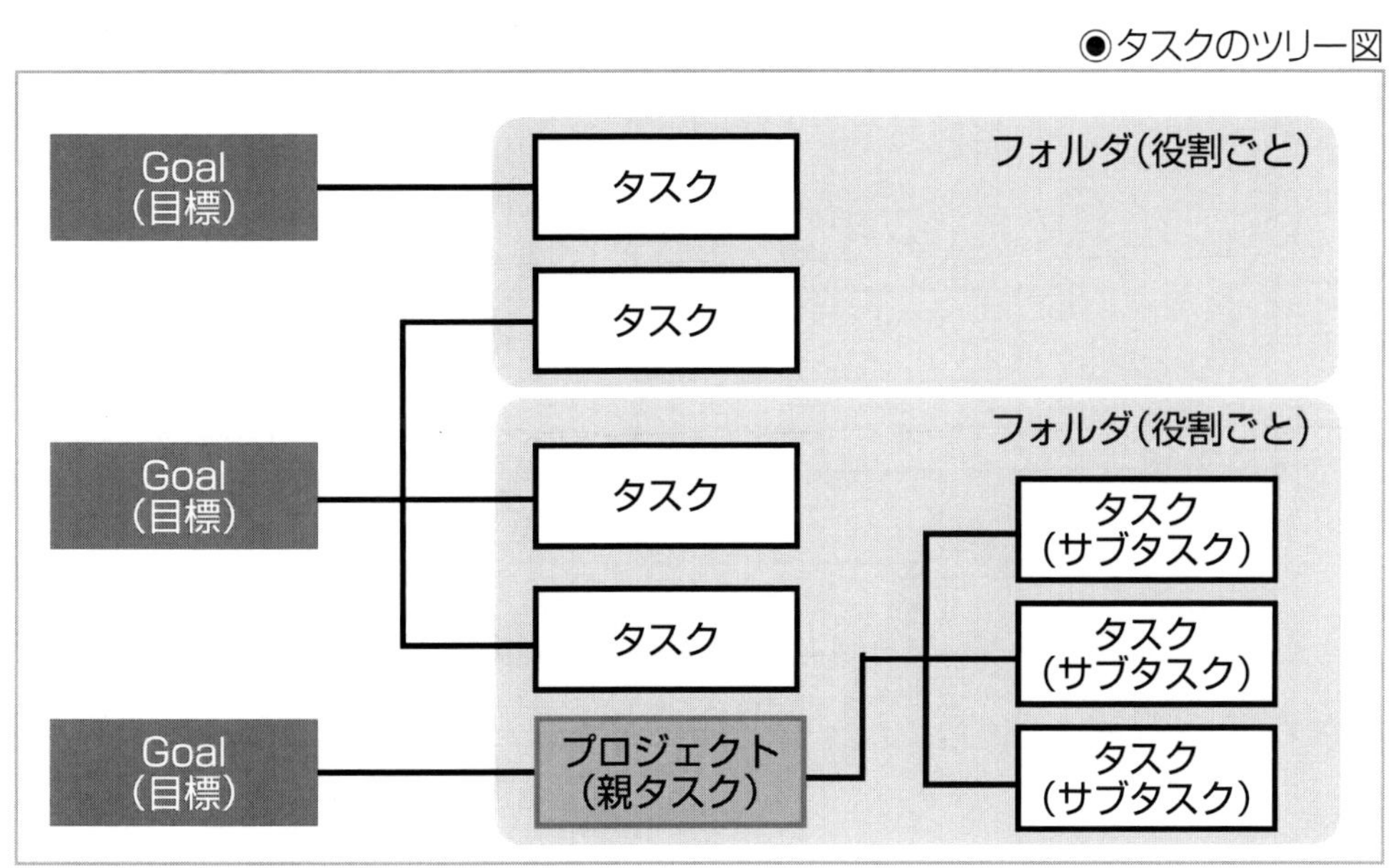

Toodledoにおけるパースペクティブ管理

GTDの重要な概念の1つに「パースペクティブ」があります。パースペクティブは直訳すると遠近感を意味するのですが、GTDではタスクを実行に即したアクションのレベルだけでなく、プロジェクトや役割、目標というより高い位置から俯瞰するような意味合いで使われています。日本語でいえば「鵜の目鷹の目」という言葉がまさにパースペクティブにあたり、具体的なアクションにフォーカスを当てつつ、人生の目的を達成するためには何をすべきかという大局的な位置からも俯瞰することが重要となります。

私の例で行くと、具体的なアクションを管理する「タスク」に対して、複数のタスクを1つのグループとして管理する「プロジェクト」をサブタスクで管理し、さらにその上に複数プロジェクトを抱える「役割（ペルソ

◉GTDのパースペクティブ

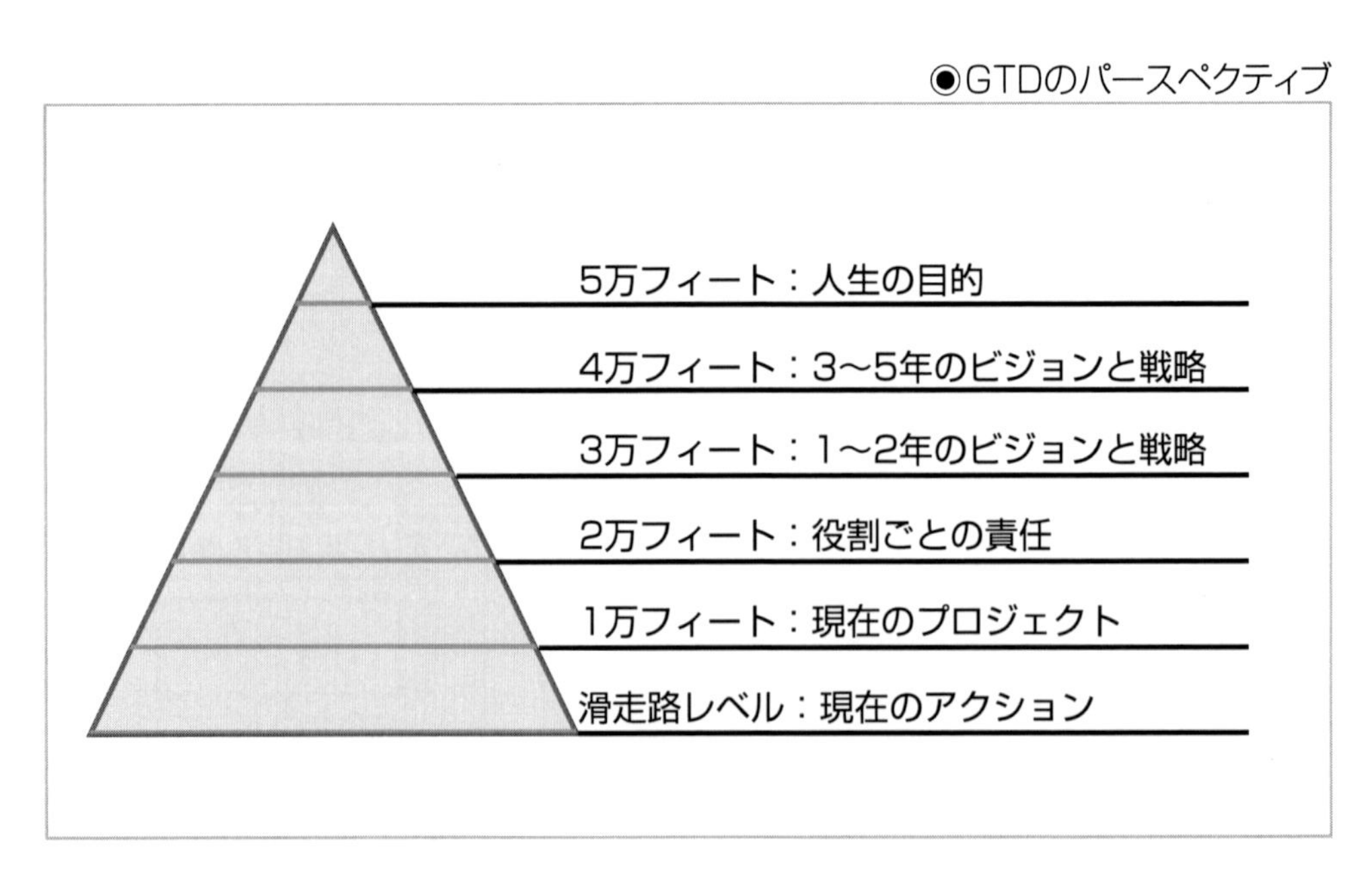

ナ)」ごとにフォルダを分けています。また、さらに高いパースペクティブとして、「短期の目標」〜「人生の目標」をゴールとしてToodledoに登録しています。

フォルダとゴールの間でくくり付けが行われないなど、パースペクティブの階層ごとに綺麗にピラミッドストラクチャになっているわけではありませんが、タスクと目標をくくり付けることができ、ある目標とくくり付いているタスクだけを表示することが可能です。

SECTION 36

収集のテクニック

収集の第一歩はINBOXの把握

GTDの「収集」工程は、自分に集まってくる情報を貯めておくINBOXを設置・把握するところからスタートします。たとえば、電子メール、携帯メール、手書きのメモ、TwitterやFacebookのメッセージなどなど、いろいろなところに「気になること」や「やるべきこと」が集まっているはずです。INBOXが把握できれば、そこに逐次情報を「収集」し、定期的に「処理」「整理」を行うことになります。

INBOXという言葉を聞き慣れない人もいるかと思いますが、電子メールにおける未整理の受信箱を思い浮かべてもらえればよいでしょう。たとえ、受信していたとしても、メールマガジン

●INBOXを把握する

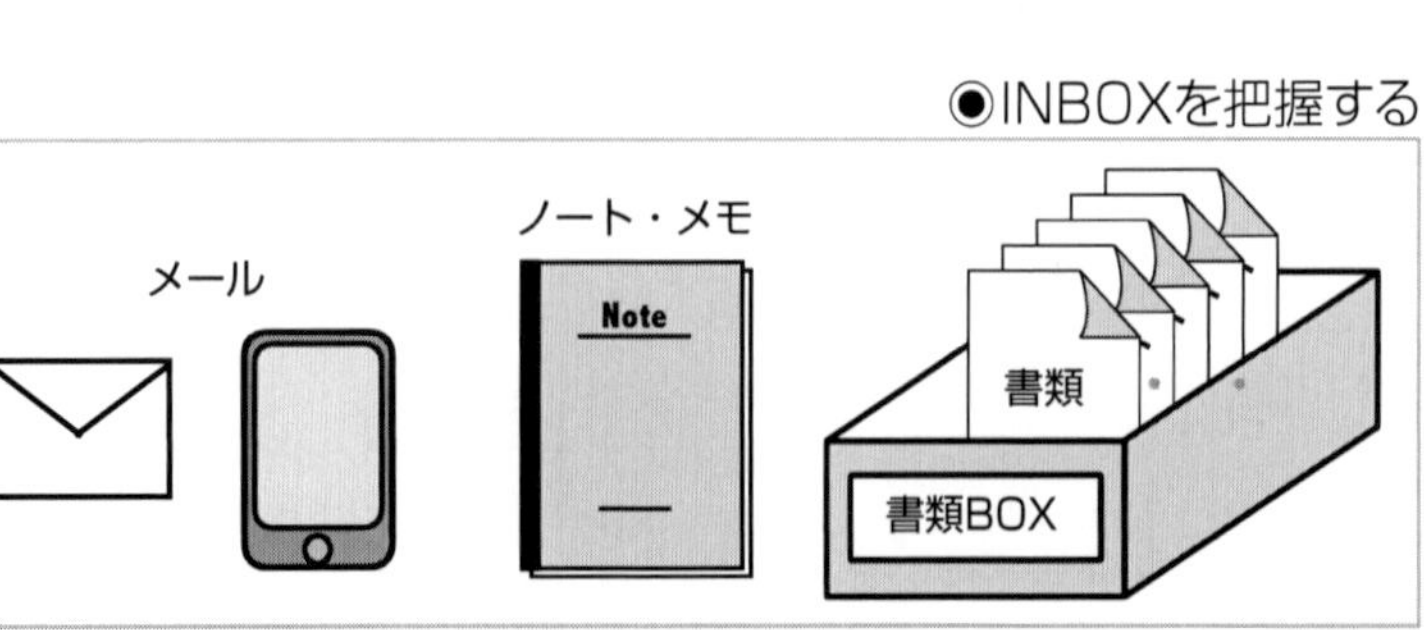

と社内会議の開催通知、客先から送られてきた大切な資料などが混在している状態ではメールから情報を読み取ることも、アクションをとることも困難です。これを整理・分類してあとから参照しやすくしたり、対応が必要なものはタスクリストに書き出したりという何らかの対応をすでに多くの人が実行していると思います。

INBOXの数が多くなるほど、このあとの処理工程が煩雑になるため、なるべく少なくなるように情報を集約させる工夫をするとよいでしょう。たとえば、手書きのメモもデジタルメモも一端すべてEVERNOTEに放り込んで、「処理」「整理」はEVERNOTEのINBOX上で行うという取り組みは非常に重

メモをEVERNOTEに集約する

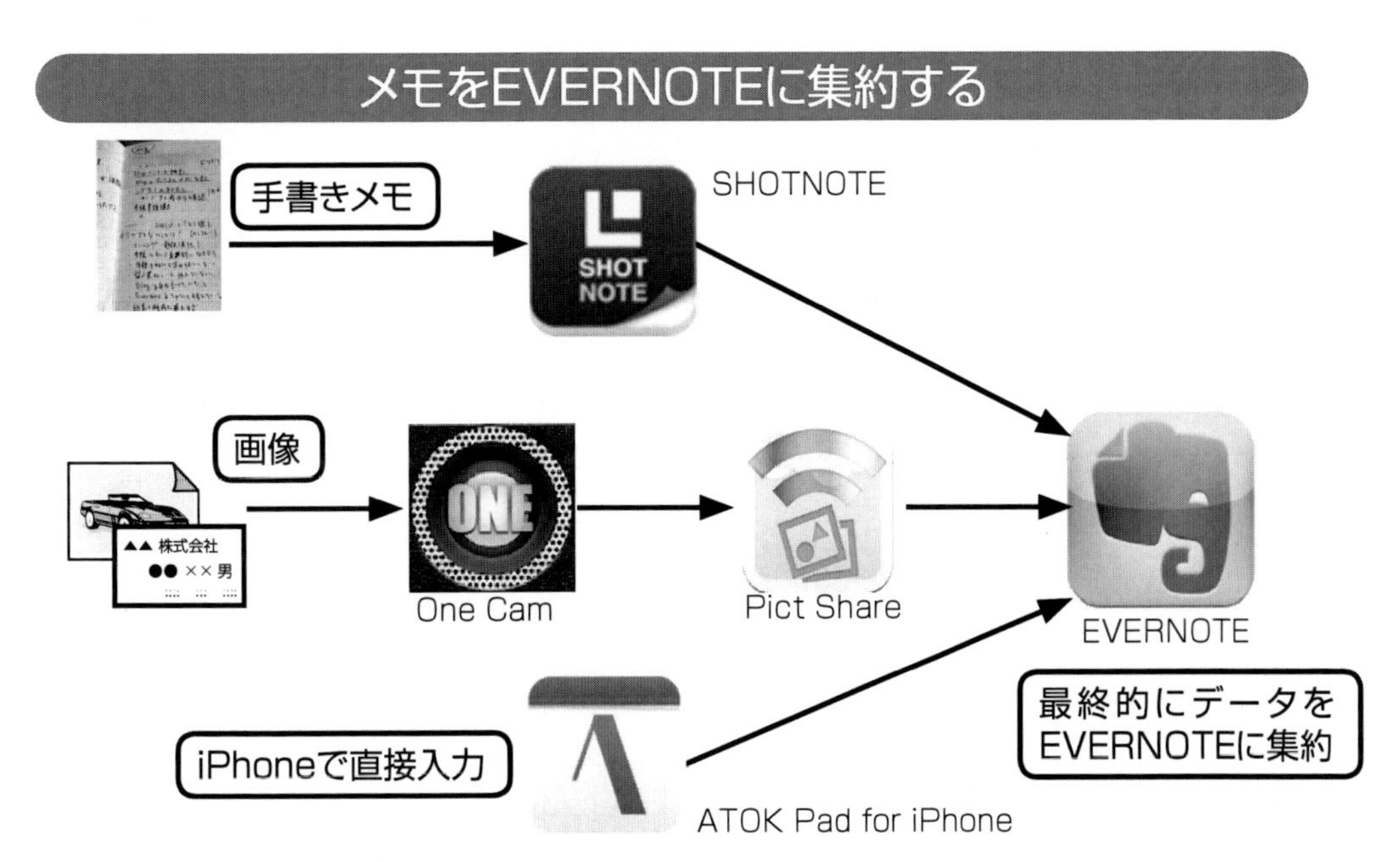

要となります。

脳の中にだけある情報を引き出す

明確に形となってINBOXに集まってくる情報だけであれば「収集」という工程に苦労はないのですが、残念ながら頭の中にだけある「気になること」や「やるべきこと」とも存在します。こういった事柄をやるべきときに適切に思い出されればよいのですが、「あ、あれやろうと思ってたのに忘れてたよ」というやり漏れは往々にして起こってしまうものです。

そういった「頭の中だけにあって書き出されていない情報」については、これを引っ張り出す作業が必要となります。

私は罫線タイプのMoleskineに対して自分の頭の中にある事柄を書き出す作業を最低週に1度は行っています。

この頭の中にある情報を引っ張り出

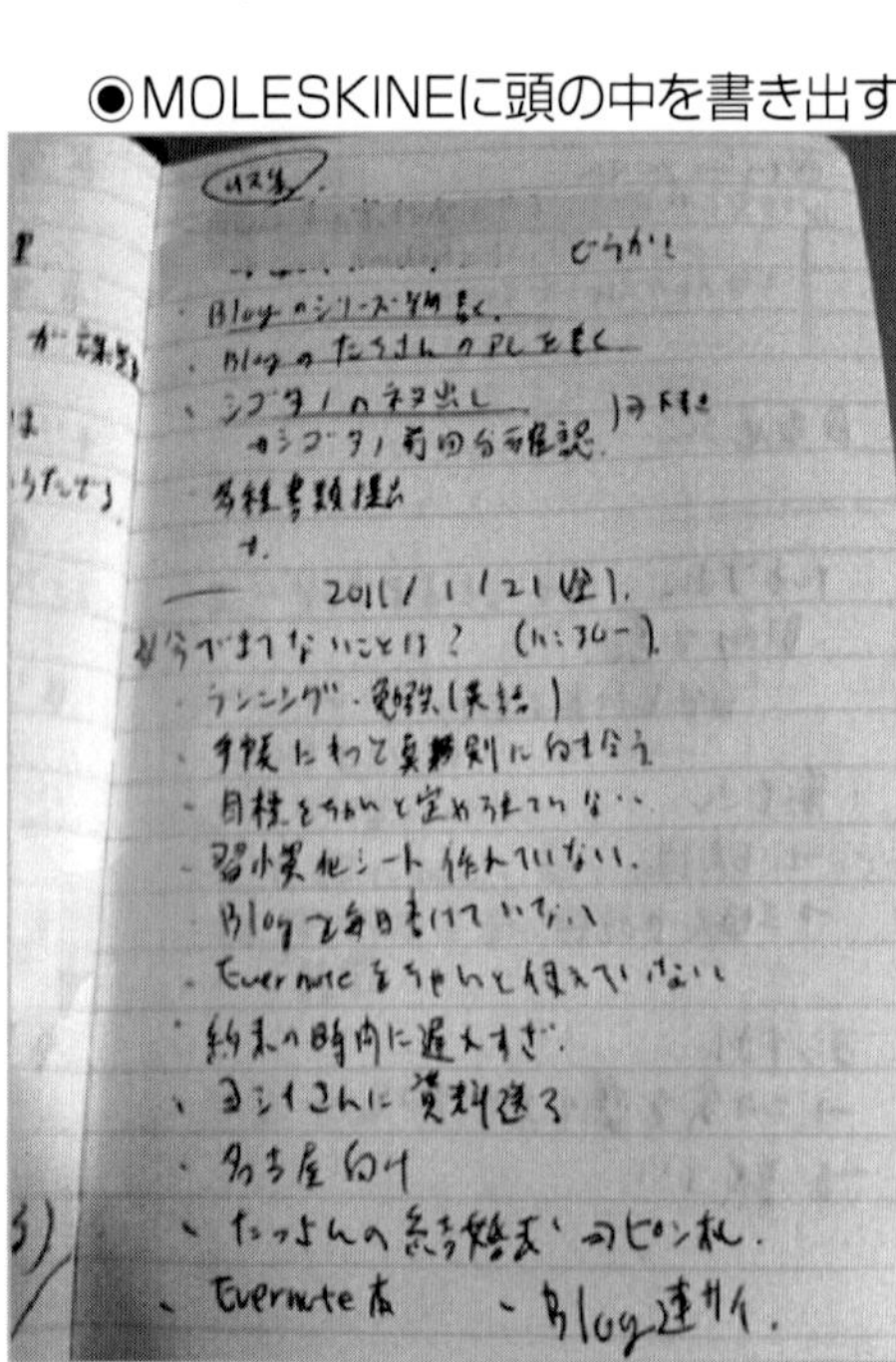

◉MOLESKINEに頭の中を書き出す

トリガーリスト

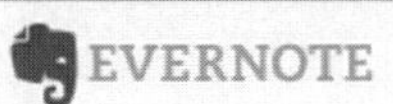
beckle から共有されています

トリガーリスト

★★★★★仕事のこと(自分)★★★★★
現在抱えているプロジェクトにはどんなものがありますか？

現在の仕事の目標は何ですか？

将来行うべきプロジェクトにはどのようなものがありますか？

机の上に何がありますか？

机の引き出しの中には何が入っていますか？

書類入れ、本棚、ロッカーやそのほか、あなたが管理している箇所にはどのようなものがありますか？

現在上司と約束（依頼）していることは何ですか？　約束（依頼）したいことは何ですか？

現在部下と約束（依頼）していることは何ですか？　約束（依頼）したいことは何ですか？

現在同僚と約束（依頼）していることは何ですか？　約束（依頼）したいことは何ですか？

現在取引先と約束（依頼）していることは何ですか？　約束（依頼）したいことは何ですか？

仕事の環境で変えたいことはありますか？

書かなくてはいけないメールがありますか？

処理しなくてはいけない書類がありますか？

かけなくてはいけない電話がありますか？

行わなくてはいけない会議はありますか？

会議に関して行わなくてはいけない作業がありますか？

給与について心配事がありますか？

キャリアプランについて心配事がありますか？

仕事上の直近のイベントにはどんなものがありますか？

習得したいスキルがありますか？

調査しなくてはいけないことがありますか？

★★★★★　プライベートのこと　★★★★★
あなたの家を隅々まで思い浮かべてください。何かしなくてはいけないことがありますか？

あなたの将来の目標は何ですか？

あなたの現在の心配事は何ですか？

あなたは今誰かと何か約束していますか？

あなたは誰かと何かの約束をする必要がありますか？

今、あなたが欲しいものは何ですか？

プライベートの直近のイベントにはどんなものがありますか？

次の休みはどのように過ごしたいですか？

行ってみたい国はありますか？

会いたい人がいますか？

習得したいスキルはありますか？

習得したい言語はありますか？

健康に関して心配事がありますか？

家族に関して心配事がありますか？

友人、近所の方などに関して心配事がありますか？

見たいテレビ、映画がありますか？

修理しなくてはいけないものがありますか？

お金はきちんと管理されていますか？

職場の(自宅の)机の上、引き出しの中には何が入っていますか?

す作業を行うときには「トリガーリスト」と呼ばれる自分への質問集を作成しておくとスムーズに書き出しを行うことができます。参考までに私が使用しているトリガーリストを公開しておきます（ちなみに、このトリガーリストは東京ライフハック研究会タスク管理分科会の面々が作成したものをベースにしています）。

処理・整理の実行

処理・整理のポイント

集まってくる情報や自分の中から引き出す情報がINBOXに「収集」できたならば、今度はそれらの「処理」と「整理」を行います。

私の場合、INBOXから情報を取り込む際に、まずは明らかにスケジュールであればGoogleカレンダー、タスクであればToodledo、それ以外の情報はEVERNOTEに配置するというステップを踏みます。ただし、ぱっと見てスケジュールやタスクだとわからなかった情報でも、よくよく内容を分解してみればスケジュールやタスクだったという場合もあり得るため、EVERNOTEに取り込まれたメモの一部はEVERNOTE内の整理を行うタイミングで再度GoogleカレンダーやToodledoへと移動される場合があります。

このフェーズを経て、Toodledoには「タスク」のみが集められている状態になるの

クラウドツール間での情報の振り分け

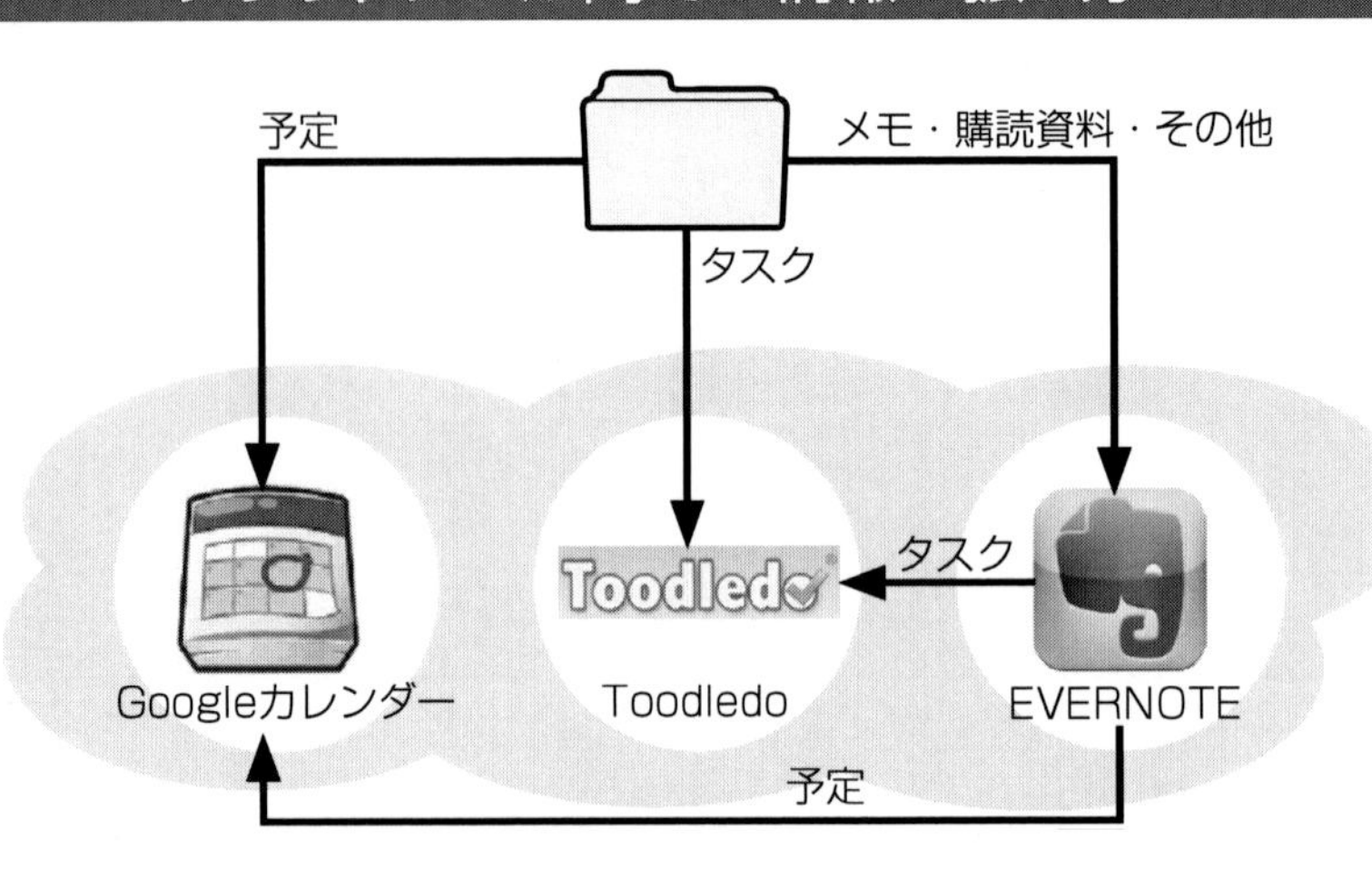

Toodledoの担当領域

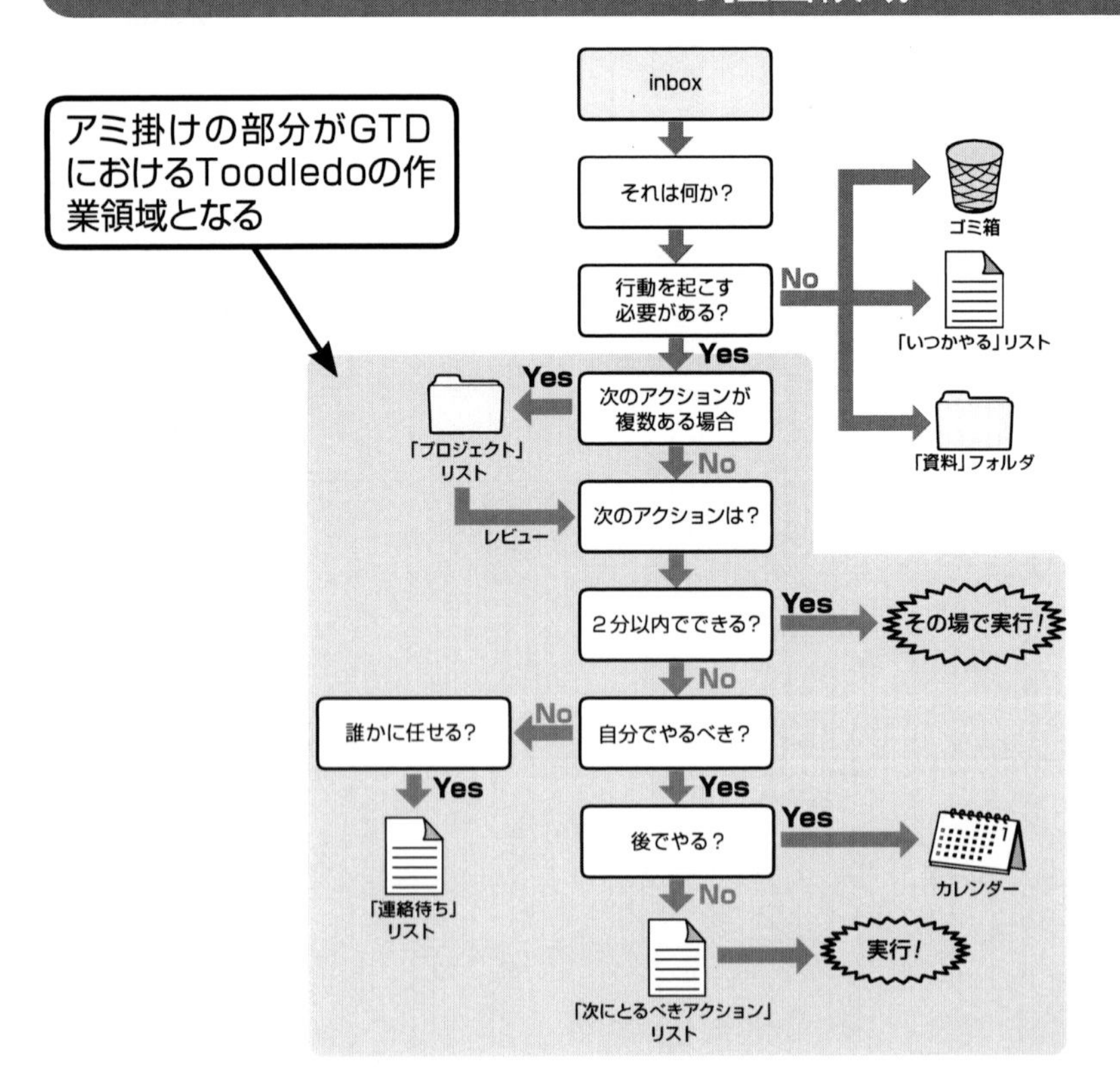

で、GTDのワークフローでいうと「行動を起こす必要がある?」以降がTodledoの担当領域になります。

GTDではプロジェクトリストとカレンダー、NextActionリストの3箇所にタスクが整理されますが、Toodledoでは明確にこれらのリストが分かれているわけではありません。タスクを整理するフォルダや開始日/締め切り日、ステータスをキーに絞り込みをかけることで、プロジェクトリスト、カレンダー、NextActionリスト相当のリストを表示する形になります。

ToodledoでGTD的タスク管理を実践

それでは具体的にToodledoにタスクを取り込んでからどのような流れでタスクを「処理」「整理」していくかについて見ていきましょう。

❶ INBOXを洗い出し(ここでは電子メール受信箱)、「これは行動を起こす必要がある」と思われるものについてはToodledoに転記する。
❷ 追加したタスクに対して「処理」「整理」を行っていく。

GTDのタスク管理の実践

◉メールから必要なタスクの転記

◉追加されたタスクの処理・整理

◉タスクの開始日･締め切り日･見積時間の入力

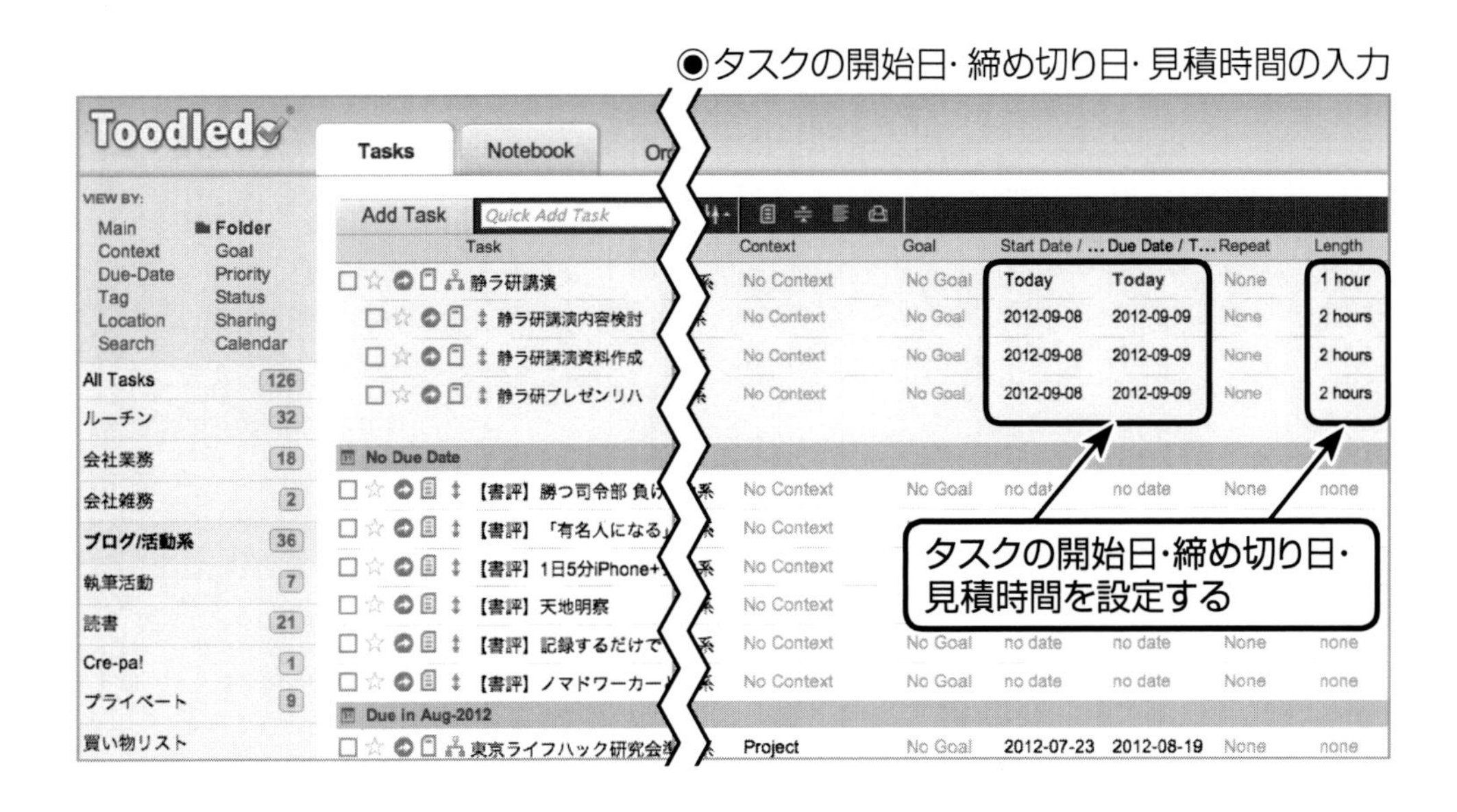

◉実行タイミングの計画

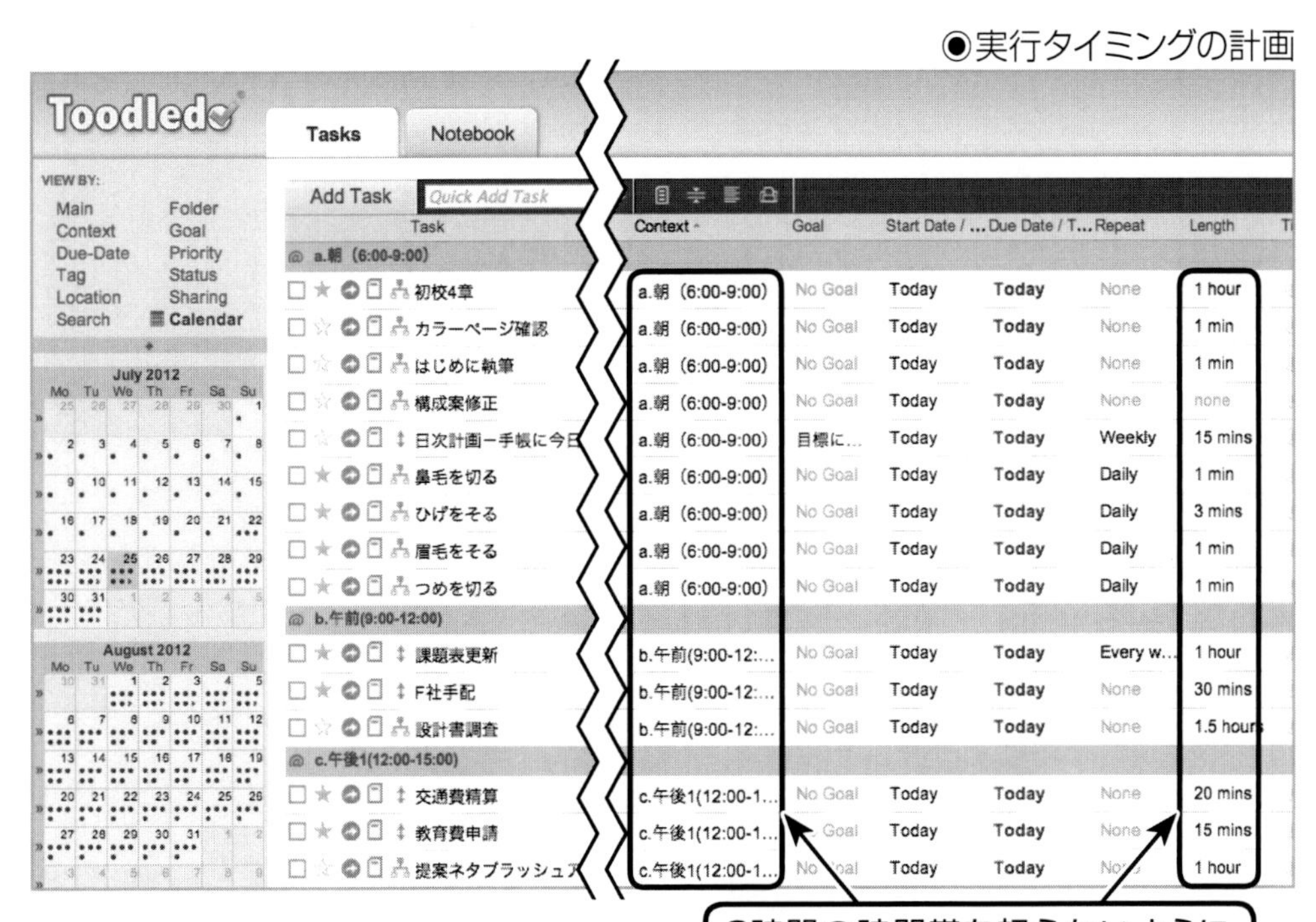

❸タスクを1つずつ確認しながらフォルダと実行日(Start DateとDue Date)、見積時間(Length)を設定する。コンテクストはレビューのタイミングで設定するので、このタイミングでは設定を行わない洗っているタスクの粒度が荒い場合はこのタイミングでサブタスクに分解します。

❹追加したタスクの実行日が決まったらカレンダービューでこの先1週間分のタスクの実行タイミングを計画していきます。3時間という時間帯の中で見積時間が3時間を超えないように注意しながらコンテクストを設定していくことでタスクの実行タイミングを設計します。

追加したタスクを適切な粒度にバラし、各タスクにフォルダ、コンテクスト、Start Date、Due Date、Lengthという項目を設定し終われば「処理」「整理」は完了です。

レビューと実行

2つのレビュー

GTDには大きく分けて2つのレビューが存在します。1つは毎日タスクリストをメンテナンスする「日次レビュー」。そして、もう1つが週に一度の頻度で行うタスクの棚卸しである「週次レビュー」です。それぞれにどういったことを行うかを見ていきましょう。

日次レビュー

1日の始め（前の日の最後でもOK）に行うタスクリストのメンテナンス作業が日次レビューです。

日次レビューでは一度処理・整理を行ったあとに、INBOXに集められた気になることを再度処理・整理し、タスクリストを更新します。タスクリストの更新が終われば「カレンダー」や「プロジェクトリスト」をレビューして今日これからやるべきタスクを「次にやることリスト(NextActionリスト)」へ移し替えます。

週次レビュー

週の終わりなどに行うタスクの棚卸し作業が週次レビューです。

「週次レビュー」ではGTDのワークフローを改めて1から実行します。収集ではINBOXを洗うだけでなく、気になる

レビューを行うタイミング

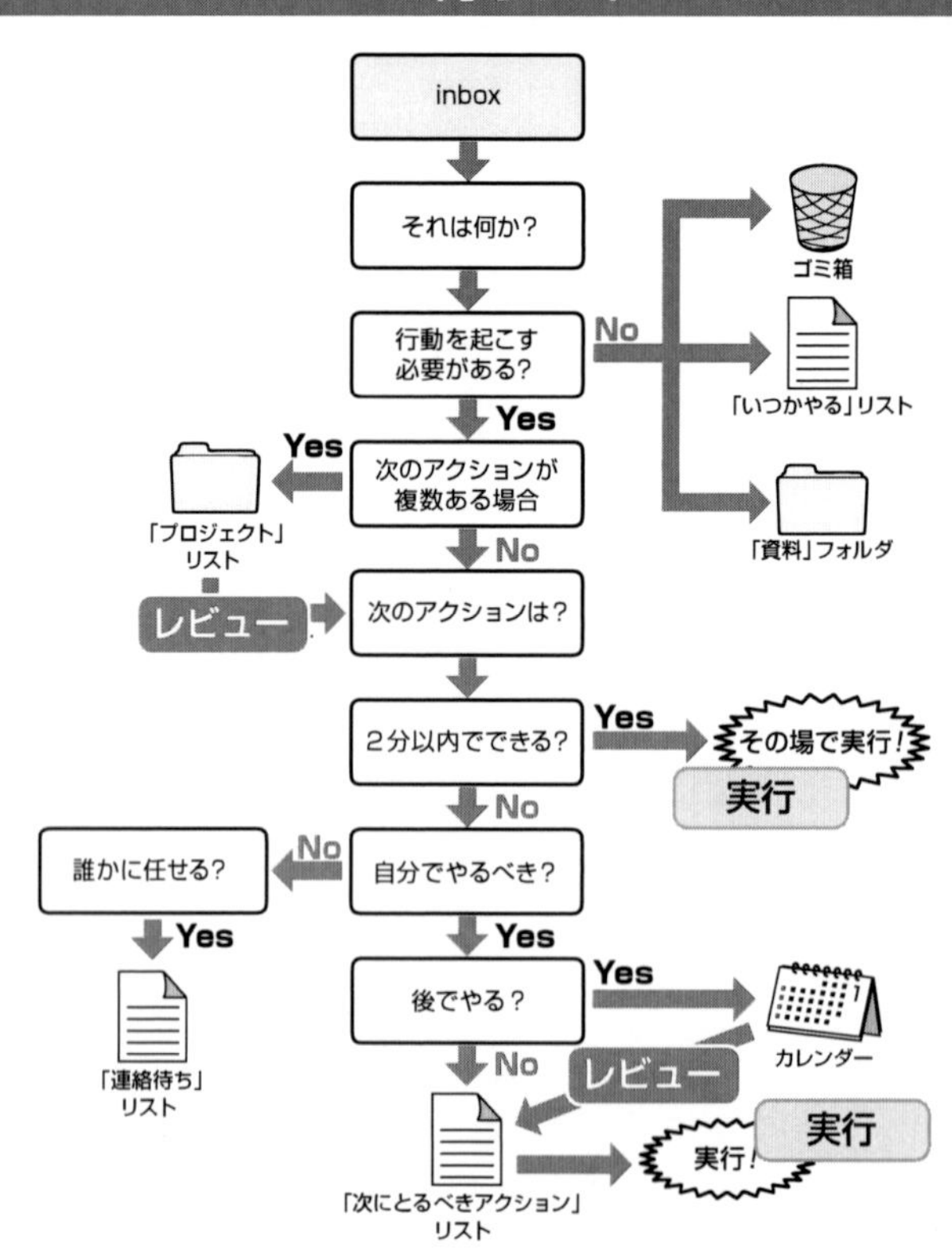

ことを書き出す作業も行いますし、「Somedayリスト」の中で日付が決まったものがないかを確認したり、「プロジェクトリスト」や「カレンダー」の内容に変更がないかなどの、すでに整理済みのタスクの見直しも行います。

日次レビューとの違いは「タスクを洗い出し、洗い出されているタスクも再度見なおす作業」だということです。自分の頭の中も、次にやることではないタスクもすべて一度棚卸しを行いましょう。

Toodledoにおける「レビュー」

では実際どういった作業をToodledoで行えばいいかを見ていきましょう。

「Toodledoで管理するタスクの数が100を超えてくると、すべてのタスクを表示する「All Tasks」

◉「All Tasks」の表示

「All Tasks」だとタスクが雑然と表示される

のビューではタスク管理を行う上でも、実行する上でも効率が悪くなってしまいます。「収集」直後のタスクは、どのフォルダに配置するかという「整理」を行っていないため、「Recently Added」のビューで「処理」「整理」を行うとよいでしょう。

「レビュー」は実行タイミングの設定までが完了しているタスクリストに対して行います。「Folder」ビューでも「Calender」ビューでもよいのでDue Dateが今日明日になっているタスクを中心に、次にやるタスクを決めていきます。私の場合は次にやるタスクに対してスターを付けるのですが、本来のToodledoの設計思想でいえば「Status」の項目を「NextAction」に設定するのがよいでしょう。

GTDの思想に則って今頭の中にあるやるべきことをすべて書き出すと、ときにはその途方もない

●Recently Added

◉次にやるタスクにスターを付ける

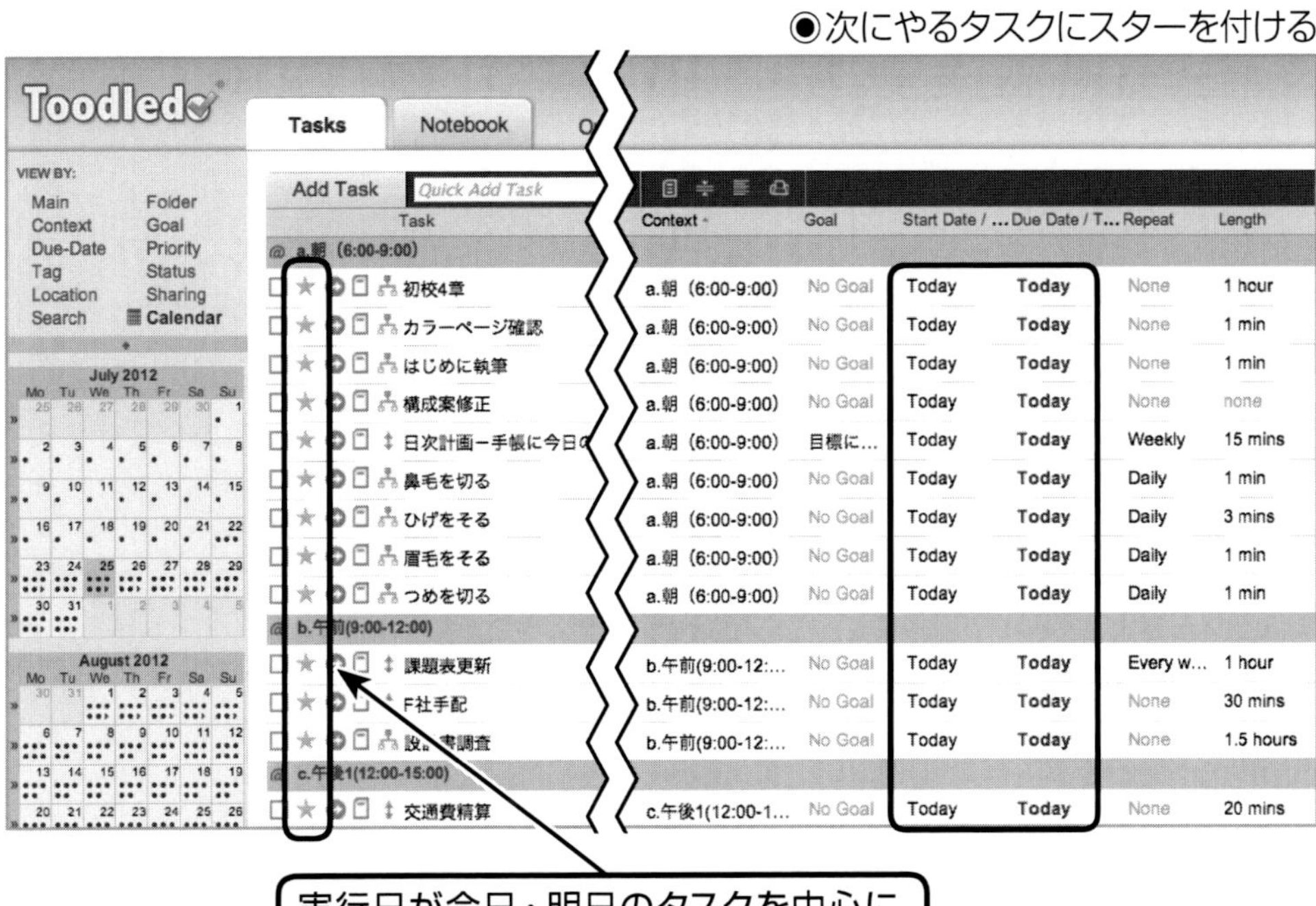
実行日が今日・明日のタスクを中心に
「次にやるタスク」にスターを付けていく

◉「次にやるタスク」の確定

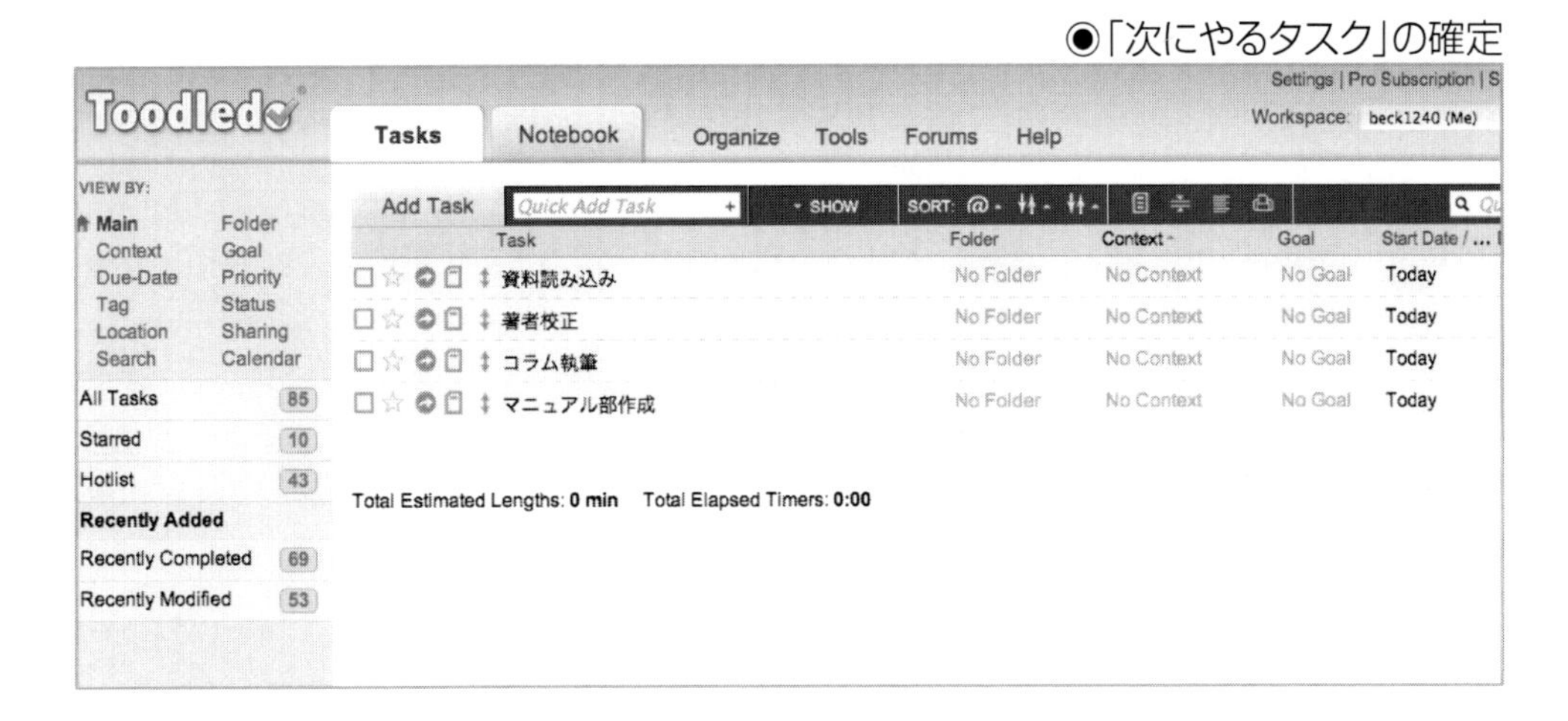

量に辟易することもあります。次にやること(NextAction)を設定して、次にやることリスト(NextActionリスト)に絞り込んでやると、今自分がやるべきことが明確になり、今目の前に見えている事柄にだけ集中すればよくなります。

ここまでの流れは主に日次レビューの内容となりますが、週次レビューはこれにプラスして、タスクの洗い出しや、いつかやる(Someday)リストを含むすべてのフォルダのタスクの見直しを行う形となります。

ToodledoとTaskPortProで「実行」

次にやることに対してスターを付与したあとは、「Main/Stared」ビューで表示されたリストを「次にやることリスト(NextActionリスト)」として、これに沿ってタスクを「実行」していきます。

私はタスク実行の際には、iPhoneアプリ「TaskPortPro」を用いています(222ページ参照)。Toodledo上でレビューまでを行って「次にやること」が明確になったあとに、TaskPortProのタスクインポート機能を用いて、スターが付与されたタスクだけを取り込みます。タスクにコンテクストや見積時間などを設定しておけば、

◉スター付与のタスクを全選択

◉スター付与のタスクを絞り込む

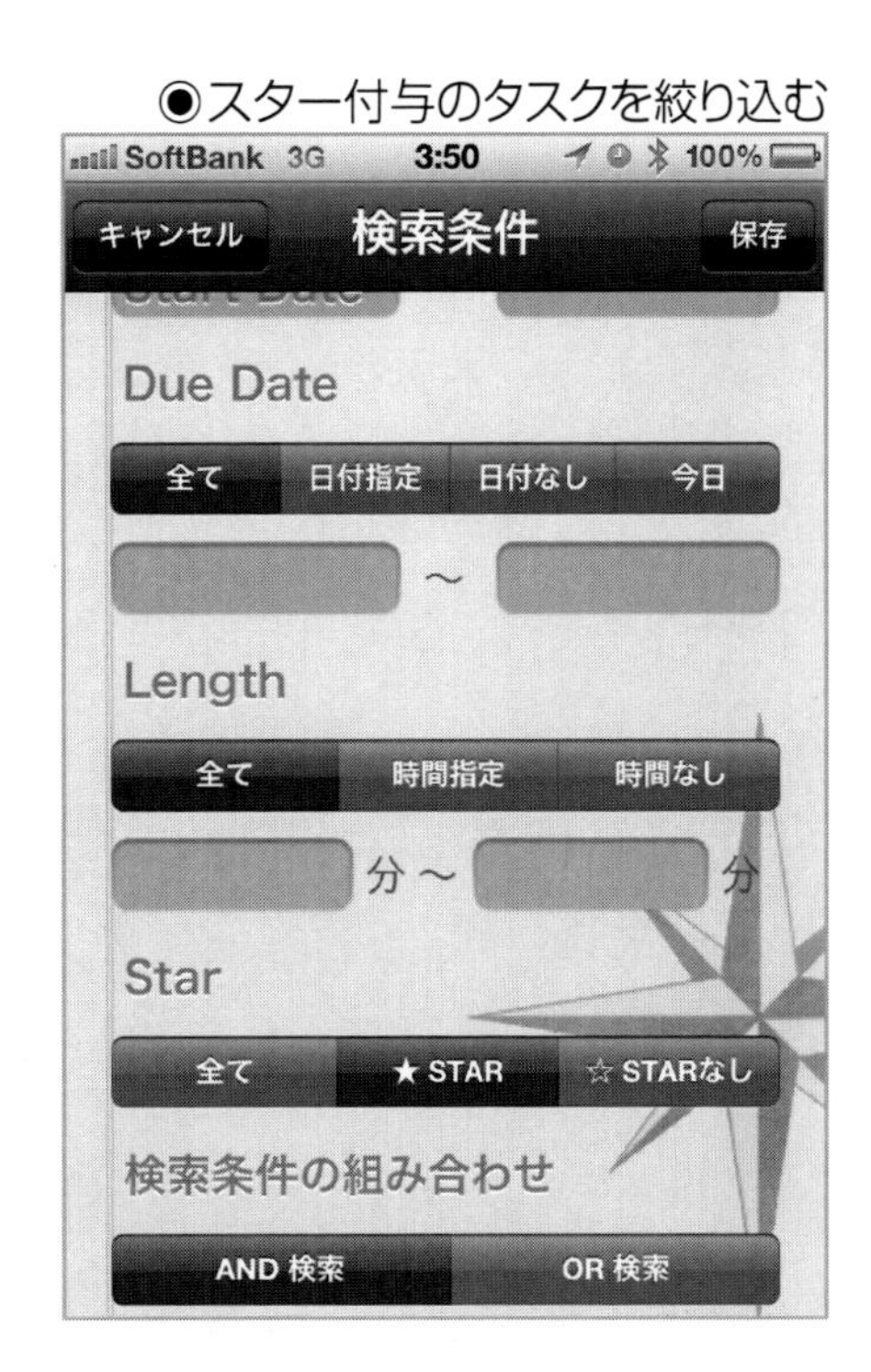

◉取り込んだタスクを実行

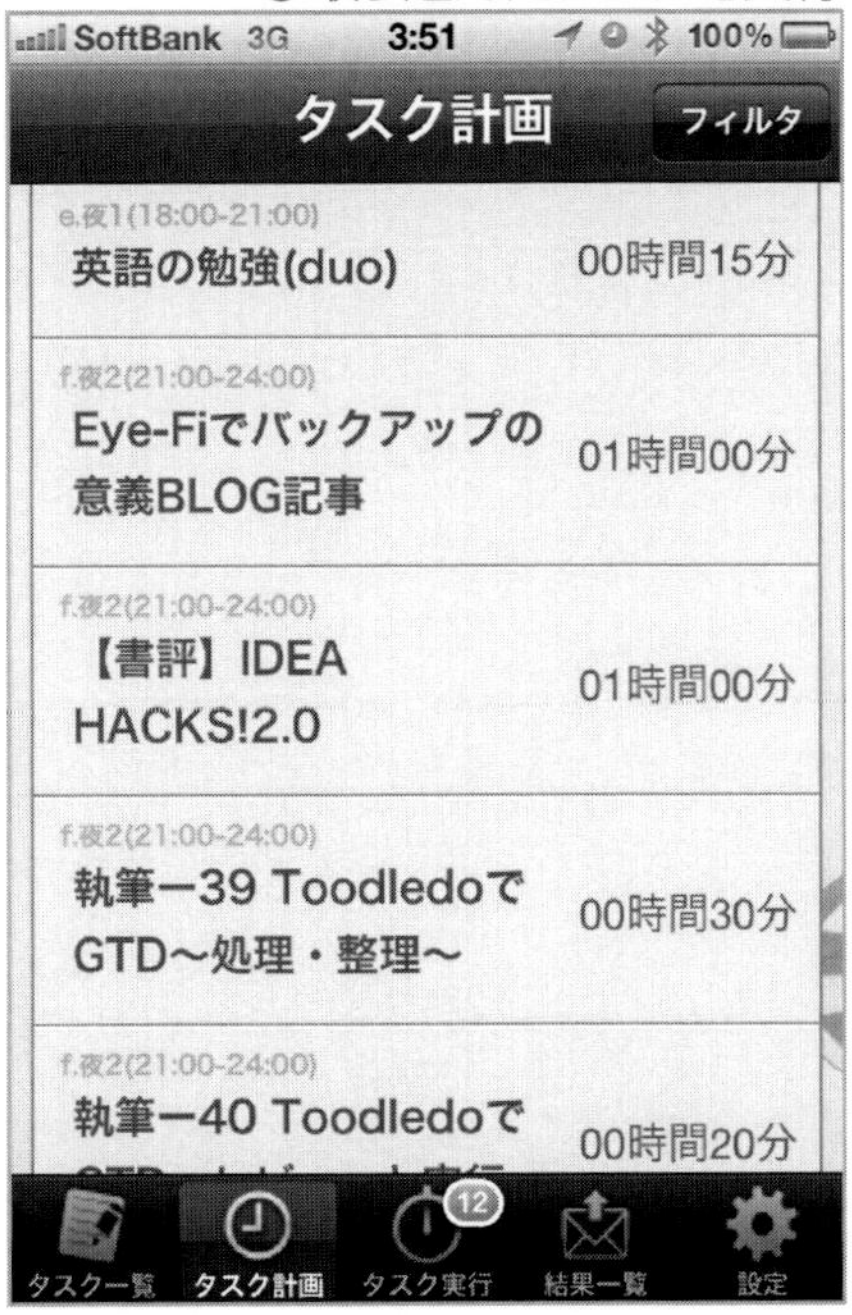

◉コンテクストと見積時間を取り込み

TaskPortProへタスクをインポート後、すぐにタスクの実行に取りかかることができます。

TaskPortProを用いることで、今将に実行しているタスクに集中することができますし、今日やるタスクを一覧したいと思った場合にはToodledo上の「Main/Stared」ビューを見ることで、鶏の目鷹の目で視点を切り替えながらのタスク実行が可能となるのです。

APPENDIX
Toodledoの
初期設定

Toodledoのアカウントの取得

Toodledoのアカウントの種類

Toodledoを利用するには、アカウントの取得が必要です。アカウントは無料で取得でき、無料アカウントでもタスク管理を行うために必要な一連の機能をを利用できます。アカウントには、有料の「Proアカウント」が2種類（14・95ドル／年、29・95ドル／年）用意されていて、さまざまな追加の機能を利用することができます。

アカウントを取得する

アカウント取得するにはToodledoのウェブページから行います。詳しい手順は278ページを参照して下さい。

● Toodledoのウェブページ

http://www.toodledo.com/

◉アカウントの種類と仕様

アカウントの種類	無料	Pro	Pro Plus
料金	無料	14.95 ドル/年	$29.95 ドル/年
サブタスク機能	なし	あり	
ステータス機能	なし	あり	
スケジューラ機能	なし	あり	
共有機能	なし	あり	
ロケーション機能	最大5か所	あり	
ゴール機能の拡張	なし	あり	
暗号化による通信	ログイン中のみ	あり	
ブックレットのカスタマイズ	なし	あり	
完了タスクのヒストリー	1週間のみ	あり	
ソートの機能	2条件	3条件	
拡張リマインダー／アラーム	1か所(1時間のリードタイム)	5か所(リードタイムのカスタマイズ可)	
終わったタスクの保持	6か月以内	2年以内	
アカウントのトラッキング	4レコード	2週間分	
優先的なサポート	なし	あり	
ファイルのアップロード	なし	なし	あり 10GB

アカウントを取得する

Toodledoのアカウント取得するには、次のようにします。

1 アカウント取得の開始

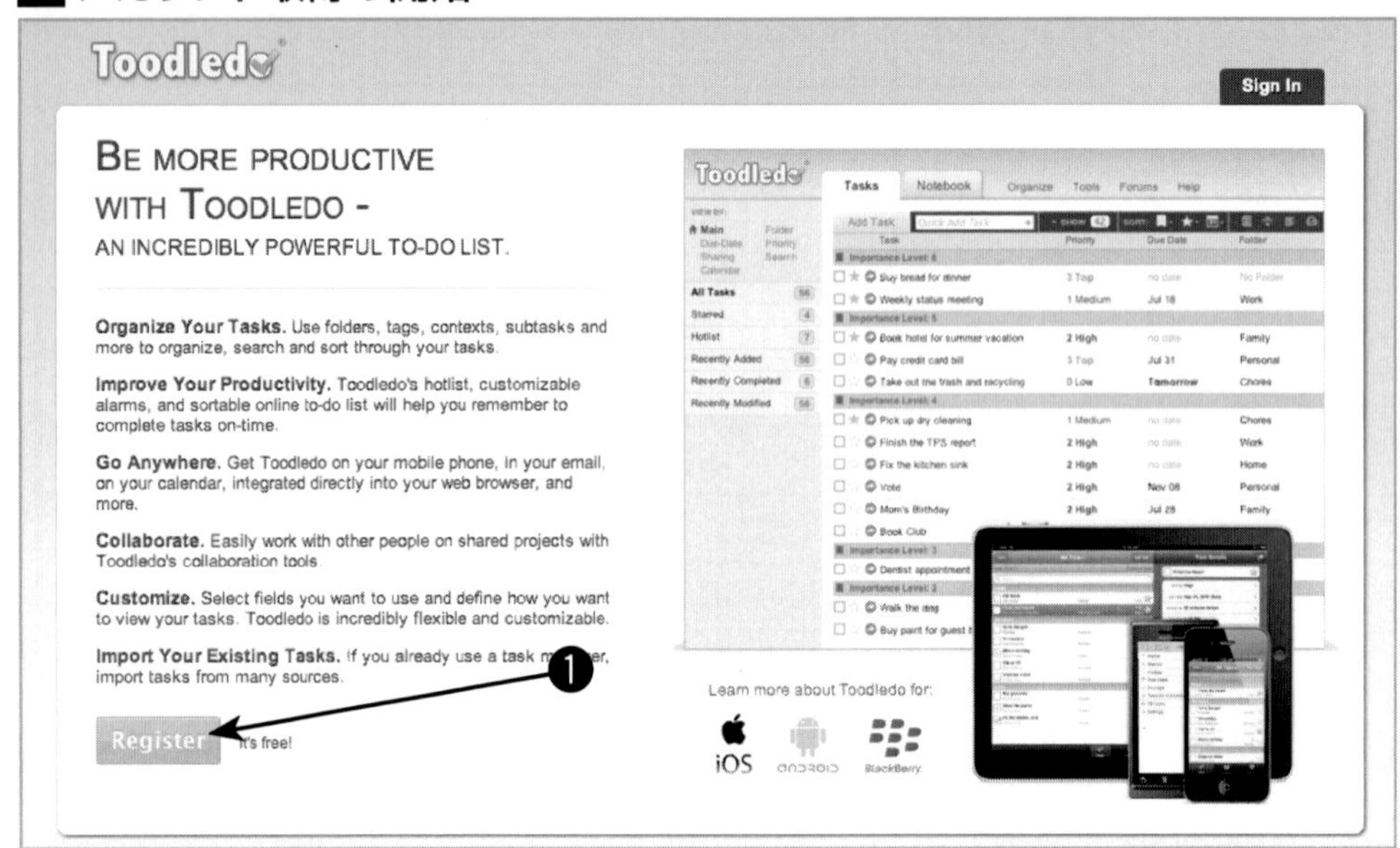

❶ Toodledoのトップページで「Register」をクリックします。

2 アカウント情報の入力

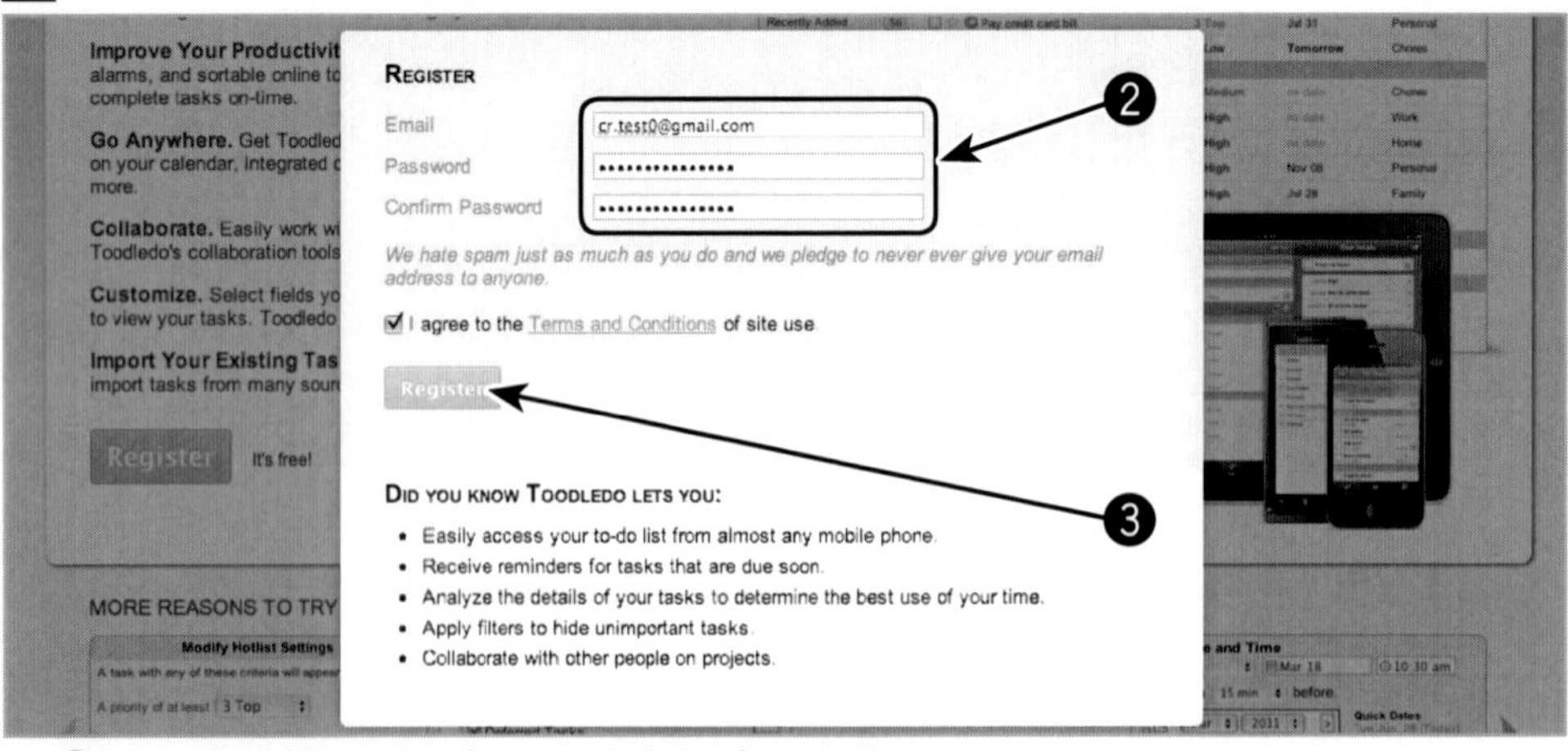

❷ メールアドレスとパスワードを入力します。
❸ 「Register」をクリックします。

3 アカウント取得の完了

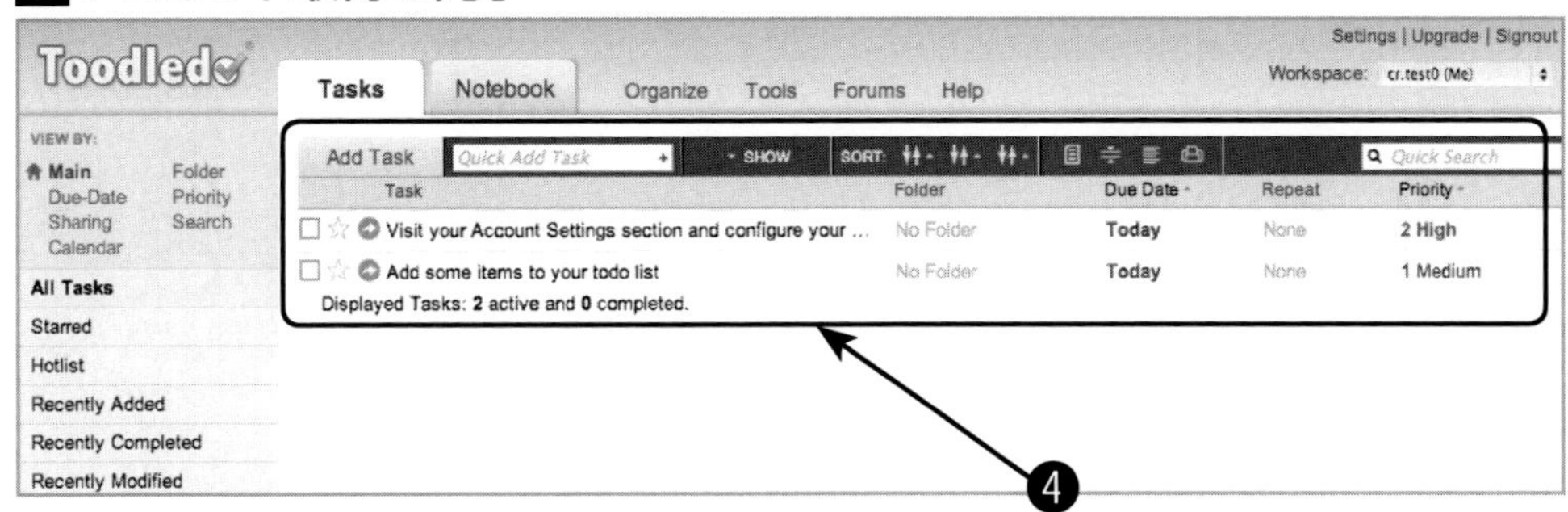

❹ アカウントが取得できると、タスクの一覧画面が表示されます。

アカウントをアップグレードする

Toodledoのアカウントをアップグレードするには、次のようにします。

1 アカウント取得の開始

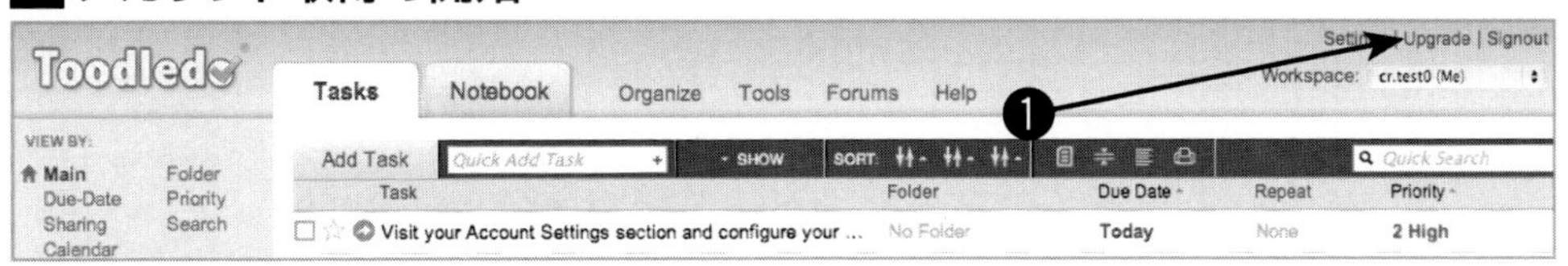

❶「Upgrade」をクリックします。

3 アカウント取得の完了

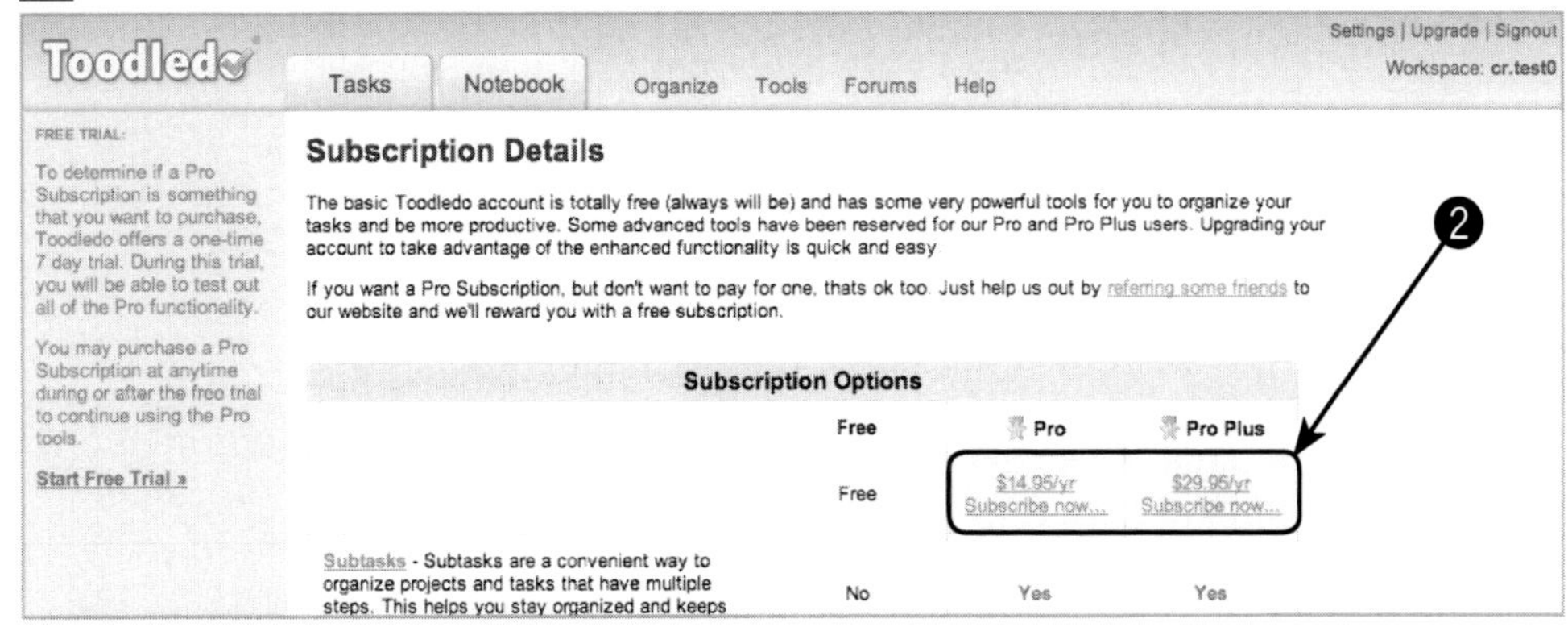

❷ アップグレード画面が表示されるので、利用するアカウントのリンクをクリックします。クリック後は決済の画面が表示されます。決済はクレジットカードで行います。

Toodledoの基本設定

初期設定を行う

Toodledoの基本的な設定は、画面の右上にある「Settings」をクリックして表示される画面で行います(左ページ参照)。設定できる項目のうち重要なのが次の5つの項目です。これらの設定は、CHAPTER-2で詳しく解説しているのでそちらを参照して下さい。

- Display Preferences ：表のフォーマットを選択します(46ページ参照)。
- Fields/Functions Used ：表示する項目を選択します(49ページ参照)。
- Row Style ：タスクの状態で行色を変更する設定をします(52ページ参照)
- New Task Defaults ：タスク入力時の初期値を設定します(57ページ参照)
- Keyboard Shortcuts ：ショートカット入力を有効にします(186ページ参照)

◉Toodledoの初期設定画面

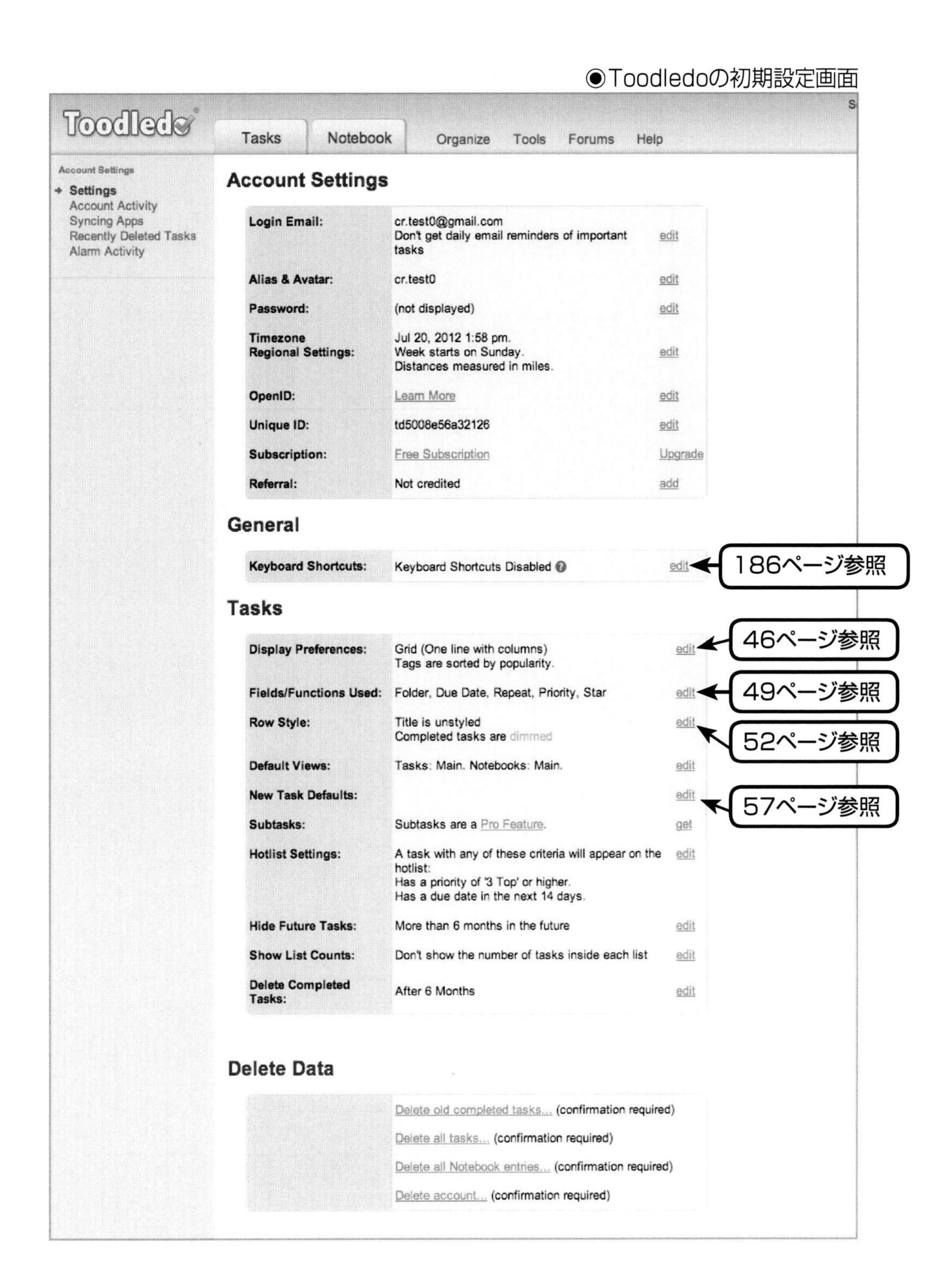

タスクが表示される表のカスタマイズ

タスクが表示される表の項目は項目ごとに表示する幅を変更したり、表示する項目の順番を並べ替えたりして、自由にカスタマイズすることができます。

これらのカスタマイズは、表の項目名が表示される行の右端にあるアイコンをクリックして行います。なお、アイコンは2つあり、表示順や表示幅の設定は右側のアイコンをクリックします。操作の詳細は左ページを参照して下さい。

左側のアイコンをクリックすると49ページの「Fields/Functions Used」の設定画面が表示され、表示する項目を選択することができます。

項目の表示する幅を調整する

項目ごとに表示する幅を変更するには次のようにします。

1 設定画面の呼び出し

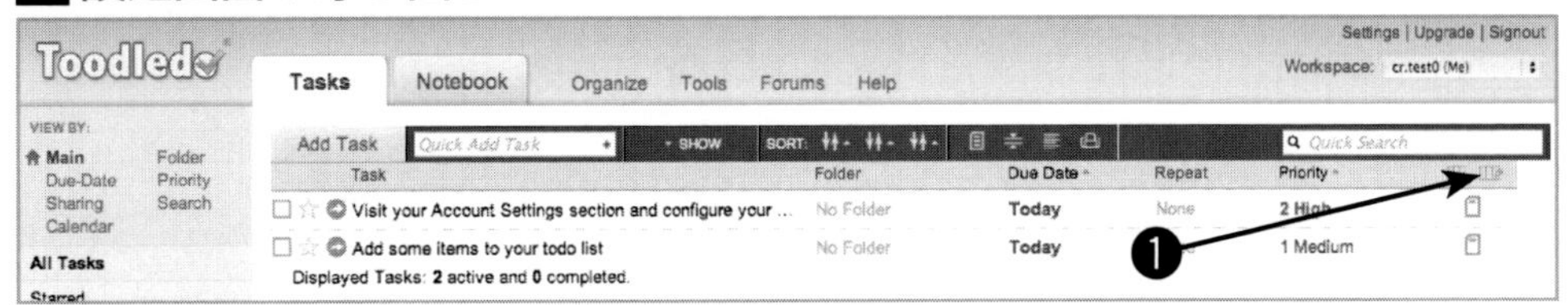

❶ 項目名が表示されている行の右端にあるアイコンをクリックします。

2 表示幅の調整

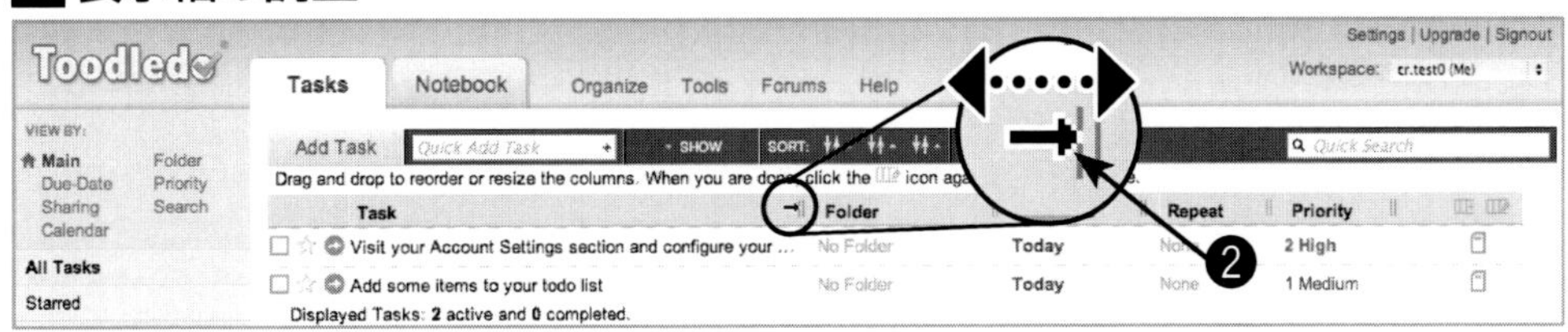

❷ 項目の表示幅の両端に「||」が表示されます。表示幅の右端にカーソルを合わせるとカーソルの形が変わるので、左右にドラッグ&ドロップします。

3 調整の完了

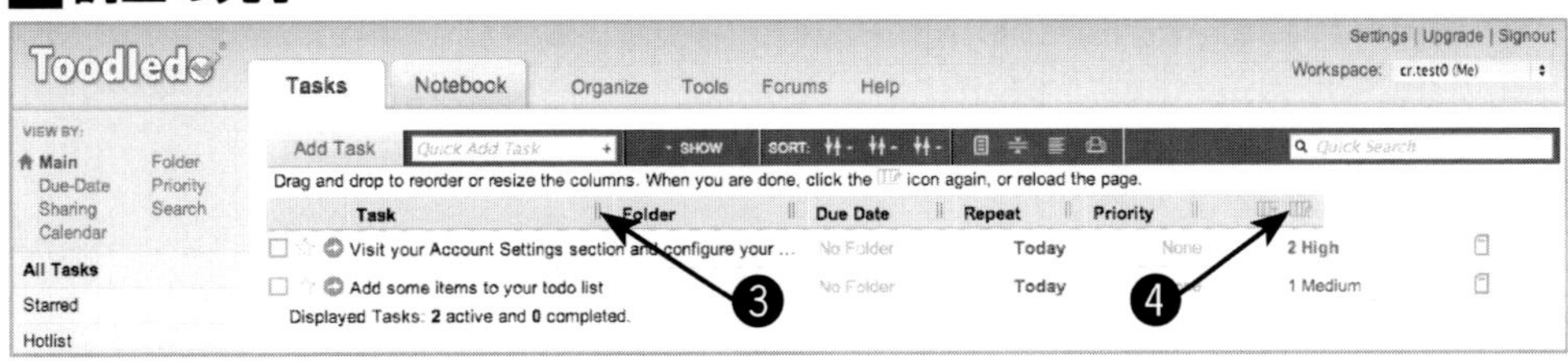

❸ ドロップした位置に「||」が移動します。
❹ 項目名が表示されている行の右端にあるアイコンをクリックします。

4 調整の結果

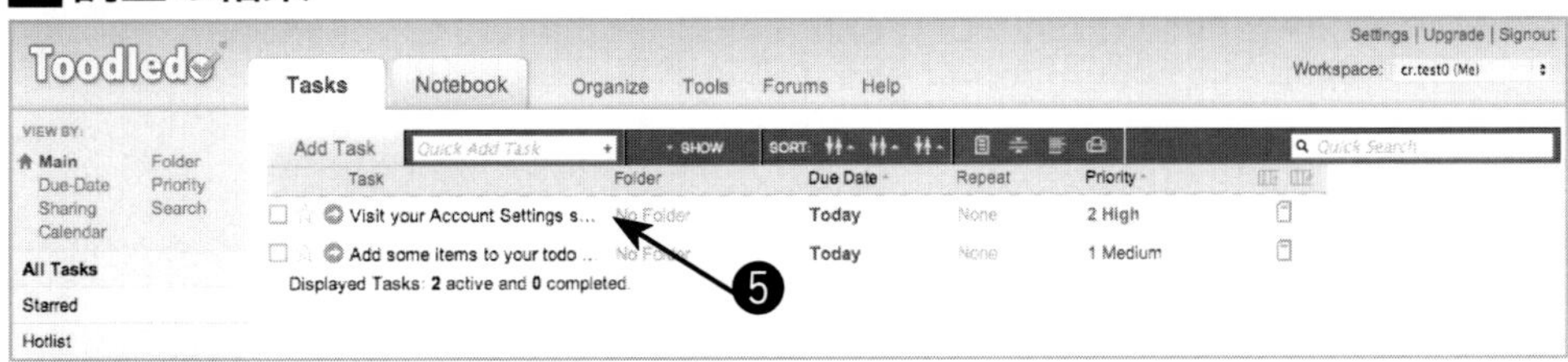

❺ 指定したサイズに表示幅が調整されます。

項目の表示順を入れ替える

項目の表示順を入れ替えるにはつぎのようにします。

1 表示項目の移動

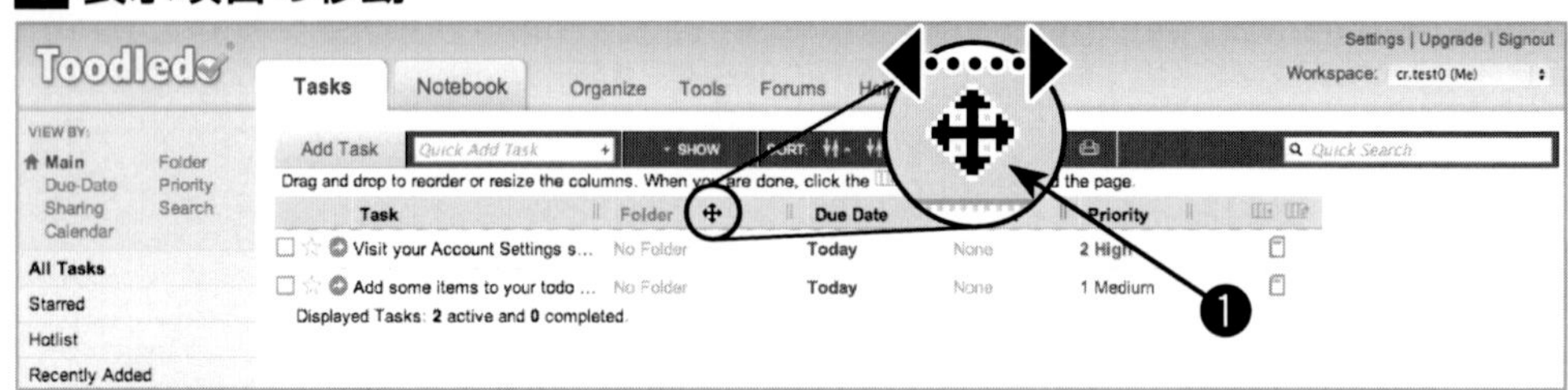

❶ 前ページの2の画面で項目の表示幅の中央におくとカーソルの形が変わるので、左右にドラッグ&ドロップします。

2 調整の完了

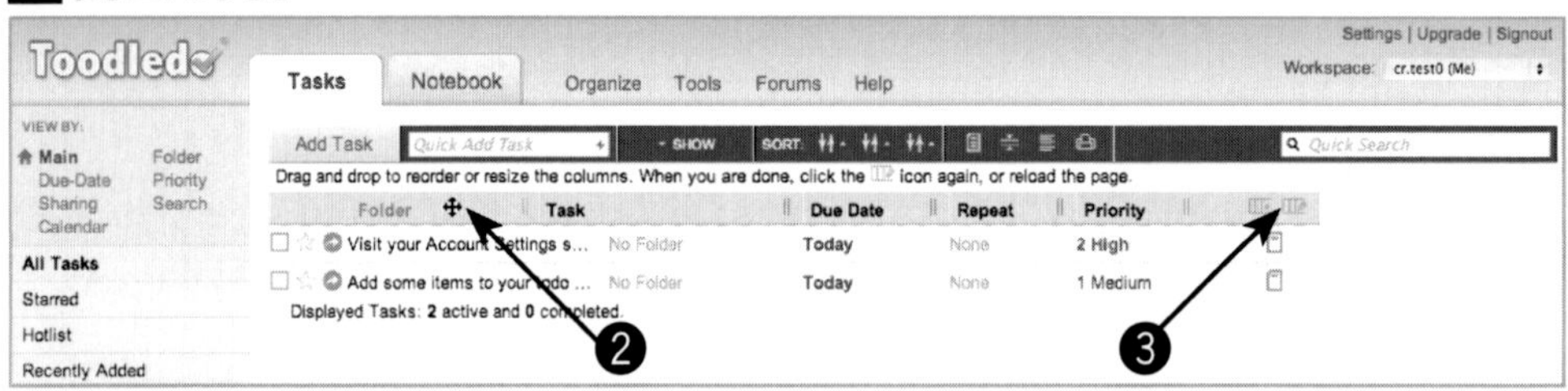

❷ 項目名が移動します。
❸ 項目名が表示されている行の右端にあるアイコンをクリックします。

3 調整の結果

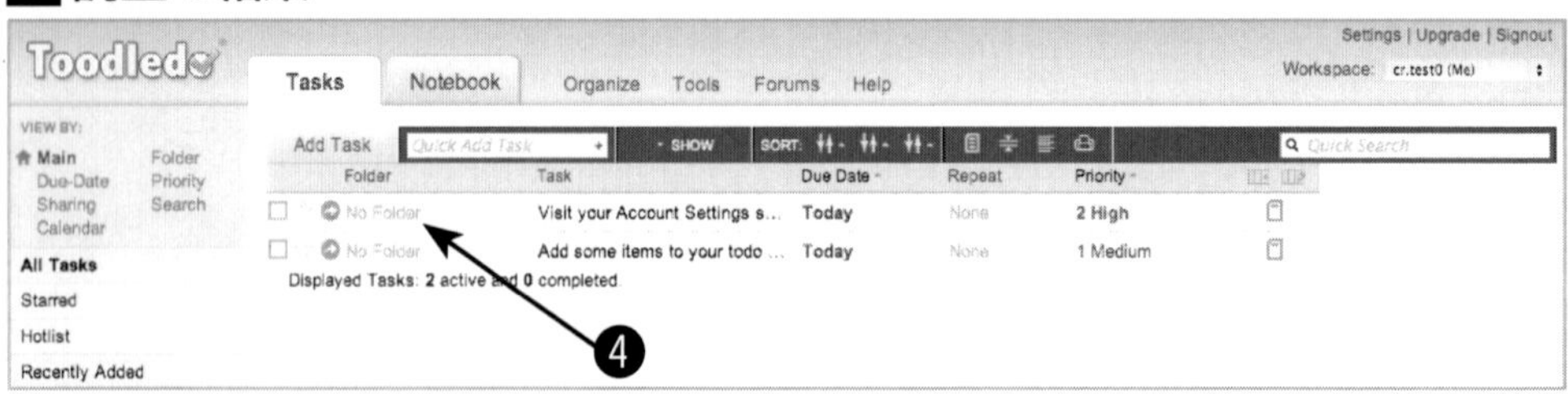

❹ 指定した項目の順番でタスクが表示されます。

コンテクストとフォルダの登録

タスクを分類するときに使用するコンテクストとフォルダを登録するには2通りの方法があります。

一方はタスク登録時にコンテクスト／フォルダの指定を行う際に「New Context...」「New Folder...」を選択する方法、もう一方は「Organize」をクリックして表示されるメニューから「Context」と「Folder」を選択して表示される画面から設定を行う方法です。

基本的な操作は同じなので、ここではコンテクストの登録を例に操作を説明します。

タスク入力時にコンテクストを追加する

コンテクストはタスクの入力時にも追加することができます。

1 タスク入力時のコンテクストの追加

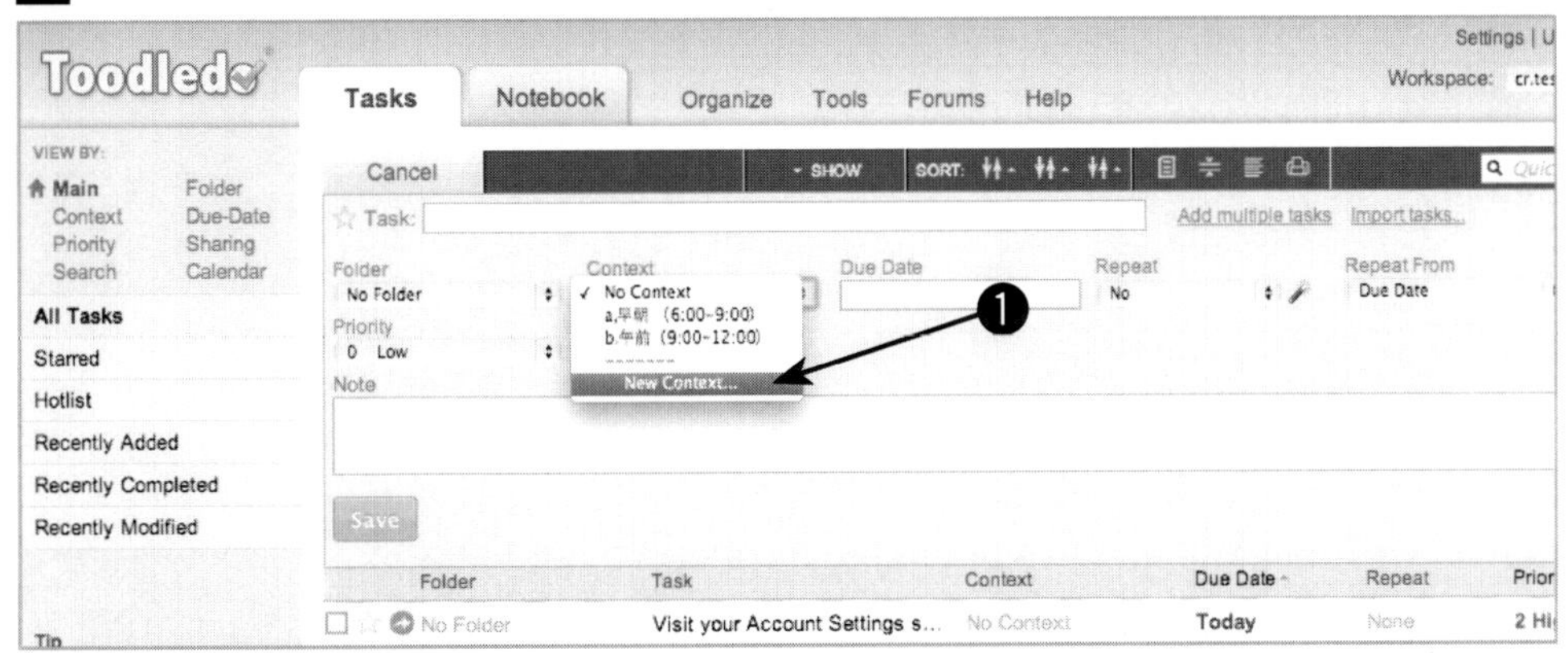

❶ コンテキストを選択するドロップボックスで「New Context...」を選択するとコンテクストを入力するダイアログボックスが表示され、その場でコンテクストを追加することができます。なお、フォルダでも同様の操作が可能です。

コンテクストを追加する

コンテクストを追加するには次のようにします。

1 コンテクストの設定画面の呼び出し

❶「Organize」をクリックして、表示されるメニューから「Context」を選択します。

2 コンテクストの入力

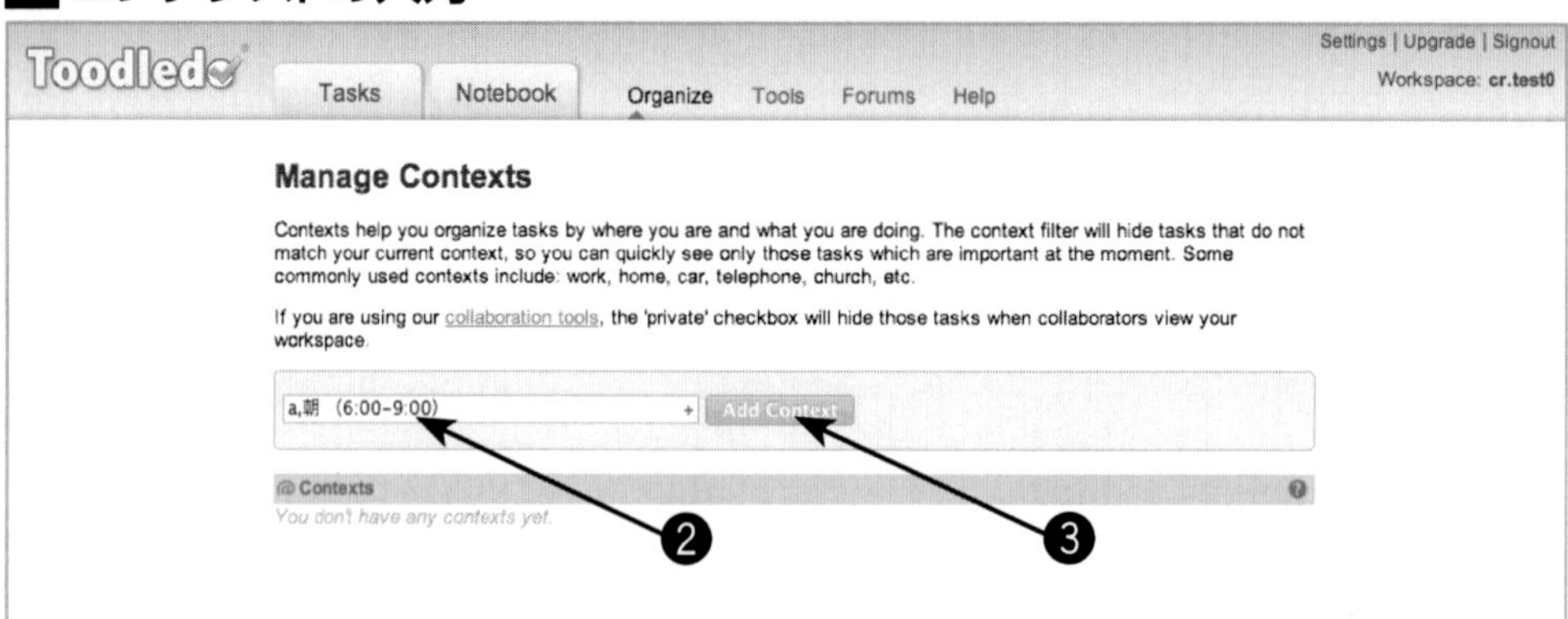

❷コンテクストの名称を入力します。
❸「Add Context」をクリックします。

3 コンテクストの追加の完了

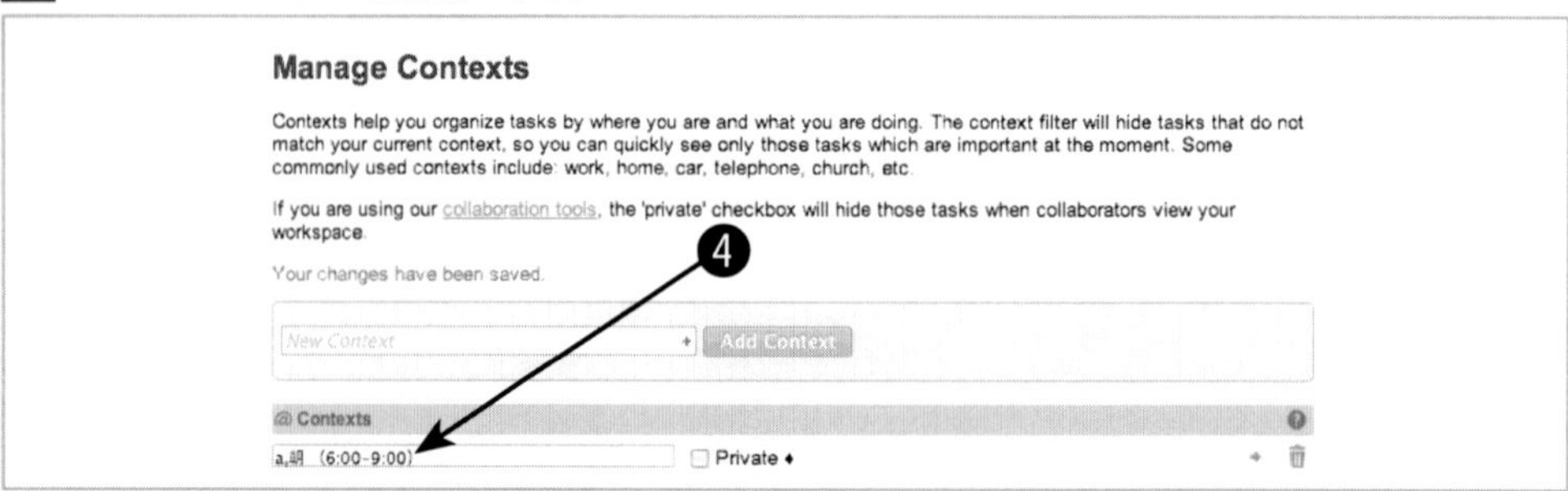

❹コンテクストが追加されます。

コンテクストを修正する

コンテクストを修正するには次のようにします。

1 コンテクストの設定画面の呼び出し

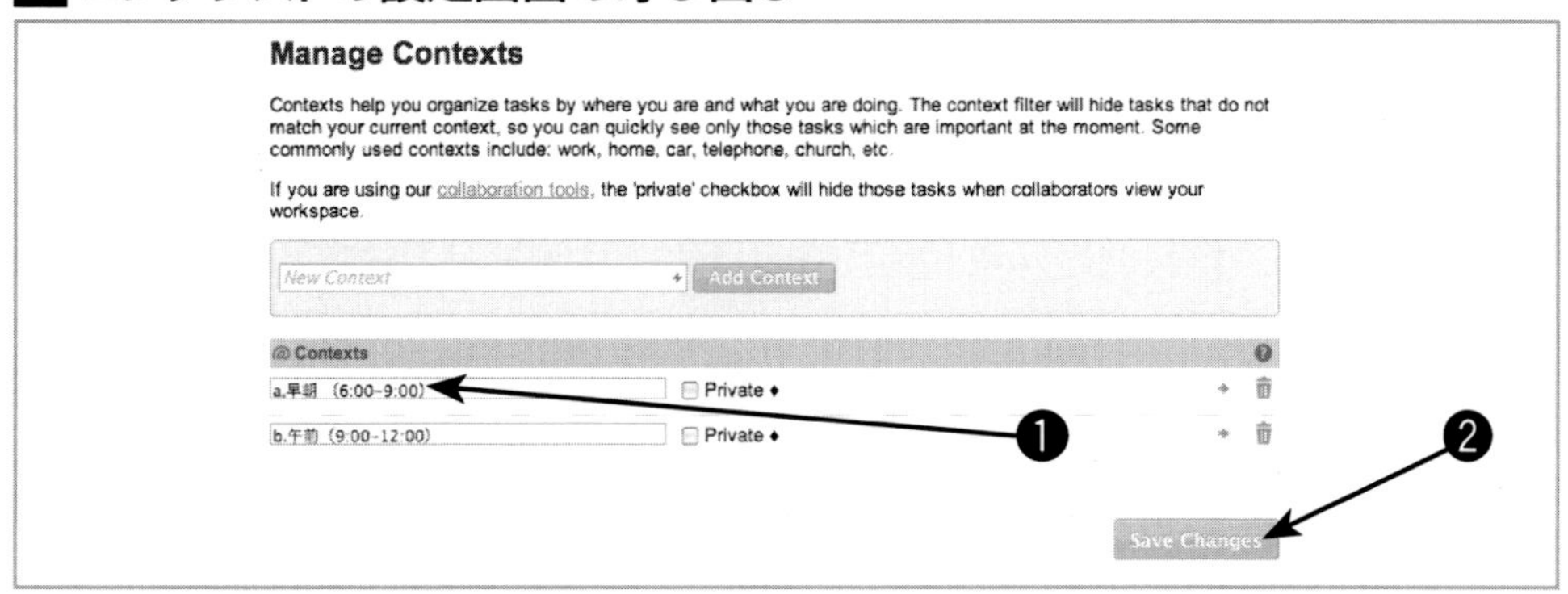

❶ コンテクストの設定画面で、コンテクスト名を修正します（「朝」を「早朝」に修正しています）。
❷「Save Changes」をクリックすると修正が確定します。

フォルダの設定画面

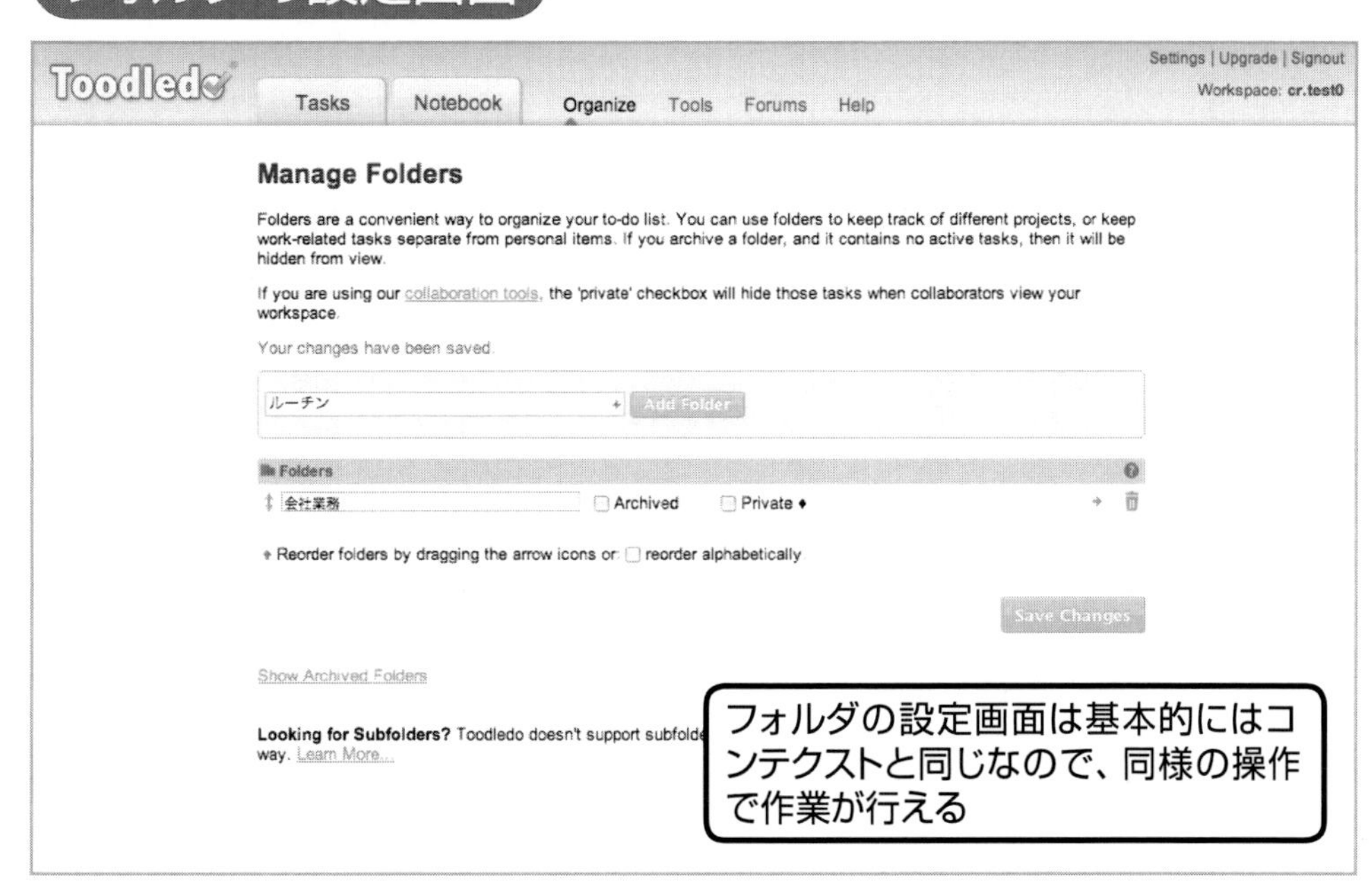

■著者紹介

北　真也（きた　しんや）

1982年生まれ。大阪府出身。大手メーカーでシステムエンジニアとして日々奮闘する傍ら、自身が主宰するブログ「Hacks for Creative Life!」と「アシタノレシピ」、勉強会「東京ライフハック研究会」にて実践的な仕事術を研究・発信するほか、人気ブログ「シゴタノ!」での連載を持つ。著書に『新時代のワークスタイル クラウド「超」活用術』(小社刊)、『シゴタノ!手帳術』(東洋経済新報社)『EVERNOTE情報整理術』(技術評論社)、『できるポケット Eye-Fi 公式ガイド』(インプレスジャパン)。TwitterのIDは「beck1240」。

- Hacks for Creative Life!　http://hacks.beck1240.com/
- アシタノレシピ　http://www.ashi-tano.jp/
- 東京ライフハック研究会　http://tokyo.lifehacklabs.com/

佐々木　正悟（ささき　しょうご）

1973年、北海道生まれ。心理学ジャーナリスト、ブログ「ライフハック心理学」主宰。獨協大学外国語学部英語学科を卒業後、ドコモサービスで派遣社員として働く。2001年アヴィラ大学心理学科に留学。同大学卒業後、2004年ネバダ州立大学リノ校に移籍。2005年に帰国。主な著書として『スピードハックス』(日本実業出版社)、『iPhone情報整理術』(技術評論社)、『先送りせずにすぐやる人に変わる方法』(中経出版)、『クラウド時代のタスク管理の技術』(東洋経済新報社)などがある。

- ライフハック心理学　http://www.mindhacks.jp/

Special Thanks:平田 篤(「Toodledo Tips blog」管理人)

「Toodledo Tips blog(」http://blog.toodledotips.jp/)は、Endtime2やTasklogなどToodledoのマニアックなブックマークレットが人気のサイト。

■本書について

- 本書に記述されている製品名は、一般に各メーカーの商標または登録商標です。なお、本書では™、©、®は割愛しています。
- 本書は2012年8月現在の情報で記述されています。

編集担当：吉成明久

目にやさしい大活字 クラウドがあなたの仕事を即効率化する
Toodledo「超」タスク管理術

2015年1月9日　　初版発行

著　者　北真也、佐々木正悟
発行者　池田武人
発行所　株式会社　シーアンドアール研究所
本　社　新潟県新潟市北区西名目所4083-6(〒950-3122)
電話　025-259-4293　FAX　025-258-2801

ISBN978-4-86354-768-1 C3055